2019 年度江苏省第五期"333 工程"培养资助（项目编号：BRA2019305），课题：基于以太网及窄带物联网的智能家居控制系统研究

2017 年江苏省高等职业教育高水平骨干专业（计算机应用技术专业）建设项目

2019 年江苏高校青蓝工程（计算机应用技术优秀教学团队）项目

# 基于ARM Cortex-M3的 STM32F103微控制器及应用

聂章龙　著

中国原子能出版社

China Atomic Energy Press

图书在版编目（CIP）数据

　　基于ARM Cortex-M3的STM32F103微控制器及应用 /
聂章龙著. -- 北京：中国原子能出版社，2019.12
　　ISBN 978-7-5221-0397-6

　　Ⅰ. ①基… Ⅱ. ①聂… Ⅲ. ①微控制器 Ⅳ.
①TP368.1

　　中国版本图书馆CIP数据核字（2019）第297061号

## 内容简介

　　本书主要介绍 ARM Cortex-M3 内核以及意法半导体集团推出的基于ARM cortex-M3内核的 STM32F103 微控制器。主要内容包括嵌入式系统及其开发的基本概念，ARM Cortex-M3内核分析，基于ARM Cortex-M3内核的 STM32F103 微控制器的体系结构、工作原理、编程模型和开发方法，STM32F103 微控制器常用的片上外设／接口（包括 GPIO、定时器、EXTI、DMA、ADC、USART、SPI 和 I2C 等），并分别给出在KEIL MDK下采用库函数方式使用这些片上外设／接口进行应用开发的典型案例。

基于ARM Cortex-M3的STM32F103微控制器及应用

| | |
|---|---|
| 出版发行 | 中国原子能出版社（北京市海淀区阜成路43号　100048） |
| 策划编辑 | 高树超 |
| 责任编辑 | 高树超 |
| 装帧设计 | 河北优盛文化传播有限公司 |
| 责任校对 | 冯莲凤 |
| 责任印制 | 潘玉玲 |
| 印　　刷 | 三河市华晨印务有限公司 |
| 开　　本 | 710 mm×1000 mm　1/16 |
| 印　　张 | 18 |
| 字　　数 | 300千字 |
| 版　　次 | 2019年12月第1版　　2019年12月第1次印刷 |
| 书　　号 | ISBN 978-7-5221-0397-6 |
| 定　　价 | 65.00元 |

发行电话：010-68452845

# 前　言

　　STM32F103 系列芯片是由意法半导体集团（ST Microelectronics, ST）生产、推出的一款 32 位基于 ARM Cortex-M3 内核的嵌入式微控制器，全系列产品共用大部分引脚、软件和外设，优异的兼容性为开发人员带来最大的设计灵活性。全系列产品都具有很好的兼容性，ARM Cortex-M3 采用了新型的单线调试技术，拥有独立的指令总线和数据总线，并集成了必要的存储器和功能模块，降低了设计和应用的难度。ARM Cortex-M3 核处理器主要用于低端的设备控制，相比 89C51 而言，主频速度可以提高 72 MHz，采用 ARMv7 架构，具有十三级的流水线指令处理能力，集成了许多外设，以寄存器的方式操作，大大提高了芯片的执行速度。内部的 RAM、ROM 的空间也比较大，可以下载和运行更大的代码，还可以支持小型的系统，有利于多任务操作。STM32F103 系列芯片的应用前景非常好，ST 公司这几年在中国的大力推广，国内的部分半导体厂商也在生产类似的芯片，由此可以预见 STM32F103 系列芯片未来几年在电子行业里将更加得到重视。

　　本书由浅入深，分别介绍了 ARM 和嵌入式系统、Cortex-M3 体系结构、STM32F103 基础及最小系统、STM32F103 微控制器应用、GPIO 原理及应用、DMA 原理及应用、定时器原理及应用、串口通信、模 / 数转换器 ADC、嵌入式实时操作系统 μC/OS-Ⅱ等内容。

　　本书可作为普通高等院校物联网、电子工程、通信工程、自动化、智能仪器、计算机工程和嵌入式控制等相关专业的高年级本科生教材，也可作为嵌入式系统爱好者和工程开发技术人员的参考用书。

　　限于作者的水平和经历，本书定会有不足甚至错误之处，请读者不吝赐教，提出批评和指正。

# 目　录

# 第 1 章   ARM 和嵌入式系统概述

## 1.1   ARM 微处理器概述

### 1.1.1   ARM 简介

ARM 是 Advanced RISC Machines 的缩写，它是一家微处理器行业的知名企业，该企业设计了大量高性能、低价格、低耗能的 RISC（简指令集）处理器。

ARM 公司只设计芯片，而不生产。它将技术授权给世界上许多著名的半导体、软件和 OEM 厂商，并提供服务。

ARM 既可以看做一个公司的名字，也可以看做对一类微处理器的通称，还可以看做一种 CPU 的名称。

1991 年，ARM 公司成立于英国剑桥，主要出售芯片设计技术的授权。目前，采用 ARM 技术知识产权（IP）核的微处理器，即我们通常所说的 ARM 微处理器，已遍及工业控制、消费类电子产品、通信系统、网络系统、无线系统等各类产品市场，基于 ARM 技术的微处理器应用约占据了 32 位 RISC 微处理器 75% 以上的市场份额，ARM 技术正在逐步渗入我们生活的各个方面。

ARM 公司是专门从事基于 RISC（Reduced Instruction Set Computer，全称"精简指令集计算机"）技术芯片设计开发的公司，作为知识产权供应商，本身不直接从事芯片生产，靠转让设计许可由合作公司生产各具特色的芯片，世界各大半导体生产商从 ARM 公司购买其设计的 ARM 微处理器核，根据各自不同的应用领域，加入适当的外围电路，从而形成自己的 ARM 微处理器芯片进入市场。目前，全世界有几十家大型半导体公司都使用 ARM 公司的授权，这样不仅使 ARM 技术获得更多的第三方工具、制造、软件的支持，还使整个系统成本降低，使产品更容易进入市场

1

被消费者所接受，使其更具有竞争力。

### 1.1.2  ARM 微处理器的应用领域及特点

1. ARM 微处理器的应用领域

到目前为止，ARM 微处理器及技术的应用几乎已经深入到各个领域。

（1）工业控制领域

基于 ARM 核的微控制器芯片不仅占据了高端微控制器市场的大部分市场份额，也逐渐向低端微控制器应用领域扩展。ARM 微控制器的低功耗、高性价比，向传统的 8 位 /16 位微控制器提出了挑战。

（2）无线通信领域

目前已有超过 85% 的无线通信设备采用了 ARM 技术，ARM 以其高性能和低成本，在该领域的地位日益稳固。

（3）网络应用

随着宽带技术的推广，采用 ARM 技术的 ADSL 芯片正逐步获得竞争优势。此外，ARM 在语音及视频处理上进行了优化，并获得广泛支持，对 DSP 的应用领域提出了挑战

（4）消费类电子产品

ARM 技术在目前流行的数字音频播放器、数字机顶盒和游戏机中得到广泛应用。

（5）成像和安全产品

现在流行的数码相机和打印机中绝大部分采用 ARM 技术。手机中的 32 位 SIM 智能卡也采用了 ARM 技术。

除此以外，ARM 微处理器及技术还被应用到许多不同的领域，并会在将来得到更加广泛的应用。

2. ARM 微处理器的特点

采用 RISC 架构的 ARM 微处理器一般具有如下特点：

（1）体积小、低功耗、低成本、高性能。

（2）支持 Thumb（16 位）/ARM（32 位）双指令集，能很好地兼容 8 位 /16 位器件。

（3）大量使用寄存器，指令执行速度更快。

（4）大多数数据操作都在寄存器中完成。

（5）寻址方式灵活简单，执行效率高。

（6）指令长度固定（32 位或 16 位）。

### 1.1.3　ARM 微处理器系列

ARM 微处理器目前包括 ARM7 系列、ARM9 系列、ARM9E 系列、ARM10E 系列、SecurCore 系列、Inter 的 XScale、Inter 的 StrongARM、Cortex-R 系列（针对实时系统设计，支持 ARM、Thumb 和 Thumb-2 指令集）、Cortex-M 系列（2008 年推出）、Cortex-A（2008 年推出，Cortex-A8 是第一款基于 ARMv7 构架的应用处理器）以及其他厂商推出的基于 ARM 体系结构的处理器。除了具有 ARM 体系结构的共同特点外，每个系列的 ARM 微处理器都有各自的特点和应用领域。

其中，ARM7、ARM9、ARM9E 和 ARM10 为 4 个通用处理器系列，每个系列提供一套相对独特的性能满足不同应用领域的需求。SecurCore 系列是专门为安全要求较高的应用而设计的。

下面我们详细了解一下各种处理器的特点及应用领域。

1. ARM7 微处理器系列

ARM7 微处理器系列为低功耗的 32 位 RISC 处理器，最适合用于对价位和功耗要求较高的消费类应用。ARM7 微处理器系列具有如下特点：

（1）具有嵌入式 ICE-RT 逻辑，调试开发方便。

（2）极低的功耗，适合对功耗要求较高的应用，如便携式产品。

（3）能够提供 0.9 MIPS/MHz 的三级流水线结构。

（4）代码密度高并兼容 16 位的 Thumb 指令集。

（5）对操作系统的支持广泛，包括 Windows CE、Linux、UC/OS 等。

（6）指令系统与 ARM9 系列、ARM9E 系列和 ARM10E 系列兼容，便于用户的产品升级换代。

（7）主频最高可达 130 MIPS，高速的运算处理能力能胜任绝大多数的复杂应用。

ARM7 系列微处理器的主要应用领域为工业控制、Internet 设备、网络和调制解调器设备、移动电话等多种多媒体和嵌入式应用。

2. ARM9 微处理器系列

ARM9 系列微处理器在高性能和低功耗特性方面提供最佳的性能，具有以下特点：

（1）5 级整数流水线，指令执行效率更高。

（2）提供 1.1 MIPS/MHz 的哈佛结构。

（3）支持 32 位 ARM 指令集和 16 位 Thumb 指令集。

（4）支持 32 位的高速 AMBA 总线接口。

（5）全性能的 MMU，支持 Windows CE、Linux、Palm OS 等多种主流嵌入式操作系统。

（6）MPU 支持实时操作系统。

（7）支持数据 Cache 和指令 Cache，具有更高的指令和数据处理能力。

ARM9 系列微处理器主要应用于无线设备、仪器仪表、安全系统、机顶盒、高端打印机、数字照相机和数字摄像机等。ARM9 系列微处理器包含 ARM920T、ARM922T 和 ARM940T 三种类型，以适用于不同的应用场合。

3. ARM Cortex-A8 处理器的介绍

Cortex-A8 是第一款基于 ARMv7 构架的应用处理器。Cortex-A8 是 ARM 公司有史以来推出的性能最强劲的一款处理器，主频为 600 MHz ~ 1 GHz。Cortex-A8 可以满足各种移动设备的需求，其功耗低于 300 mW，而性能却高达 2 000 MIPS。

Cortex-A8 是 ARM 公司的第一款超级标量处理器。在该处理器的设计中，采用了新的技术以提高代码效率和性能。Cortex-A8 采用了专门针对多媒体和信号处理的 NEON 技术，同时采用了 Jazelle RCT 技术，可以支持 Java 程序的预编译与实时编译。

针对 Cortex-A8，ARM 公司专门提供了新的函数库（Artisan Advantage-CE）。新的库函数可以有效提高异常处理的速度并降低功耗，同时可以提供高级内存泄漏控制机制。

在结构特性方面 Cortex-A8 采用了复杂的流水线构架。

（1）顺序执行，同步执行的超标量处理器内核。

① 13 级主流水线。

② 10 级 NEON 多媒体流水线。

③ 专用的 L2 缓存。

④ 基于执行记录的跳转预判。

（2）针对强调功耗的应用，Cortex-A8 采用了一个优化的装载／存储流水线，可以提供 2 DMIPS/MHz 功能。

（3）采用 ARMv7 构架。

① 支持 Thumb-2，提供了更高的性能，改善了功耗和代码效率。

② 支持 NEON 信号处理，增强了多媒体处理能力。

③ 采用了新的 Jazelle RCT 技术，增强了对 Java 的支持。

④ 采用了 TrustZone 技术，增强了安全性能。

（4）集成了 L2 缓存。

① 编译时，可以把缓存当做标准的 RAM 进行处理。

② 缓存大小可以灵活配置。

③ 缓存的访问延迟可以编程控制。

（5）优化了 L1 缓存，可以提高访问存储速度，并降低功耗。

（6）动态跳转预判。

① 基于跳转目的和执行记录的预判。

② 提供高达 95% 的准确性。

③ 提供重放机制以有效降低预判错误带来的性能损失。

4. Cortex-M3

Cortex-M3 是一个 32 位的核，在传统的单片机领域中，有一些不同于通用 32 位 CPU 应用的要求。举例来说，在工控领域，用户要求具有更快的中断速度，Cortex-M3 采用了 Tail-Chaining 中断技术，完全基于硬件进行中断处理，最多可减少 12 个时钟周期数，在实际应用中可减少 70% 的中断（这里不是中断响应时间）。

单片机的另一个特点是调试工具非常便宜，不像 ARM 的仿真器动辄几千上万元。针对这个特点，Cortex-M3 采用了新型的单线调试（Single Wire）技术，专门拿出一个引脚做调试，从而节约了大笔调试工具费用。同时，Cortex-M3 集成了大部分存储器、控制器，这样工程师可以直接在 MCU 外连接 Flash，从而降低了设计难度和应用障碍。Cortex-M3 处理器结合了多种突破性技术，使芯片供应商可以提供超低费用的芯片，仅 33 000 门的内核性能可达 1.2 DMIPS/MHz。该处理器还集成了许多紧耦合系统外设，令系统能满足下一代产品的控制需求。

Cortex-M3 的优势在于低功耗、低成本、高性能三者（或两者）的结合。编程模式 Cortex-M3 处理器采用 ARMv7-M 架构，它包括所有的 16 位 Thumb 指令集和基本的 32 位 Thumb-2 指令集架构，Cortex-M3 处理器不能执行 ARM 指令集。Thumb-2 在 Thumb 指令集架构（ISA）上进行了大量的改进，它与 Thumb 相比，具有更高的代码密度并提供 16/32 位指令的更高性能。

### 1.1.4　ARM 微处理器结构

1. RISC 体系结构

传统的 CISC（Complex Instruction Set Computer，复杂指令集计算机）结构有其固有的缺点，即随着计算机技术的发展而不断引入新的复杂的指令集，为支持这些新增的指令，计算机的体系结构会越来越复杂。然而，CISC 指令集中的各种指令的使用频率却相差悬殊，大约有 20% 的指令会被反复使用，占整个程序代码的 80%。而余下的 80% 的指令却不经常被使用，在程序设计中只占 20%，显然，这种结构是不太合理的。

基于以上的不合理性，1979 年美国加州大学伯克利分校提出了 RISC（Reduced Instruction Set Computer，精简指令集计算机）的概念，RISC 并非只是简单地减少指令，而是把着眼点放在了如何使计算机的结构更加简单且能合理地提高运算速度上。RISC 结构优先选取使用频率最高的简单指令，避免复杂指令；将指令长度固定，将指令格式和寻址方式种类减少；以控制逻辑为主，通过不用或少用微码控制等措施达到上述目的。到目前为止，RISC 体系结构还没有严格的定义，一般认为 RISC 体系结构应具有如下特点：

（1）采用固定长度的指令格式，指令归整、简单，基本寻址方式有 2～3 种。

（2）使用单周期指令，便于流水线操作执行。

（3）大量使用寄存器，数据处理指令只对寄存器进行操作，只有加载/存储指令可以访问存储器，以提高指令的执行效率。此外，ARM 体系结构还采用了一些特别的技术，在保证高性能的前提下尽量缩小芯片的面积，并降低功耗；所有的指令都可根据前面的执行结果决定是否被执行（条件执行），从而提高指令的执行效率。

（4）可用加载/存储指令批量传输数据，以提高数据的传输效率。

（5）可在一条数据处理指令中同时完成逻辑处理和移位处理。

（6）在循环处理中使用地址的自动增减提高运行效率。

当然，和 CISC 架构相比，尽管 RISC 架构有上述优点，但决不能认为 RISC 架构就可以取代 CISC 架构。事实上，RISC 和 CISC 各有优势，而且界限并不那么明显。现代的 CPU 往往采用 CISC 的外围，内部加入 RISC 的特性，如超长指令集 CPU 就是融合了 RISC 和 CISC 的优势，成为未来的 CPU 发展方向之一。

2. ARM 微处理器的寄存器结构

ARM 微处理器共有 37 个寄存器，被分为若干个组（BANK），这些寄存器可以分为以下两种：

（1）31 个通用寄存器，包括程序计数器（PC 指针），均为 32 位的寄存器。

（2）6 个状态寄存器，用以标识 CPU 的工作状态及程序的运行状态，均为 32 位，目前只使用了其中的一部分。

同时，ARM 处理器有 7 种不同的处理器模式，在每一种处理器模式下均有一组相应的寄存器与之对应，即在任意一种处理器模式下，可访问的寄存器包括 15 个通用寄存器（R0 ～ R14）（快中断模式除外）、1 ～ 2 个状态寄存器（CPSR、SPSR，用户模式和系统模式没有 SPDR）和程序计数器。在所有的寄存器中，有些寄存器在 7 种处理器模式下共用同一个物理寄存器，而有些寄存器则在不同的处理器模式下有不同的物理寄存器。关于 ARM 处理器的寄存器结构，在后面的相关章节将会详细描述。

3. ARM 微处理器的指令结构

ARM 微处理器在较新的体系结构中支持两种指令集：ARM 指令集和 Thumb 指令集。其中，ARM 指令为 32 位的长度，Thumb 指令为 16 位长度。Thumb 指令集为 ARM 指令集的功能子集，但与等价的 ARM 代码相比，可节省 30% ～ 40% 以上的存储空间，同时具备 32 位代码的所有优点。

关于 ARM 处理器的指令结构，在后面的相关章节将会详细描述。

# 1.2　ARM 体系结构介绍

Cortex-M3 系列处理器包含 Thumb 指令集。使用 Thumb 指令集可以以 16 位的系统开销得到 32 位的系统性能。

我们使用的开发板 STM32F103RBT6 芯片内核属于 Cortex-M3 版本。指令集版本属于 v7 版本。

## 1.2.1　ARM 体系结构特点

ARM 处理器为 RISC 芯片，其简单的结构使 ARM 内核非常小，这使器件的功耗也非常低，它具有以下经典 RISC 所具有特点：

（1）大的、统一的寄存器文件。

（2）装载 / 保存结构，数据处理操作只针对寄存器的内容，而不直接对存储器进行操作。

（3）简单的寻址模式。

（4）统一和固定长度的指令域，简化了指令的译码。

（5）每条数据处理指令都对算术逻辑单元和移位器控制，以实现 ALU 和移位器的最大利用。

（6）地址自动增加和减少寻址模式，优化程序循环。

（7）多寄存器装载和存储指令实现最大数据吞吐量。

（8）所有指令的条件执行实现最快速的代码执行。

### 1.2.2　各 ARM 体系结构版本

ARM 体系结构从最初开发到现在有了巨大的改进，并仍在完善和发展中。为了清楚地表达每个 ARM 应用实例所使用的指令集，ARM 公司定义了 7 种主要的 ARM 指令集体系结构版本，以版本号 v1 ~ v7 表示。

1. ARM 体系结构版本——v1

该版本的 ARM 体系结构只有 26 位的寻址空间，没有商业化，其特点如下：

（1）基本的数据处理指令（不包括乘法）。

（2）字节、字和半字加载 / 存储指令。

（3）具有分支指令，包括在子程序调用中使用的分支和链接指令。

（4）在操作系统调用中使用的软件中断指令。

2. ARM 体系结构版本——v2

同样为 26 位寻址空间，现在已经废弃，相对 v1 版本它有以下改进：

（1）具有乘法和乘加指令。

（2）支持协处理器。

（3）快速中断模式具有的两个以上分组寄存器。

（4）具有原子性加载 / 存储指令 SWP 和 SWPB。

3. ARM 体系结构版本——v3

寻址范围扩展到 32 位（事实上也基本废弃了），具有以下特点：

（1）具有乘法和乘加指令。

（2）支持协处理器。

（3）快速中断模式中具有两个以上分组寄存器。

（4）具有原子性加载 / 存储指令 SWP 和 SWPB。

**4. ARM 体系结构版本——v4**

不再为了与以前的版本兼容而支持 26 位体系结构，并明确了哪些指令会引起未定义指令异常发生，它相对 v3 版本做了以下改进：

（1）半字加载／存储指令。

（2）字节和半字的加载和符号扩展指令。

（3）具有可以转换到 Thumb 状态的指令。

（4）用户模式寄存器的新的特权处理器模式。

**5. ARM 体系结构版本——v5**

在 v4 版本的基础上，对现在指令的定义进行了必要的修正，对 v4 版本的体系结构进行了扩展并增加了指令，具体如下：

（1）改进了 ARM/Thumb 状态之间的切换效率。

（2）允许非 T 变量和 T 变量一样，使用相同的代码生成技术。

（3）增加计数前导零指令和软件断点指令。

（4）对乘法指令如何设置标志做了严格的定义。

**6. ARM 体系结构版本——v6**

ARM 体系架构 v6 是 2001 年发布的，有以下基本特点：

（1）完全与以前的体系相容。

（2）SIMD 媒体扩展，使媒体处理速度快 1.75 倍。

（3）改进后的存储器管理使系统性能提高 30%。

（4）改进后的混合端（Endlian）与不对齐数据支持，使小端系统支持大端数据（如 TCP/IP），许多 RTOS 是小端的。

（5）为实时系统改进了中断响应时间，将最坏情况下的 35 个周期改进到了 11 个周期。

ARM 体系版本 v6 的主要特点是增加了 SIMD 功能扩展。它适合电池供电的高性能便携式设备。这些设备一方面要求处理器提供高性能，另一方面又要求很低功耗。SIMD 功能扩展为包括音频／视频处理在内的应用系统提供的优化功能。它可以使音频／视频处理性能提高 4 倍。ARM 体系版本 v6 首先在 2002 年春季发布的 ARM11 处理器中使用。

**7. ARM 体系结构版本——v7**

ARM v7 架构是在 ARM v6 架构的基础上诞生的。该架构采用了 Thumb-2 技术，它是在 ARM 的 Thumb 代码压缩技术的基础上发展起来的，并且保持了对现存 ARM 解决方案的完整的代码兼容性。Thumb-2 技术比纯 32 位代码少使用 31% 的内存，减小了系统开销，同时能够提供比已有的基于 Thumb 技术的解决方案高出 38% 的性能。ARM v7 架构还采用了 NEON 技术，将 DSP 和媒体处理能力提高了近 4 倍，并支持改良的浮点运算，满足下一代 3D 图形、游戏物理应用以及传统嵌入式控制应用的需求。此外，ARM v7 还支持改良的运行环境，以迎合不断增加的 JIT（Just In Time）和 DAC（Dynamic Adaptive Compilation）技术的使用。

### 1.2.3　处理器模式

ARM 体系结构支持 7 种处理器模式，分别为用户模式、快中断模式、中断模式、管理模式、中止模式、未定义模式和系统模式，如表 1-1 所示。这样的好处是可以更好地支持操作系统并提高工作效率。ARM9TDMI 完全支持这 7 种模式。

表 1-1　ARM 体系结构支持的 7 种处理器模式

| 处理器模式 | 说　明 | 备　注 |
| --- | --- | --- |
| 用户（usr） | 正常程序工作模式 | 不能直接切换到其他模式 |
| 系统（sys） | 用于支持操作系统的特权任务等 | 与用户模式类似，但具有可以直接切换到其他模式等特权 |
| 快中断（fiq） | 支持高速数据传输及通道处理 | FIQ 异常响应时进入此模式 |
| 中断（irq） | 用于通用中断处理 | IRQ 异常响应时进入此模式 |
| 管理（svc） | 操作系统保护代码 | 系统复位和软件中断响应时进入此模式 |
| 中止（abt） | 用于支持虚拟内存和 / 或存储器保护 | 取指令，数据越界 |
| 未定义（und） | 支持硬件协处理器的软件仿真 | 未定义指令异常响应时进入此模式 |

### 1.2.4　内部寄存器

ARM9TDMI 内核包含 1 个 CPSR 和 5 个供异常处理程序使用的 SPSR。CPSR 反映了当前处理器的状态，请看以下说明：

（1）4 个条件代码标志 [ 负（N）、零（Z）、进位（C）和溢出（V）]。

（2）2 个中断禁止位，分别控制一种类型的中断。

（3）5 个对当前处理器模式进行编码的位。

（4）1 个用于指示当前执行指令（ARM 还是 Thumb）的位。

ARM 状态各模式下的寄存器如表 1-2 所示。

表 1-2 ARM 状态各模式下的寄存器

| 寄存器类别 | 寄存器在汇编中的名称 | 各模式下实际访问的寄存器 | | | | | | |
|---|---|---|---|---|---|---|---|---|
| | | 用户 | 系统 | 管理 | 中止 | 未定义 | 中断 | 快中断 |
| 通用寄存器和程序计数器 | R0（a1） | R0 | | | | | | |
| | R1（a2） | R1 | | | | | | |
| | R2（a3） | R2 | | | | | | |
| | R3（a4） | R3 | | | | | | |
| | R4（v1） | R4 | | | | | | |
| | R5（v2） | R5 | | | | | | |
| | R6（v3） | R6 | | | | | | |
| | R7（v4） | R7 | | | | | | |
| | R8（v5） | R8 | | | | | | R8_fiq |
| | R9（SB，v6） | R9 | | | | | | R9_fiq |
| | R10（SL，v7） | R10 | | | | | | R10_fiq |
| | R11（FP，v8） | R11 | | | | | | R11_fiq |
| | R12（IP） | R12 | | | | | | R12_fiq |
| | R13（SP） | R13 | R13_svc | R13_abt | R13_und | R13_irq | R13_fiq | |
| | R14（LR） | R14 | R14_svc | R14_abt | R14_und | R14_irq | R14_fiq | |
| | R15（PC） | R15 | | | | | | |
| 状态寄存器 | CPSR | CPSR | | | | | | |
| | SPSR | 无 | SPSR_abt | SPSR_abt | SPSR_und | SPSR_irq | SPSR_fiq | |

各标志位的含义如下：

（1）N：运算结果的最高位反映在该标志位上。对于有符号二进制补码，结果为负数时 N=1，结果为正数或零时 N=0。

（2）Z：指令结果为 0 时 Z=1（通常表示比较结果"相等"），否则 Z=0。

（3）C：当进行加法运算（包括 CMN 指令），并且最高位产生进位时 C=1，否则 C=0。当进行减法运算（包括 CMP 指令），并且最高位产生借位时 C=0，否则 C=1。对于结合移位操作的非加法/减法指令，C 为从最高位最后移出的值，其他指令 C 通常不变。

（4）V：当进行加法/减法运算，并且发生有符号溢出时 V=1，否则 V=0，其他指令 V 通常不变。

CPSR 的最低 8 位为控制位，当发生异常时，这些位被硬件改变。当处理器处于一个特权模式时，可用软件操作这些位。它们分别是中断禁止位、T 位、模式位。

（1）中断禁止位包括 I 和 F 位：当 I 位置位时，IRQ 中断被禁止；当 F 位置位时，FIQ 中断被禁止。

（2）T 位反映了正在操作的状态：当 T 位置位时，处理器正在 Thumb 状态下运行；当 T 位清零时，处理器正在 ARM 状态下运行。

（3）模式位包括 M4、M3、M2、M1 和 M0，这些位决定处理器的操作模式，如图 1-1 所示。

注意：不是所有模式位的组合都定义了有效的处理器模式，如果使用了错误的设置，将造成一个无法恢复的错误。

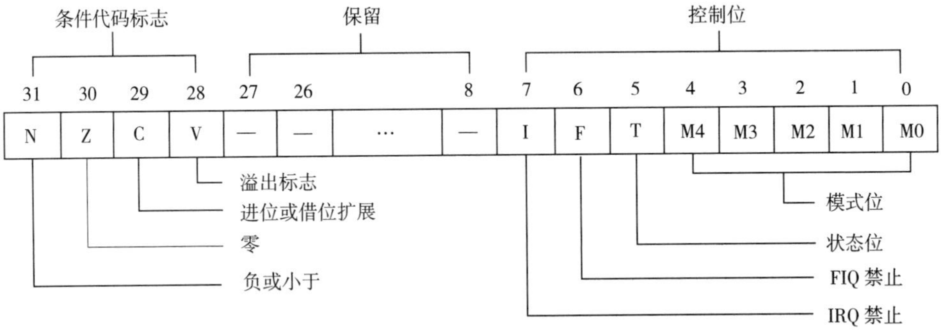

图 1-1　CPSR 寄存器的格式保留位

CPSR 中的保留位被保留以供将来使用。为了提高程序的可移植性，当改变 CPSR 标志和控制位时，不要改变这些保留位。另外，须确保程序的运行不受保留位的值的影响，因为将来的处理器可能会将这些位设置为 1 或者 0。CPSR 模式位设置表如表 1-3 所示。

表 1-3　CPSR 模式位设置表

| M[4:0] | 模　式 | 可见的 Thumb 状态寄存器 | 可见的 ARM 状态寄存器 |
|---|---|---|---|
| 10000 | 用户 | R0 ~ R7，SP，LR，PC，CPSR | R0 ~ R14，PC，CPSR |
| 10001 | 快中断 | R0 ~ R7，SP_fiq，LR_flq，PC，CPSR | R0 ~ R7，R8_fiq ~ R14_fiq，PC |
| | | SPSR_fiq | CPSR，SPSR_fiq |
| 10010 | 中断 | R0 ~ R7，SP_irq，LR_irq，PC，CPSR， | R0 ~ RI2，R13_irq，R14_irqPC， |
| | | SPSR_fiq | CPSR，SPSR_irq |
| 10011 | 管理 | R0 ~ R7，SP_svc，LR_svc，PC，CPSR | R0 ~ R12，R13_svc，R14_svc |
| | | SPSR_svc | PC，CPSR，SPSR_svc |
| 10111 | 中止 | R0 ~ R7，SP_abt，LR_abt，PC，CPSR | R0 ~ R12，R13_abt，R14_abt，PC |
| | | SPSR_abt | CPSR，SPSR_abt |
| 11011 | 未定义 | R0 ~ R7，SP_und，LR_und，PC，CPSR | R0 ~ RI2，R13_und，R14_und |
| | | SPSR_und | PC，CPSR，SPSR_und |
| 11111 | 系统 | R0 ~ R7，SP，LR，PC，CPSR | R0 ~ R14，PC，CPSR |

## 1.3　嵌入式系统简介

21 世纪的世界是信息化的世界，电子技术、信息技术、计算机技术、网络技术、无线通信技术已经彻底改变了人们的生活方式。在这些技术的基础上，一门新兴的技术——嵌入式系统技术（Embedded System Technology）已经应用于科技、工业、运输及日常生活领域。每个普通人都可能拥有使用嵌入式技术的电子产品，小到

MP3、移动电话、PDA 等微型数字化产品，大到网络家电、智能家电、车载电子设备等。目前，各种各样的新型嵌入式系统设备在应用数量上已经远远超过了通用计算机。在工业和服务业领域中，使用嵌入式技术的数字机床、智能工具、工业机器人、服务机器人正在逐渐改变着传统的工业生产和服务方式。

STM32F103 微控制器主要应用于各类嵌入式系统中，本节从宏观角度介绍嵌入式系统和各类嵌入式操作系统的概念，重点分析广泛应用于 STM32F103 微控制器的嵌入式实时操作系统 μC/OS-II 和 μC/OS-III 的特点。

下面介绍一个系统范例。

一般情况下，高校教学楼每层都安设了饮水机，方便教师和学生用水；高速公路服务区、列车站和机场中也安设了各种智能饮水机，为旅行者提供开水。饮水机的主要功能是提供 100 ℃的开水，其智能化体现在全自动操作上，如可以自动进水、自动补水、满水时自动停止进水、自动温度控制、防干烧保护和温度显示等。有些高级的饮水机还提供冷水，即水烧开后，将开水分流一部分进入冷却仓中，可直接饮用。

饮水机的整个控制系统是一种典型的嵌入式系统，其核心类似于 STM32F103 的微控制器，这里用 STM32F103 表示，通过各种外部设备和传感器实现饮水机的智能控制，如图 1-2 所示。

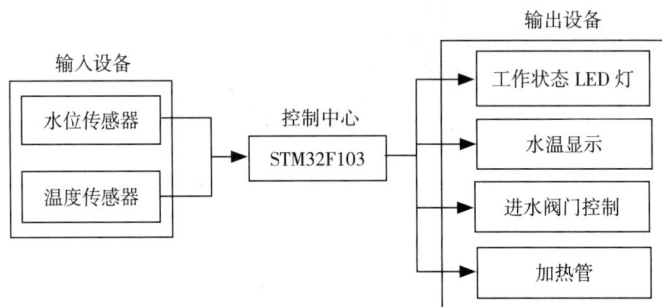

图 1-2　饮水机嵌入式系统结构

在图 1-2 中，控制中心 STM32F103 通过周期性地访问水位传感器和温度传感器，实时地记录饮水机的水位和水温，同时控制 LED 灯实时显示饮水机的工作状态（如绿灯亮表示开水，红灯亮表示加热）并实时显示水温。当水位的高度低于设定的最低高度时，STM32F103 打开进水阀门自动进水，当水位涨到设定的最高水位时，STM32F103 关闭进水阀门。当水温低于设定的温度后，STM32F103 将自动启动加热管加热水仓中的水，当温度达到 100 ℃时，STM32F103 关闭加热管，停止加热并进入保温状态，在此过程中，通过 LCD 屏或数码管显示水温变化。图 1-2 列出了饮水机的基本功能，饮水机嵌入式系统还应具有自检、报警、恒温处理等功能。

由图 1-2 可知，典型的嵌入式系统的硬件主要包括 3 部分，即控制中心、输入设备和输出设备，有时也称为数据处理中心、数据采集端和数据输出端。不同的应用系统，其嵌入式系统也不尽相同。一般情况下，控制中心是由 ARM 微控制器、DSP、FPGA 或传统 8051 单片机等可编程器件组成的核心电路，通过软件实现相应的控制或数据处理功能；输入设备和输出设备根据应用场合的不同，选用相应的传感器或显示终端。

如果为图 1-2 所示的饮水机添加 Wi-Fi 或蓝牙设备，便可对其进行联网控制，此时该饮水机就成为物联网的一分子。假设从北京至广州的高速公路的全部服务区的饮水机都通过 App（手机应用程序）联网，则游客可实时了解各个服务区饮水机的情况，从而可选择合适的服务区采水。这正是物联网给人们的生产、生活带来的方便。

诚然，设计嵌入式系统要按照具体问题具体分析的原则，根据实际问题的应用需求，选择合适的嵌入式系统。有些专家将物联网称为嵌入式系统的联网，可见嵌入式系统在物联网中具有核心地位，而微控制器又是嵌入式系统的核心。因此，基于微控制器的硬件设计和软件开发技术是电子、通信、智能控制和物联网等相关专业学生必须掌握的专业知识，可以从学习基于 STM32F103 微控制器的硬件和软件设计入手，不断开拓嵌入式系统新的应用领域。

### 1.3.1　嵌入式系统概念

数字技术和软件技术是嵌入式系统的核心技术，其中数字技术包括数字信号处理技术和数字化芯片技术，软件技术包括芯片级的程序设计技术和操作系统级的程序设计技术。电路系统由传统的模拟电子系统演化为以可编程数字化芯片为核心、添加必要外设接口实现相应功能的嵌入式系统，在三个相互关联又相对独立的技术领域表现突出，即以单片机为核心的嵌入式控制领域、以 DSP（数字信号处理器）或 FPGA（现场可编程门阵列）为核心的嵌入式数字信号处理领域、以 ARM 或 SoC（片内系统芯片）为核心的嵌入式操作系统及其应用领域。一般情况下，嵌入式系统被理解为一个相对概念，即在硬件上，它是嵌入在更大规模硬件系统中的电路系统，嵌入式系统的本质在于其硬件系统具有灵活的可编程、可再配置软件等特性，所以嵌入式系统必须具有自身的软件系统。

### 1.3.2　嵌入式系统的组成

由于嵌入式系统是计算机结构中的一个分支，因此它在硬件上的组成与标准的计算机类似，其中最主要的部分也是微处理器。与标准的计算机结构相同，嵌入式系统同样包含中央处理器、内存、输入输出设备，只不过在嵌入式系统中，这些单元以比较特殊的形式存在。例如，计算机的标准输入设备为键盘，但是家用电器的标准输入设备可能是它的触控面板。从这些方面，我们也可以感受到嵌入式系统与一般通用计算机之间的差别。

嵌入式系统一般有 3 个主要的组成部分。

1. 硬件

图 1-3 给出了嵌入式系统的硬件组成。其中，处理器是系统的运算核心，存储器（ROM、RAM）用来保存可执行代码以及中间结果，输入输出设备完成与系统外部的信息交换，其他部分辅助系统完成功能。

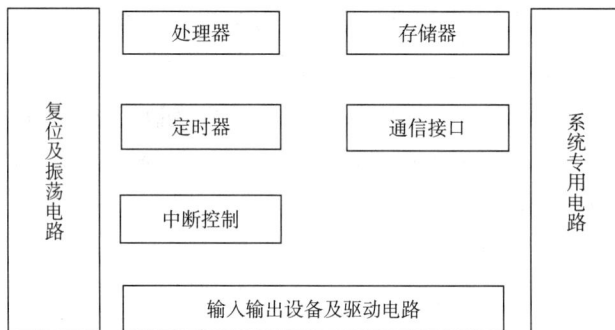

图 1-3　嵌入式系统的硬件组成

2. 应用软件

应用软件是完成系统功能的主要软件，它可以由单独的一个任务实现，也可以由多个并行的任务实现。

3. 实时操作系统（Real-Time Operating System, RTOS）

该系统用来管理硬件资源和应用软件，并提供一种机制，使处理器分时地执行各个任务并满足一定的时限要求。

由于小型嵌入式系统可能只完成一个任务，因此不需要操作系统；而复杂的嵌入式系统一般会利用操作系统减少开发的工作量，并提高产品的可靠性，如果系统复杂而且有实时性的要求，则需要实时操作系统调度执行多个任务并满足一定的延时要求。

嵌入式系统的关键在于结合系统硬件电路与其特定的软件，以达到系统运行性能成本的最高比。系统中硬件的设计包括微处理器及存储器电路的设计、网络功能设计、无线通信设计及接口电路设计等；而嵌入式软件则专门负责硬件电路的驱动、控制处理，以提升硬件产品的价值，是硬件产品不可或缺的重要部分，它常以固件的形式出现，如控制或驱动程序等。

由于嵌入式系统领域的硬件、软件种类繁多，因此产品研发需要适应多种不同硬件与软件的组合。为了克服多样化，现在的研发方式多以平台化设计（Platform-Based Design，JPBD）为主。平台化设计的基本思路是以某一种基础的硬件与软件参考设计（Reference Design）为平台，自行加上额外所需的硬件与软件，以适应多样化的产品需求，而不必每款产品都从头设计。这种设计方式可以缩短研发进程，加速产品的上市时间。这样的参考设计平台大多由微处理器制造公司提供。例如，Intel、三星、Motorola 等厂商提供微处理器的参考设计电路以及建议的外围设备布局，包括内存、基本 I/O，甚至包括 LCD 控制接口、IDE 设备接口等，并配合某一款操作系统，如 Linux、Windows CE 以及相应的软件源代码。将这样的组合包以授权的方式提供给产品开发厂商，帮助他们开发产品。这样的组合包一般被称为"板级支持包"（Board Support Package，BSP）。

在嵌入式系统的硬件方面，强调的不是硬件的执行速度而是其功能稳定性，因此硬件设计方面的技术瓶颈并不高；而在软件组件方面，强调的是系统集成及友善的用户界面。为了满足网络与无线通信的发展需要，必须加快软件组件的发展。未来的软件开发将逐渐由现在的简易窗口与低速通信向多样化的用户界面与高速通信发展。

# 1.4　嵌入式操作系统

操作系统的基本思想是隐藏底层不同硬件的差异，向在其上运行的应用程序提供同一个调用接口。应用程序通过这一接口实现对硬件的使用和控制，不必考虑不同硬件操作方式的差异。软件设计人员不必关心硬件的操作细节，只需要专注于应用程序开发。

但是，由于编写一个操作系统是一件很困难的事情，因此很多产品厂商选择购买操作系统，在此基础上开发自己的应用程序，形成产品。事实上，因为嵌入式系统将所有程序，包括操作系统、驱动程序、应用程序的程序代码全部烧写进存储器里，所以操作系统在这里的角色更像是一个函数库。

操作系统主要完成三项任务：内存管理、多任务管理和外围设备管理。这三项任务为应用程序设计者提供了许多方便。但是，嵌入式系统并非必备操作系统，小型系统可能并不需要操作系统，一些复杂的大型嵌入式系统才会利用操作系统。

嵌入式操作系统负责嵌入式系统的全部软/硬件资源的分配、调度、控制、协调；它必须体现其所在系统的特征，能够通过加载/卸载某些模块完成系统所要求的功能。

嵌入式操作系统是相对于一般操作系统而言的，它除了具备一般操作系统最基本的功能，如任务调度、同步机制、中断处理、文件处理等，还有以下特点。

第一，强稳定性，弱交互性：嵌入式系统一旦开始运行就不需要用户过多干预，负责系统管理的嵌入式操作系统具有很强的稳定性。

第二，较强的实时性：嵌入式操作系统的实时性一般较强，可用于控制各种设备。

第三，可伸缩性：具有开放、可伸缩性的体系结构。

第四，外设接口的统一性：提供各种设备驱动接口。

嵌入式系统的操作系统核心体积通常很小，因为硬件存储器的容量有限，除了应用程序之外，不希望操作系统占用太大的存储空间。事实上，嵌入式操作系统可以很小，只提供基本的管理功能和调度功能，缩小到 10 kB ～ 20 kB 的嵌入式操作系统比比皆是，相信习惯用微软 Windows 系统的用户，可能会觉得不可思议。

早期的嵌入式系统多半是执行特定功能的设备，其需要性能稳定的嵌入式操作系统，其上只搭配简单的应用程序。嵌入式操作系统主要用途是控制系统负载以及监控应用程序的运行。这一时期的嵌入式操作系统大部分是由系统制造厂商自行开发的，是一个封闭式系统架构。

20 世纪 80 年代中期以后，随着产业自动化、通信数字化潮流兴起，人们对嵌入式系统的实时性要求提高了。在软件方面，实时操作系统成为主流，系统制造厂商逐渐开始采用专业厂商提供的开放式架构实时操作系统。这一阶段的嵌入式操作系统开始具备文件管理、设备管理、多任务、图形用户界面等功能，并提供了一些应用程序接口，使应用软件的开发变得更加简单。

20 世纪 90 年代末期到 21 世纪，信息技术进入了网络普及的后 PC 时代，通用型操作系统也进入了嵌入式领域，与实时操作系统共同竞争新兴的信息家电市场。宽带网络的普及和主流产品的多功能化使这一阶段的系统架构更加复杂了。

随着网络环境的普及，不仅嵌入式操作系统需要支持各种网络通信协议，而且各种应用程序对编程接口的要求也在不断提高。信息家电的兴起使各类消费类电子产品的功能日趋复杂。例如，手持式设备集合手机、PDA、数码相机、掌上型游戏机等功能，视频转换器集合数字录放机、游戏机、家庭网关器等功能。因此，未来的嵌入式操作系统所要执行的功能将越来越多，这对嵌入式操作系统本身也提出了更高的技术要求。

尽管不同的应用场合需要不同特点的嵌入式操作系统，但是它们都有一个核心（Kernel）和一些系统服务。操作系统必须提供一些系统服务供应用程序调用，包括文件系统、内存分配、I/O 存取服务、中断服务、任务服务、时间服务等，设备驱动程序则要建立在 I/O 存取和中断服务上。有些嵌入式操作系统也会提供多种通信协议、用户接口函数库等。

实时嵌入式操作系统的种类繁多，大体可分为两种——商用型和免费型。商用型实时操作系统功能稳定、可靠，有完善的技术支持和售后服务，但往往价格昂贵。

### 1.4.1　VxWorks

VxWorks 操作系统是美国 Wind River 公司于 1983 年设计开发的一种实时嵌入式操作系统（RTOS），由于具有高性能的系统内核和友好的用户开发环境，在实时嵌入式操作系统领域牢牢占据着一席之地。值得一提的是，美国 JPL 实验室研制的著名"索杰纳"火星车采用的就是 VxWorks 操作系统。

VxWorks 的突出特点是可靠性、实时性和可裁剪性较高。它是目前嵌入式系统领域中使用最广泛、市场占有率最高的操作系统。它支持多种处理器，如 x86、i960、Motorola MC68×××、Power PC 等。大多数的 VxWorks API 是专有的，采用 GNU 的编译和调试器。

### 1.4.2　嵌入式 Linux

免费软件 Linux 的出现对目前商用嵌入式操作系统带来了冲击。作为候选的嵌入式操作系统，Linux 有一些吸引人的地方，它可以移植到多个有不同结构的 CPU 和硬件平台上，具有很好的稳定性、各种性能的升级能力，而且更容易开发。

由于嵌入式系统越来越追求数字化、网络化和智能化，因此原来在某些设备或领域中占主导地位的软件系统越来越难以为继，因为要达到上述要求，整个系统必须是开放的，提供标准的 API，并能够方便地与众多第三方软硬件沟通。

在这些方面，Linux 有着得天独厚的优势。首先，Linux 源码是开放的，不存在黑箱技术，遍布全球的众多 Linux 爱好者是 Linux 开发的强大技术后盾；其次，Linux 内核小、功能强大、运行稳定、系统健壮、效率高；再次，Linux 是一种开放源码的操作系统，易于定制剪裁，在价格上极具竞争力；第四，Linux 不仅支持 x86 CPU，还支持其他数种 CPU 芯片；第五，有大量的且不断增加的开发工具，这些工具为嵌入式系统的开发提供了良好的开发环境；第六，Linux 沿用了 UNIX 的发展方式，遵循国际标准，可以方便地获得众多第三方软硬件厂商的支持；最后，Linux 内核的结构在网络方面是非常完整的。此外，在图像处理、文件管理及多任务支持等诸多方面，Linux 的表现也都非常出色，因此它不仅可以充当嵌入式系统的开发平台，其本身也是嵌入式系统应用开发的较好工具。

国际上许多大型跨国企业已经瞄准了后 PC 时代的下一代计算设备——嵌入式计算设备，其中一些著名的公司更是选中了 Linux 操作系统作为开发嵌入式产品的工具。现在国外基于嵌入式 Linux 系统的产品已问世的有韩国三星公司的 Linux PDA、可联网的 Linux 照相机等。

我国也有不少厂家推出了基于 Linux 的嵌入式系统。例如，中科红旗软件技术有限公司既开发了嵌入式 Linux 系统基本开发平台，又提供了可供裁剪的嵌入式 Linux 图形用户界面、窗口系统和网络浏览器，并且与许多硬件厂家合作开发出了一批基于 Linux 的嵌入式系统产品，包括机顶盒、彩票机等，并已进入交换机等网络接入设备领域。相信随着技术的进步和需求的推动，基于 Linux 的嵌入式系统在今后会得到较大的发展。

### 1.4.3　μC/OS-Ⅱ

μC/OS-Ⅱ 是 Jean J. Labrosse 在 1990 年前后编写的一个实时操作系统内核。可以说 Jean J. Labrosse 实现 μC/OS-Ⅱ 就像 Linus Torvalds 实现 Linux 一样，完全出于个人对实时内核的研究兴趣，并且开放了源代码。如果作为非商业用途，μC/OS-Ⅱ 是完全免费的。μC/OS-Ⅱ 来源于术语 Micro-Controller Operating System（微控制器操作系统）。它通常也被称为 MUCOS 或者 UCOS。

经过十多年的发展，特别是在 2001 年国内翻译出版了系统介绍 μC/OS-Ⅱ 的书籍之后，μC/OS-Ⅱ 在国内开始得到迅速普及和广泛应用，使用 μC/OS-Ⅱ 开发嵌入式应用系统的人越来越多，尤其是高校和研究机构将 μC/OS-Ⅱ 直接作为实时操作系统的教学材料。

严格地说，μC/OS-Ⅱ 只是一个实时操作系统内核，它仅仅包含了任务调度、任务管理、时间管理、内存管理、任务间通信和同步等基本功能，没有提供输入输出管理、文件管理、网络等额外的服务。但是，由于 μC/OS-Ⅱ 良好的可扩展性和源码开放，这些功能完全可以由用户自己根据需要实现。目前，已经出现了基于 μC/OS-Ⅱ 的相关应用，包括文件系统、图形系统以及第三方提供的 TCP/IP 网络协议等。

μC/OS-Ⅱ 的目标是实现一个基于优先级调度的抢占式实时内核，并在这个内核之上提供最基本的系统服务，如信号量、邮箱、消息队列、内存管理、中断管理等。虽然 μC/OS-Ⅱ 并不是一个商业实时操作系统，但 μC/OS-Ⅱ 的稳定性和实用性却被数百个商业级的应用所验证，其应用领域包括便携式电话、运动控制卡、自动支付终端、交换机等。

μC/OS-Ⅱ 获得广泛使用不仅仅是因为它的源码开放，还有一个重要原因，就是它的可移植性。μC/OS-Ⅱ 的大部分代码都是用 C 语言编写的，只有与处理器的硬件相关的一部分代码用汇编语言编写。可以说，μC/OS-Ⅱ 在最初设计时就考虑到了系统的可移植性，这一点和同样源码开放的 Linux 很不一样，后者在开始的时候只是用于 x86 体系结构，后来才将和硬件相关的代码单独提取出来。

目前 μC/OS-Ⅱ 支持 ARM、PowerPC、MIPS、68k 和 x86 等多种体系结构，已经被移植到上百种嵌入式处理器上，包括 Intel 公司的 StrongAM、80×86 系列，Motorola 公司的 M68H 系列、飞利浦和三星公司基于 ARM 核的各种微处理器等。

### 1.4.4　Windows CE

从多年前发表 Windows CE 开始，微软就开始涉足嵌入式操作系统领域。如今历经 Windows CE 2.0、3.0，新一代的 Windows CE 呼应微软 .NET 的意愿，被命名为"Windows CE .NET"（目前最新版本为 5.0）。Windows CE 主要应用于 PDA 以及智能电话（Smart Phone）等多媒体网络产品，而不是用于 x86 微处理器的平台上。Windows CE .NET 的目的是让不同语言所编写的程序可以在不同的硬件上执行，也就是所谓的 .NET Compact Framework，在 Framework 下的应用程序与硬件互相独立，而核心本身是一个支持多线程以及多 CPU 的操作系统。在工作调度方面，为了提高系统的实时性，其主要设置了 256 级的工作优先级以及可嵌入式中断处理。

如同在 PC Desktop 环境中，Windows CE 系列在通信和网络以及多媒体方面极具优势。其提供的协议软件非常完整，如基本的 PPP、TCP/IP、IrDA、ARP、ICMP、PPTP、SNMP、HTTP 等几乎应有尽有，甚至还提供了有保密与验证的加密通信，如 PCT/SSL。而在多媒体方面，目前在 PC 上执行的 Windows Media 和 DirectX 都已经应用到 Windows CE 3.0 以上的平台。其主要功能是对图形、影音进行编码、译码以及对多媒体信号进行处理。

### 1.4.5　Android 操作系统

Android 是一种基于 Linux 的自由且开放源代码的操作系统，主要用于移动设备，如智能手机和平板电脑。Android 的系统架构和其操作系统一样，采用了分层的架构，从高层到低层分别是应用程序层、应用程序框架层、系统运行库层和 Linux 内核层。2007 年 11 月，Google 与 84 家硬件制造商、软件开发商及电信营运商组建开放手机联盟，共同研发、改良 Android 系统。随后 Google 以 Apache 开源许可证的授权方式，发布了 Android 的源代码。2012 年 11 月数据显示，Android 占据全球智能手机操作系统市场 76% 的份额，中国市场占有率为 90%。2013 年全世界采用这款系统的设备数量已经达到 10 亿台。

## 1.5　嵌入式处理器

### 1.5.1　嵌入式处理器的分类

嵌入式系统的核心部件是嵌入式处理器，据不完全统计，到 2000 年，全世界嵌入式处理器的品种总量已经超过 1 000 种，流行的体系结构有 30 多个系列，其中 8051 体系占了多半。生产 8051 单片机的半导体厂家有 20 多个，共 350 多种衍生产品，仅 Philips 就有近百种。现在几乎每个半导体制造商都生产嵌入式处理器，而且越来越多的公司有自己的处理器设计部门。

微处理器可以分成几种不同的等级，一般用字符宽度来区分：8 位微处理器大部分用在低端应用上，也包括了外围设备、内存控制器；16 位微处理器通常用在比较精密的应用上，需要比较长的字符宽度；32 位微处理器大部分是 RISC 微处理器，可提供高性能的运算能力，以满足需要大量运算的应用。

　　但是，从应用的角度划分，嵌入式处理器包含下面几种类型。

　　1. 嵌入式微处理器（Embedded Microprocessor Unit，EMPU）

　　嵌入式微处理器的基础是通用计算机中的 CPU。在应用中，将微处理器装配在专门设计的电路板上，只保留与嵌入式应用有关的功能，这样可以大大减小系统体积和功耗。嵌入式微处理器虽然在功能上和标准微处理器基本一样，但为了满足嵌入式应用的特殊要求，在工作温度、抗电磁干扰、可靠性等方面做了各种增强。嵌入式处理器目前主要有 PowerPC、68000、MIPS、ARM 系列等。

　　2. 嵌入式微控制器（MicroController Unit，MCU）

　　嵌入式微控制器又称单片机，就是将整个计算机系统集成到一块芯片中。嵌入式微控制器一般以某一种微处理器内核为核心，芯片内部集成 ROM、RAM、总线逻辑、定时器等各种必要的功能模块。与嵌入式微处理器相比，嵌入式微控制器的最大特点是单片化，体积大大减小，从而使功耗和成本下降，可靠性提高。

　　嵌入式微控制器是目前嵌入式系统应用的主流。由于嵌入式微控制器的片上资源一般比较丰富，适合于控制，因此被称为微控制器。为适应不同的应用需求，一般一个系列的单片机具有多种衍生产品，每种衍生产品的处理器内核都是一样的，不同的是存储器和外设的配置及封装。这样可以最大限度地与应用需求相匹配，从而降低功耗和成本。

　　嵌入式微控制器目前的品种和数量最多，比较有代表性的通用系列包括 8051、P51XA、68300 等。

　　3. 嵌入式 DSP 处理器（Embedded Digital Signal Processor，EDSP）

　　嵌入式 DSP 处理器是专门用于信号处理的处理器，其在系统结构和指令算法方面进行了特殊设计，以适合于执行 DSP 算法，有更高的编译效率和指令执行速度。在数字滤波、FFT、频谱分析等方面，DSP 算法正在大量进入嵌入式领域。

　　推动嵌入式 DSP 处理器发展的一个重要因素是嵌入式系统的智能化，例如各种带有智能逻辑的消费类产品、生物信息识别终端、带有加解密算法的键盘、ADSL 接入、实时语音压缩解压系统、虚拟现实显示等。这类智能化算法一般运算量都比较大，特别是向量运算、指针线性寻址等，而这些正是 DSP 的长处。

　　嵌入式 DSP 处理器有两个发展来源：一是 DSP 经过单片化、EMC 改造、增加片上外设成为嵌入式 DSP 处理器，TI 公司的 TMS320C2000/C5000 等属于此范畴；二是在通用单片机或片上系统（SoC）中增加 DSP 协处理器，如 Intel 的 MCS-296。DSP 的设计者们把重点放在了处理连续的数据流上。如果嵌入式应用中强调对连续的数据流的处理及高精度复杂运算，则应该选用 DSP 器件。

4.嵌入式片上系统（System on Chip，SoC）

VLSI 设计的普及和半导体工艺的迅速发展，使在一块硅片上实现一个更为复杂的系统成为可能，这个复杂的系统就是 SoC。各种通用处理器内核和其他外围设备都将成为 SoC 设计公司的标准库中的器件，用标准的 VHDL 等硬件描述语言描述。用户只需定义出整个应用系统，仿真通过后就可以将设计图交给半导体工厂制作芯片样品。这样，整个嵌入式系统大部分都可以集成到一块芯片中，使应用系统的电路板变得很简洁，这将有利于减小体积和功耗，提高系统的可靠性。

SoC 可以分为通用和专用两类。通用系列包括 Motorola 的 M-Core、某些 ARM 系列器件、Echelon 和 Motorola 联合研制的 Neuron 芯片等。专用 SoC 一般专用于某类系统中，不为一般用户所知。一个有代表性的产品是 Philips 的 Smart XA，它将 XA 单片机内核和支持超过 2 048 位复杂 RSA 算法的 CCU 单元制作在一块硅片上，形成一个可加载 Java 或 C 语言的专用的 SoC，可用于 Internet 安全方面。

## 1.5.2  嵌入式处理器的选型原则

针对各种嵌入式应用的需求，各半导体厂商都投入了很大的精力研发和生产相应的 CPU 及协处理器芯片。用于嵌入式系统的微处理器必须高度集成、低功耗、低成本。每一类应用可选择的处理器都是多种多样的。

与 PC 市场不同的是，没有一种微处理器或微处理器公司可以主导嵌入式系统，仅以 32 位的 CPU 而言，就有 100 种以上嵌入式微处理器。由于嵌入式系统设计的差异性极大，因此没有一种微处理器能适用于所有的应用，同样适合于某一应用的微处理器也是多样化的。

调查市场上已有的 CPU 供应商，有些公司如 Motorola、Intel、AMD 很有名气，而有一些小的公司如 QED 虽然名气很小，但也生产出了很优秀的微处理器。另外，有一些公司，如 ARM、MIPS 等，只设计但并不生产 CPU，他们向世界各地的半导体制造商提供 IP 授权。ARM 是近年来在嵌入式系统市场上最有影响力的微处理器，ARM 的低功耗设计非常适合于电源供电系统，如移动电话、掌上电脑等。

设计者在选择处理器时要考虑以下几个主要因素。

1.CPU 的处理速度

一个处理器的性能取决于多方面的因素，如时钟频率、内部寄存器的大小、指令是否对等处理所有的寄存器等。为嵌入式系统选择处理器，并不是挑选速度最快的处理器，而是选取能够满足功能要求的处理器和 I/O 子系统。如果你的设计面向的是高性能应用，那么建议选择某些新型处理器，因为其性价比极高。

2. 技术指标

当前，许多嵌入式处理器集成了外围设备的功能，从而减少了芯片的数量，进而降低了整个系统的开发费用。开发人员需要根据应用需求选择合适的微处理器，满足片上外设的要求。

3. 处理器的功耗

占据嵌入式微处理器市场份额最大并且增长最快的是手持设备、电子记事本、PDA、手机、GPS 导航器、智能家电等消费类电子产品，这些产品中的微处理器的典型特点是高性能、低功耗。许多 CPU 生产厂家已经进入这个领域，生产出了适合这一市场的微处理器。

4. 处理器的软件支持工具

没有好的软件开发工具的支持，再强大的处理器也无法发挥本身的性能。合适的软件开发工具能够加速产品的开发，加快系统的实现速度，并能提高可靠性。

5. 处理器是否内置调试工具

在处理器中内置调试工具则可大大缩短调试周期，降低调试的难度，进而缩短产品的上市时间。

6. 处理器供应商是否提供评估板

许多处理器供应商可以提供评估板验证理论是否正确、验证设计是否得当。

选择一个嵌入式系统所需要的微处理器，在很多时候运算速度并不是最重要的考虑内容，有时候也必须考虑微处理器制造厂商对该微处理器的支持态度，有些嵌入式系统产品使用周期长达几十年，如果五六年之后需要维修，却已经找不到该种处理器的话，势必要淘汰全部产品。所以，许多专门生产嵌入式系统微处理器的厂商都会为嵌入式系统的微处理器留下足够的库存或者生产线，即使过了较长时间仍然可以找到相同型号的微处理器或者完全兼容的替代品。

# 第 2 章　Cortex-M3 体系结构

## 2.1　Cortex-M3 微处理器内核结构

　　Cortex-M3（后文简称CM3）微处理器内核是嵌入式微控制器的中央处理单元。完整的基于CM3微处理器内核的微控制器还需要很多其他组件，如图2-1所示。芯片制造商得到CM3微处理器内核IP的使用授权后，就可以把CM3微处理器内核用在自己的芯片设计中，添加存储器、外设、I/O及其他功能模块。不同厂家设计出的微控制器会有不同的配置，包括存储器容量、类型、外设等，都各具特色。

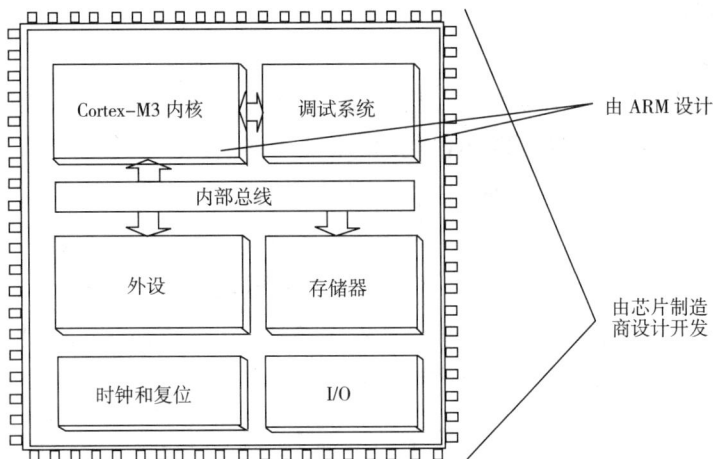

图 2-1　基于 Cortex-M3 微处理器内核的微挖制器的基本结构

CM3 具有下列特点。

（1）内核是 ARMv7-M 体系结构，如图 2-2 所示。

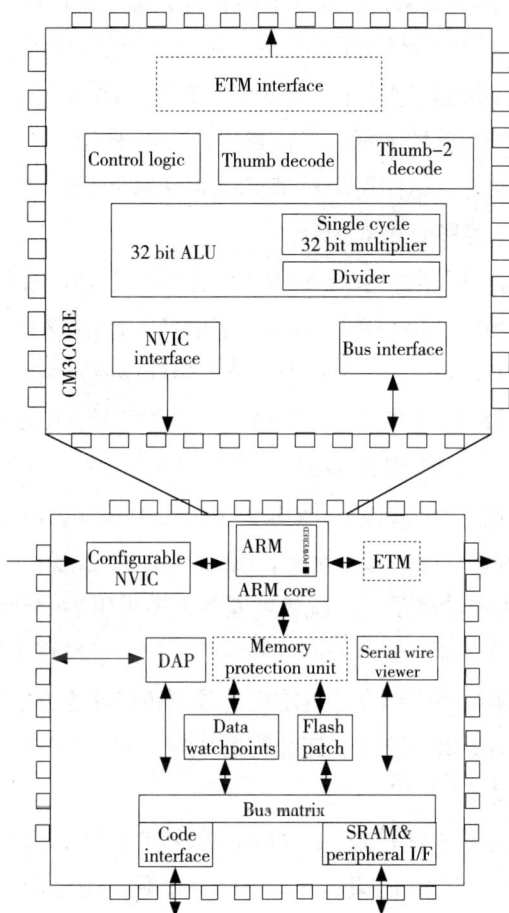

图 2-2　CM3 内核结构

（2）哈佛结构。拥有哈佛结构的处理器采用独立的指令总线和数据总线，可以同时进行取指和数据读 / 写操作，从而提高了处理器的运行性能。

（3）内核支持低功耗模式。CM3 加入了类似于 8 位单片机的内核低功耗模式，支持 3 种功耗管理模式，即睡眠模式、停止模式和待机模式。这使整个芯片的功耗控制更加有效。

（4）引入分组堆栈指针机制，把系统程序使用的堆栈和用户程序使用的堆栈分开。如果再配上可选的存储器保护单元（MPU），处理器就能满足对软件健壮性和可靠性有严格要求的应用。

（5）支持非对齐数据访问。CM3 的一个字为 32 位，但它可以访问存储在一个 32

位单元中的字节 / 半字类型数据，这样 4 个字节类型或 2 个半字类型数据可以被分配在一个 32 位单元中，从而提高存储器的利用率。对于一般的应用程序而言，这种技术可以节省约 25% 的 SRAM 使用量，因此在应用时可以选择 SRAM 较小、更廉价的微控制器。

（6）定义了统一的存储器映射。各厂家生产的基于 CM3 微处理器内核的微控制器具有一致的存储器映射，这使用户对基于 CM3 微处理器内核的微控制器的选型及代码在不同微控制器上的移植非常便利。

（7）位绑定操作。可以把它看成 51 单片机位寻址机制的加强版。

（8）高效的 Thumb-2 指令集。CM3 使用的 Thumb-2 指令集是一种 16/32 位混合编码指令，兼容 Thumb 指令。对于一个应用程序编译生成的 Thumb-2 代码而言，其接近 Thumb 编码程序存储器占用量，达到了接近 ARM 编码的运行性能。

（9）32 位硬件除法和单周期乘法。CM3 加入了 32 位除法指令，弥补了以往 ARM 处理器没有除法指令的缺陷，改进了乘法运算部件，32 位的乘法操作只要 1 个时钟周期，以使 CM3 进行乘加运算时，接近 DSP 的性能。

（10）三级流水线和转移预测。现代处理器大多采用指令预取和流水线技术，以提高处理器的指令执行速度。高性能流水处理器中加入了转移预测部件，当处理器从存储器中预取指令时遇到转移指令，其能自动预测转移是否会发生，再从预测的方向进行取指令操作，从而提供给流水线连续的指令流，流水线就可以不断地执行有效指令，保证了其性能的发挥。

（11）内置嵌套向量中断控制器。CM3 首次在内核上集成了嵌套向量中断控制器（NVIC）。CM3 中断延迟只有 12 个时钟周期，还使用尾链技术，使背靠背（Back-to-Back）中断的响应只有 6 个时钟周期，而 ARM7 需要 24 ~ 42 个时钟周期。ARM7 内核不带中断控制器，具体微控制器的中断控制器由各芯片厂家自己加入，这给用户使用及程序移植带来了很大麻烦；基于 CM3 微处理器内核的微控制器具有统一的中断控制器，给中断编程带来了便利。

（12）拥有先进的故障处理机制。支持多种类型的异常和故障，使故障诊断变得容易。

（13）支持串行调试。CM3 在保持 ARM7 的 JTAG（Join Test Action Group）调试接口的基础上，还支持串行单总线调试 SWD（Serial Wire Debug）。

（14）极高性价比。基于 CM3 微处理器内核的微控制器相比基于 ARM7 的微控制器，在相同的工作频率下平均性能要高出约 30%；代码尺寸要比 ARM 编码小约 30%；价格更低。

# 2.2　处理器的工作模式及状态

　　手机的辐射会对飞机的飞行安全造成影响，因此乘客在飞机起飞前必须关掉手机。这样做虽然消除了安全隐患，但手机的其他功能（如拍照、看电影、听音乐、玩游戏）也不能使用了，而这些都是乘客打发旅途中无聊时间的娱乐功能，不会对安全造成影响。为了解决这个问题，有别于手机正常待机模式的飞行模式应运而生。当手机处于飞行模式时，手机的正常通话功能被关闭，手机不再产生辐射，但飞行模式下的手机娱乐功能可以照常使用。飞行模式解决了手机娱乐功能在空中无法使用的问题。通常情况下，手机会一直处于正常待机模式，因为为用户提供通话功能是手机的基本用途之一，飞行模式仅在飞机上使用。不同的应用会有不同的模式，不同的模式解决不同的问题，模式代表着一组特定的应用或某类问题的解决方案。CM3 中引入模式是为了区别普通应用程序的代码与异常和中断服务例程的代码。

　　CM3 提供了一种存储器访问的保护机制，使普通的用户程序代码不能意外地或恶意地执行涉及要害的操作，因此处理器为程序赋予两种权限，分别为特权级和用户级。特权执行时可以访问所有资源。非特权执行时，对有些资源的访问受到限制或不允许访问。

　　CM3 下的操作模式和特权级别如表 2-1 所示，操作模式转换图如图 2-3 所示。

表 2-1　CM3 下的操作模式和特权级别

|  | 特权级 | 用户级 |
|---|---|---|
| 异常程序代码 | 处理者（Handler）模式 | 错误的用法 |
| 主程序代码 | 线程模式 | 线程模式 |

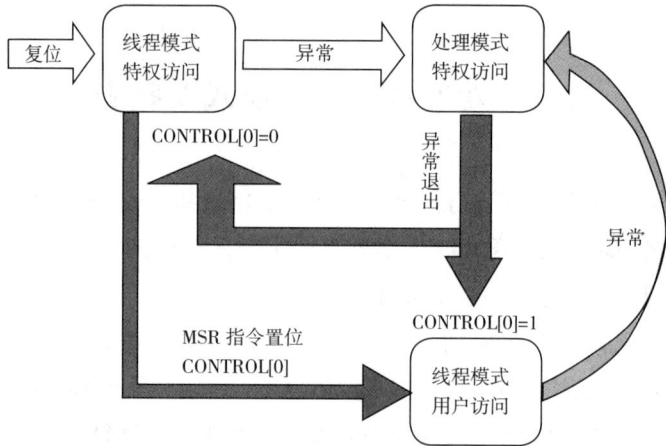

图 2-3　操作模式转换图

　　CM3 运行主应用程序（线程模式）时，既可以使用特权级，也可以使用用户级，但是异常服务例程必须在特权级下执行。复位后，处理器默认进入线程模式特权级访问。在特权级下，程序可以访问所有存储器，并且可以执行所有指令，但如果有存储器保护单元 MPU，MPU 规定的禁地不能访问。在特权级下的程序功能比用户级下的程序功能多一些。一旦进入用户级，用户级的程序不能简单地试图改写 CONTROL 寄存器就回到特权级，它必须先执行一条系统调用指令（SVC），这会触发 SVC 异常，然后由异常服务例程（通常是操作系统的一部分）接管，如果批准进入，则异常服务例程修改 CONTROL 寄存器，这样才能在用户级的线程模式下重新进入特权级。

　　事实上，从用户级到特权级的唯一途径就是异常，如果在程序执行过程中触发了一个异常，处理器先切换入特权级，并且在异常服务例程执行完毕退出时返回先前的状态，也可以手工指定返回的状态。

　　引入特权级和用户级，就能够在硬件上限制某些不受信任的或尚未调试好的程序，禁止它们随便配置重要的寄存器，从而提高了系统的可靠性。如果配置了 MPU，它还可以作为特权机制的补充——保护关键的存储区域不被破坏，这些区域通常是操作系统的区域。举例来说，操作系统的内核通常都在特权级下执行，所有未被 MPU 禁掉的存储器都可以访问。当操作系统开启了一个用户程序后，通常都会让它在用户级下执行，从而使系统不会因某个程序的崩溃或恶意破坏而受损。

　　CM3 有 Thumb 状态和调试状态两种状态。Thumb 状态是 16 位和 32 位半字对齐的 Thumb 和 Thumb-2 指令的正常执行状态。当处理器调试时，进入调试状态。

　　处理器的工作模式、权限级别等的划分使处理器运行时更加安全，不会因为一些小的失误导致整个系统的崩溃。此外，CM3 处理器还专门配置了 MPU（内存保护单元），可以控制多片内存区域的读 / 写权限，从而有效地防止用户代码的非法访问。

# 2.3　寄存器和总线接口

## 2.3.1　CM3 寄存器

CM3 寄存器如图 2-4 所示。

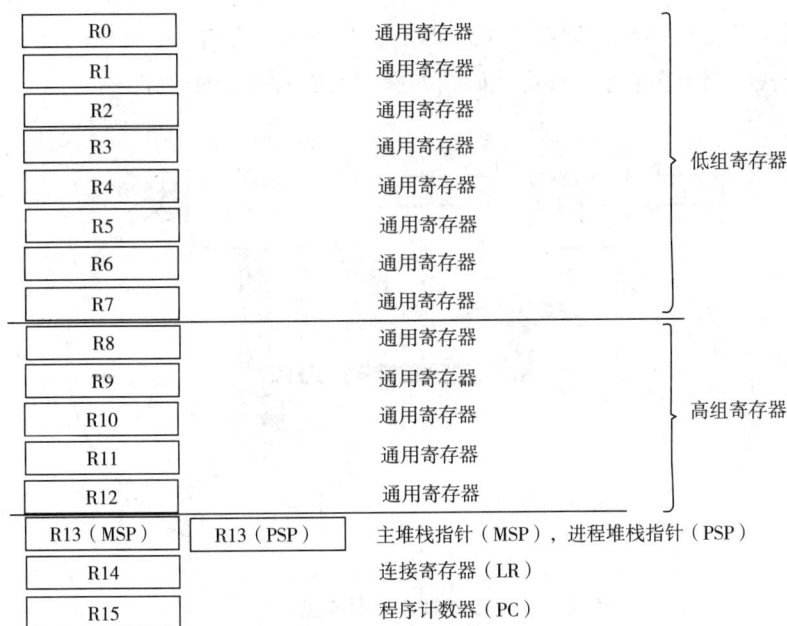

图 2-4　CM3 寄存器

1.通用寄存器

通用寄存器包括 R0 ～ R12。R0 ～ R7 也被称为低组寄存器。它们的字长全是 32 位。所有指令（包括 16 位的和 32 位的）都能访问它们。复位后的初始值是随机的。

R8 ～ R12 也被称为高组寄存器。它们的字长也是 32 位。16 位的 Thumb 指令不能访问它们，32 位的 Thumb-2 指令则不受限制。复位后的初始值是随机的。

2. 堆栈指针 R13

在 CM3 处理器内核中共有两种堆栈指针，支持两个堆栈，分别为进程堆栈和主堆栈，这两种堆栈都指向 R13，因此在任何时候进程堆栈或主堆栈中只有一个是可见的。当引用 R13（或写作 SP）时，引用的是当前正在使用的那一个，另一个必须用特殊的指令访问（MRS 或 MSR 指令）。这两个堆栈指针的基本特点如下所述。

主堆栈指针（MSP），或者写作 SP_main。这是默认的堆栈指针，它供操作系统内核、异常服务例程以及所有需要特权访问的应用程序代码使用。

进程堆栈指针（PSP），或写作 SP_process。供不处于异常服务例程中的常规的应用程序代码使用。

在处理模式和线程模式下，都可以使用 MSP，但只有线程模式可以使用 PSP。

堆栈与微处理器模式的对应关系如图 2-5 所示。使用两个堆栈的目的是为了防止用户堆栈的溢出影响系统核心代码（如操作系统内核）的运行。

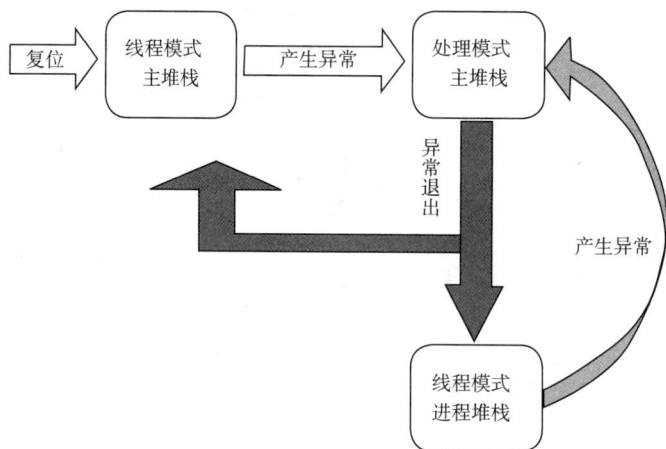

图 2-5　堆栈与微处理器模式的对应关系

3. 连接寄存器 R14

R14 是连接寄存器（LR）。在一个汇编程序中，可以把它写为 LR 或 R14。LR 用于在调用子程序时存储返回地址，也用于异常返回。

LR 的最低有效位是可读 / 写的，这是历史遗留的产物。在以前，由位 0 指示 ARM/Thumb 状态。因为有些 ARM 处理器支持 ARM 和 Thumb 状态并存，为了方便汇编程序移植，CM3 需要允许最低有效位可读 / 写。

4. 程序计数器 R15

R15 是程序计数器，在汇编代码中一般将其称为 PC（Program Counter）。因为 CM3 内部使用了指令流水线，读 PC 时返回的值是当前指令的地址 +4。例如，执行指令"0x1000 : MOV R0，PC ;"得出 R0=0x1004。

如果向 PC 中写数据，就会引起一次程序的分支（但不更新 LR 寄存器）。CM3 中的指令至少是半字对齐的，所以 PC 的最低有效位总是读回 0。

5. 程序状态寄存器

程序状态寄存器在其内部又被分为 3 个子状态寄存器，即应用程序 PSR（APSR）、中断 PSR（IPSR）和执行 PSR（EPSR），如图 2-6 所示。通过 MRS/MSR 指令，这 3 个 PSR 既可以单独访问，又可以组合访问（2 个组合或 3 个组合都可以）。当使用三合一的方式访问时，应使用名字"xPSR"或"PSR"，如图 2-7 所示。程序状态寄存器各位域定义如表 2-2 所示。

| | 31 | 30 | 29 | 28 | 27 | 26:25 | 24 | 23:20 | 19:16 | 15:10 | 9 | 8 | 7 | 6 | 5 | 4:0 |
|---|---|---|---|---|---|---|---|---|---|---|---|---|---|---|---|---|
| APSR | N | Z | C | V | Q | | | | | | | | | | | |
| IPSR | | | | | | | | | | | 中断号 | | | | | |
| EPSR | | | | | | ICI/IT | T | | ICI/IT | | | | | | | |

图 2-6　CM3 中的程序状态寄存器

| | 31 | 30 | 29 | 28 | 27 | 26:25 | 24 | 23:20 | 19:16 | 15:10 | 9 | 8 | 7 | 6 | 5 | 4:0 |
|---|---|---|---|---|---|---|---|---|---|---|---|---|---|---|---|---|
| xPSR | N | Z | C | V | Q | ICI/IT | T | | | ICI/IT | | 中断号 | | | | |

图 2-7　合体后的程序状态寄存器（xPSR）

表 2-2　程序状态寄存器位域定义

| 位 | 名　称 | 定　义 |
|---|---|---|
| [31] | N | 负数或小于标志。1: 结果为负数或小于；0 : 结果为正数或大于 |
| [30] | Z | 零标志。1: 结果为 0；0 : 结果非 0 |
| [29] | C | 进位 / 借位标志。1: 进位或借位；0 : 无进位或借位 |
| [28] | V | 溢出标志。1 : 溢出；0 : 无溢出 |

| 位 | 名　称 | 定　义 |
|---|---|---|
| [27] | Q | Sticky Saturation 标志 |
| [ 26 : 25] [15 : 10] | IT | If-Then 位。它是 If-Then 指令的执行状态位，包含 If-Then 模块的指令数目和它的执行条件 |
| [24] | T | T 位使用一条可相互作用的指令清零，也可以使用异常出栈操作清零，当 T 位为 0 执行指令时会引起 INVSTATE 异常 |
| [23: 16] | — | |
| [15 : 10] | ICI | 可中断 / 可继续指令位 |
| [9] | — | |
| [8: 0] | ISR NUMBER | 中断号 |

6.异常中断寄存器

异常中断寄存器的功能描述如表 2-3 所示。

表 2-3　异常中断寄存器的功能描述

| 名　字 | 功能描述 |
|---|---|
| PRIMASK | 1 位寄存器。当置位时，它允许 NMI 和硬件默认异常，所有其他的中断和异常将被屏蔽 |
| FAULTMASK | 1 位寄存器。当置位时，它只允许 NMI，所有中断和默认异常处理被忽略 |
| BASEPRI | 9 位寄存器。它定义了屏蔽优先级，当它置位时，所有同级的或低级的中断被忽略 |

7.控制寄存器

控制寄存器有两个用途，即定义特权级别和选择当前使用的堆栈指针。由两个位行使这两个职能，如表 2-4 所示。

表 2-4　CM3 的 CONTROL 寄存器

|  | CONTROL [0] | CONTROL [1] |
|---|---|---|
| 0 | 特权级的线程模式 | 选择主堆栈指针 MSP（复位后的默认值） |
| 1 | 用户级的线程模式 | 选择进程堆栈指针 PSP |

　　因为处理者模式永远都是特权级的，所以 CONTROL[0] 仅对线程模式有效。仅当特权级下操作时，才允许写 CONTROL[0] 位。一旦进入了用户级，唯一返回特权级的途径就是触发一个（软）中断，再由服务例程改写该位。

　　在 CM3 的处理者模式中，CONTROL[1] 总是 0。在线程模式中则可以为 0 或 1。因此，仅当处于特权级的线程模式下，此位才可写，其他场合下禁止写此位。

　　微处理器工作模式、堆栈、控制寄存器关系如表 2-5 所示。

表 2-5　微处理器工作模式、堆栈、控制寄存器关系

| 执行模式 | 进入方式 | 堆栈 SP | 用　途 |
|---|---|---|---|
| 特权线程模式 | （1）复位<br>（2）在特权处理模式下使用 MSR 指令清零 CONTROL[0] | 使用 SP_main:<br>（1）复位后默认<br>（2）在退出特权处理模式前<br>（3）清零 CONTROL [1] | 线程模式（特权或非特权）+ SP_process 多用丁操作系统的任务状态 |
| 非特权线程模式 | 在特权线程模式或特权处理模式下使用 MSR 指令置位 CONTROL[0] | 使用 SP_process :<br>（1）在退出特权处理模式前<br>（2）置位 CONTROL [1] |  |
| 特权处理模式 | 出现异常 | 只能使用 SP_main | 特权处理模式 + SP_main 在前 / 后台和操作系统中用于中断状态 |

　　CM3 寄存器总结如表 2-6 所示。

表 2-6　CM3 寄存器总结

| 寄存器名称 | 功　能 | 寄存器名称 | 功　能 |
|---|---|---|---|
| MSP | 主堆栈指针 | xPSR | APSR、EPSR 和 IPSR 的组合 |
| PSP | 进程堆栈指针 | PRIMASK | 中断屏蔽寄存器 |

| 寄存器名称 | 功　能 | 寄存器名称 | 功　能 |
|---|---|---|---|
| LR | 连接寄存器 | BASEPRI | 可屏蔽等于和低于某个优先级的中断 |
| APSR | 应用程序状态寄存器 | FAULTMASK | 错误屏蔽寄存器 |
| IPSR | 中断状态寄存器 | CONTROL | 控制寄存器 |
| EPSR | 执行状态寄存器 | | |

### 2.3.2　总线接口

片上总线标准繁多，而由 ARM 公司推出的 AMBA 片上总线受到广大开发商和 SoC 片上系统集成商的喜爱，已成为一种主流的工业片上结构。AMBA 规范主要包括 AHB 系统总线和 APB 外设总线。两者分别适用于高速与相对低速设备的连接。

CM3 是 32 位微处理器，即它的数据总线宽度是 32 位。用一个简单的例子类比 32 位的好处：有一个巨大的图书馆，里面有许多藏书，还有一个管理员帮读者找书。管理员有 16 个助理，他们骑着自行车前去取书，然后交给管理员。某天来了一个借书的人，他想要关于恐龙的所有图书，图书馆有 33 本相关的书籍，那么助理要跑 3 趟。第 1 趟取来 16 本，第 2 趟也是 16 本，最后一本还要一个助理跑一趟。无论如何，虽然最后只取一本书，还是要花 3 趟的时间。如果图书馆有 32 位助理，就只需要跑 2 趟。如此一来便能大大节省时间。假如图书馆有 128 本相关的图书，8 位助理要跑 16 趟，32 位就只跑 4 趟。CM3 的运行与此相似，它从内存获得数据，一个时钟周期内 32 位就可以取得 32 位的数据，如此一来，速度、性能、效率就提高了。

由图 2-8 可以看出，处理器包含 5 个总线，即 I-Code 存储器总线、D-Code 存储器总线、系统总线、外部专用外设总线和内部专用外设总线。

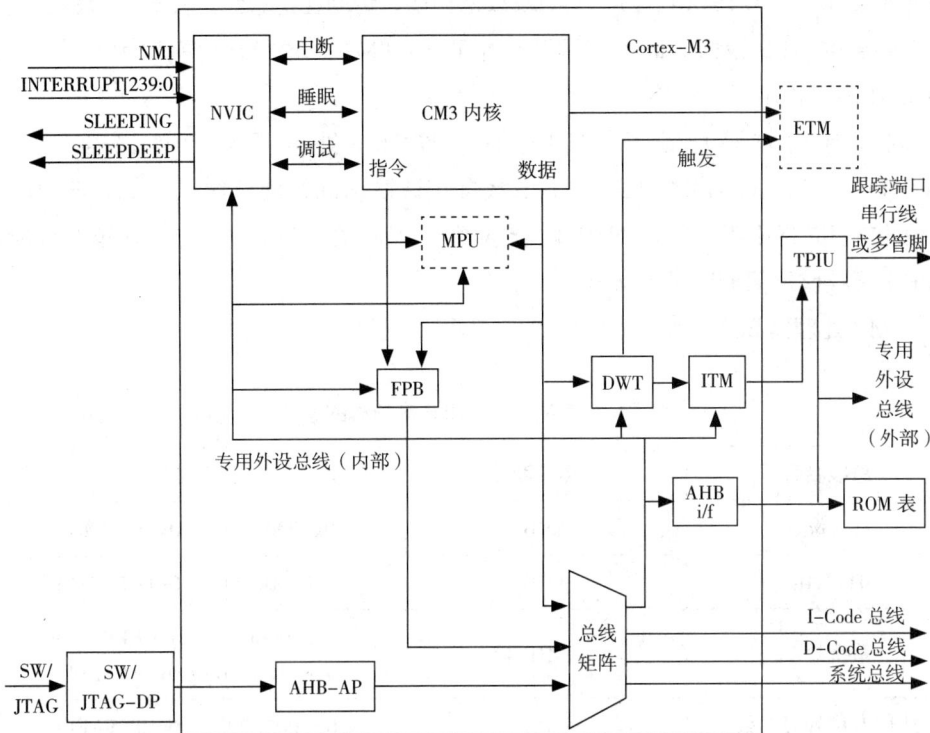

图 2-8　CM3 内部结构及总线连接

I-Code 总线是 32 位的 AHB 总线，从程序存储器空间（0x00000000～0x1FFFFFFF）取指和取向量在此总线上完成。所有取指都是按字操作的，每个字的取指数目取决于运行的代码和存储器中代码的对齐情况。

D-Code 总线是 32 位的 AHB 总线，从程序存储器空间（0x00000000～0x1FFFFFFF）取数据和调试访问在此总线上完成。数据访问的优先级比调试访问高，因此当总线上同时出现内核访问和调试访问时，必须在内核访问结束后才开始调试访问。

系统总线是 32 位的 AHB 总线，对系统存储空间（0x20000000～0xDFFFFFFF，0xE0100000～0xFFFFFFFF）的取指、取向量以及数据和调试访问在此总线上完成。系统总线用于访问内存和外设，覆盖的区域包括 SRAM、片上外设、片外 RAM、片外扩展设备及系统级存储区的部分空间，系统总线包含处理不对齐访问、FPB 重新映射访问、bit-band 访问及流水线取指的控制逻辑。

外部专用外设总线是 APB 总线，对 CM3 处理器外部外设存储空间

（0xE0040000 ～ 0xE00FFFFF）的取数据和调试访问在此总线上完成。该总线用于 CM3 外部的 APB 设备、嵌入式跟踪宏单元（ETM）、跟踪端口接口单元（TPIU）和 ROM 表，也用于片外外设。

内部专用外设总线是 AHB 总线，对 CM3 处理器内部外设存储空间（0xE0000000 ～ 0xE003FFFF）的取数据和调试访问在此总线上完成。该总线用于访问嵌套向量中断控制器 NVIC、数据观察和触发（DWT）、Flash 修补和断点（FPB）及存储器保护单元（MPU）。

CM3 处理器 5 个总线的总结如表 2-7 所示。

表 2-7　CM3 处理器 5 个总线的总结

| 总线名称 | 类　型 | 范　围 |
| --- | --- | --- |
| I–Code | AHB | 0x00000000 ～ 0x1FFFFFFF |
| D–Code | AHB | 0x00000000 ～ 0x1FTFFFFF |
| 系统总线 | AHB | 0x20000000 ～ 0xDFFFFFFF<br>0xE0100000 ～ 0xFFFFFFFF |
| 外部专用外设总线 | APB | 0xE0040000 ～ 0xE00FFFFF |
| 内部专用外设总线 | AHB | 0xE0000000 ～ 0xE003FFFF |

## 2.4　指令集

计算机编程语言和人类语言一样，也包括字、词、句和段。例如，在 C 语言中，各种类型的变量、常量、运算符（如赋值符 "="、大于 ">" 等）、关键字（如 if，else 等）都是 "字"；表达式即为 "词"；语句即为 "句"；函数、宏定义即为 "段"。运算符、关键字就是 "动词"，变量、常量就是 "名词"。ARM 汇编语言也离不开这 4 个单位：操作数（寄存器、立即数）、操作码和条件描述是 "字"；地址模式、带有条件描述的指令是表达式是 "词"；每条汇编指令是 "句"；函数及宏是 "段"。计算机编程语言是软件的载体，而软件和硬件是通过指令集联系的，即指令集是计算机硬件和软件的接口，如图 2-9 所示。

图 2-9　软件、硬件和指令集的关系

## 2.4.1　ARM 指令集

ARM 微处理器的指令集是加载 / 存储（Load/Store）型的 32 位指令集。指令集仅能处理寄存器中的数据，而且处理结果都要送回寄存器中，但对系统存储器的访问则需要通过专门的加载 / 存储指令完成。ARM 微处理器的指令集可以分为跳转指令、数据处理指令、程序状态寄存器（PSR）处理指令、加载 / 存储指令、协处理器指令和异常产生指令六大类。ARM 指令集和 x86 指令集的对比见表 2-8。

表 2-8　ARM 指令集和 x86 指令集的对比

| 类　　别 | ARM 指令集 | x86 指令集 |
|---|---|---|
| 类型 | RISC | CISC |
| 指令长度 | 定长，4 B | 不定长，1 ~ 15 B |
| 传送指令访问程序计数器 | 可以 | 不可以 |
| 状态标志位更新 | 由指令的附加位决定 | 指令隐含决定 |
| 是否对齐访问 | 4B 对齐 | 可在任意字节处取指 |
| 操作数个数 | 3 个 | 2 个 |
| 条件判断执行 | 每条指令 | 专用条件判断指令 |
| 堆栈操作指令 | 无，利用 LDM/STM 实现 | 有，PUSH/POP |
| DSP 处理的乘加指令 | 有 | 无 |
| 访问存储器指令 | 仅 Load/Store 指令 | 算术逻辑指令也能访问 |

39

在使用上，ARM 指令的格式也比 x86 指令的复杂一些。通常一条 ARM 指令为如下形式：

<opcode>{<cond>}{S} <Rd>, <Rn>{, <Operand2>}

其中，<opcode> 是指令助记符，决定了指令的操作。例如，ADD 表示算术加操作指令。

{<cond>} 是指令执行的条件，可选项。

{S} 决定指令的操作是否影响 CPSR 的值，可选项。

<Rd> 表示目标寄存器，必有项。

<Rn> 表示包含第 1 个操作数的寄存器，当仅需要一个源操作数时可省略。

<Operand2> 表示第 2 个操作数，可选项。

ARM 指令的寻址方式包括立即寻址、寄存器寻址、寄存器间接寻址、基址加变址寻址、堆栈寻址、块复制寻址和相对寻址。

ARM 指令系统是 RISC 指令集，指令系统优先选取使用频率高的指令以及一些有用但不复杂的指令，指令长度固定，指令格式种类少，寻址方式少，只有存取指令访问存储器，其他指令都在寄存器之间操作，且大部分指令都在一个周期内完成，以硬布线控制逻辑为主，不用或少用代码控制。ARM 更容易实现流水线等操作。ARM 采用长乘法指令和增强的 DSP 指令等指令类型，集合了 RISC 和 CISC 的优势。同时，ARM 采用了快速中断响应、支持虚拟存储系统、支持高级语言、定义不同的操作模式等，功能更强大。

在熟悉了基本的汇编格式后，读者就可以自行查询基本的 ARM 汇编指令了。

## 2.4.2  Thumb 指令集

Thumb 指令集是 ARM 指令集的一个子集，指令的长度为 16 位。与等价的 32 位代码相比，Thumb 指令集在保留 32 位代码优势的同时，大大节省了系统的存储空间。

所有的 Thumb 指令都有对应的 ARM 指令，而且 Thumb 的编程模型也对应于 ARM 的编程模型。在应用程序的编写过程中，只要遵循一定的调用规则，Thumb 子程序和 ARM 子程序就可以互相调用。处理器执行 ARM 程序段时，称 ARM 处理器处于 ARM 工作状态；处理器执行 Thumb 程序段，称 ARM 处理器处于 Thumb 工作状态。

与 ARM 指令集相比，Thumb 指令集中的数据处理指令的操作数仍然是 32 位的，指令地址也为 32 位，但 Thumb 指令集为了实现 16 位的指令长度，舍弃了 ARM 指令集的一些特性，如大多数 Thumb 指令是无条件执行的，而几乎所有的 ARM 指令都是有条件执行的，大多数 Thumb 数据处理指令的目的寄存器与其中一个源寄存器相同。Thumb 指令的条数较 ARM 指令多，完成相同的工作，ARM 可能只用一条指令，而 Thumb 需要用多条指令。在一般情况下，Thumb 指令与 ARM 指令的时间效率和空间效率关系如下所述。

Thumb 代码所需的存储空间约为 ARM 代码的 60%～70%。

Thumb 代码使用的指令数比 ARM 代码多 30%～40%。

若使用 32 位的存储器，ARM 代码比 Thumb 代码快约 40%。

若使用 16 位的存储器，Thumb 代码比 ARM 代码快 40%～50%。

与使用 ARM 代码相比，使用 Thumb 代码，存储器的功耗会降低约 30%。

显然，ARM 指令集和 Thumb 指令集各有优点。若对系统的性能有较高要求，应使用 32 位的存储系统和 ARM 指令集；若对系统的成本及功耗有较高要求，则应使用 16 位的存储系统和 Thumb 指令集。当然，若两者结合使用，充分发挥各自的优点，会取得更好的效果。

### 2.4.3　Thumb-2 指令集

ARM 指令集的发展如图 2-10 所示。由图可见，每一代体系结构都会增加新技术。为兼容数据总线宽度为 16 位的应用系统，ARM 体系结构除支持执行效率很高的 32 位 ARM 指令集外，同时支持 16 位的 Thumb 指令集，该指令集被称为 Thumb-2 指令集。CM3 只使用 Thumb-2 指令集。这是个很大的突破，因为它允许 32 位指令和 16 位指令优势互补（体现 CISC 特点），代码密度与处理性能兼顾。

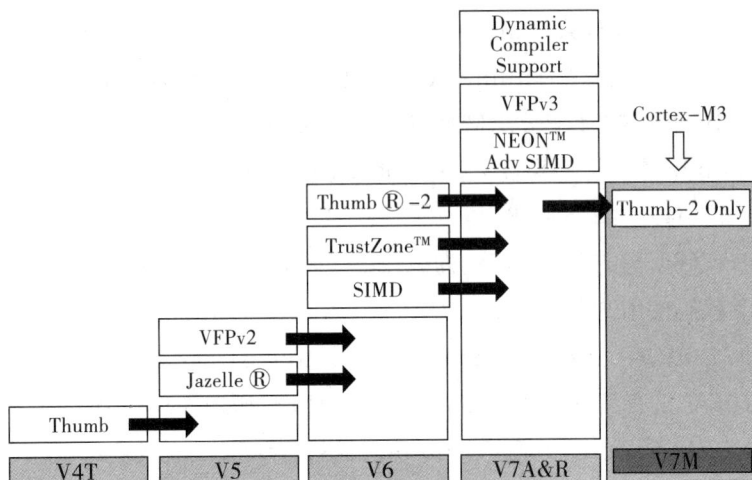

图 2-10　ARM 指令集的发展

　　Thumb-2 是一个突破性的指令集。它强大、易用、高效。Thumb-2 指令集是 16 位 Thumb 指令集的一个超集，在 Thumb-2 中，16 位指令首次与 32 位指令并存，在 Thumb 状态下指令集功能增强，同时指令周期数也明显下降。Thumb-2 指令集可以在单一的操作模式下完成所有处理，它使 CM3 在多个方面都比传统的 ARM 处理器更先进，既没有状态切换的额外开销，节省了执行时间和指令空间，也不再需要把源代码文件分成按 ARM 编译的和按 Thumb 编译的，为软件开发管理大大减负，更无须再反复地求证和测试究竟该在何时何地切换到何种状态下程序最有效率，开发软件容易多了。利用 Thumb-2 指令集编写的程序所占用的存储空间相应小很多，而且功耗也比以前有很大改善，代码空间可以减少约 70%。Thumb-2 指令集能更有效地使用高速缓存。由于高速缓存资源在嵌入式系统中是非常少的，Thumb-2 指令集高效使用高速缓存，会提高系统的整体性能。Thumb-2 指令集还有效减少了功耗，由于代码空间的压缩，在有限的高速缓存中所存放的常用代码必然增加，这样不仅提高了速度，还降低了代码的读取次数，因此使用 Thumb-2 指令集的功耗也比其他传统代码要小。

　　需要说明的是，CM3 并不支持所有的 Thumb-2 指令，ARMv7-M 的说明书只要求实现 Thumb-2 的一个子集，如图 2-11 所示。举例来说，协处理器指令就被裁剪掉了（可以使用外部的数据处理引擎替代）。CM3 也没有实现 SIMD 指令集。

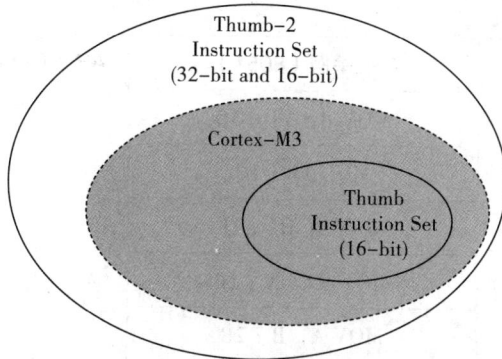

**图 2-11　Thumb-2 指令集与 Thumb 指令集的关系**

表 2-9 是 51 单片机指令集和 Thumb-2 指令集的编程比较，所完成的程序功能为 16 位数和 16 位数相乘。

**表 2-9　51 单片机指令集和 Thumb-2 的编程比较**

|  | 8 位举例（8051） | ARM Cortex – M（Thumb-2） |
|---|---|---|
| 代码 | MOV A，XL；2B | MULS r0，r1，r0 |
|  | MOV B，YL；3B |  |
|  | MUL AB；1B |  |
|  | MOV R0，A；1B |  |
|  | MOV R1，B；3B |  |
|  | MOV A，XL；2B |  |
|  | MOV B，YH；3B |  |
|  | MUL AB；1B |  |
|  | ADD A，R1；1B |  |
|  | MOV R1，A；1B |  |
|  | MOV A，B；2B |  |
|  | ADDC A，#0；2B |  |
|  | MOV R2，A；1B |  |
|  | MOV A，XH；2B |  |

续　表

| 　 | 8 位举例（8051） | ARM Cortex – M（Thumb-2） |
|---|---|---|
| 代码 | MOV B，YL；3B | MULS r0，r1，r0 |
| | MUL AB；1B | |
| | ADD A，R1；1B | |
| | MOV R1，A；1B | |
| | MOV A，B；2B | |
| | ADDC A，R2；1B | |
| | MOV R2，A；1B | |
| | MOV A，XH；2B | |
| | MOV B，YH；3B | |
| | MUL AB；1B | |
| | ADD A，R2；1B | |
| | MOV R2，A；1B | |
| | MOV A，B；2B | |
| | ADDC A，#0；2B | |
| | MOV R3，A；1B | |
| 时间 | 48 个时钟周期 | 1 个时钟周期 |
| 代码大小 | 48 B | 2 B |

对于 Thumb-2 指令集，建议初学者利用英文还原法记忆指令功能，看到一段汇编的代码时，会查找相关的指令集，读懂代码的意图和作用即可。

## 2.5　存储器的组织与映射

### 2.5.1　存储器格式

ARM 体系结构将存储器看做是从地址 0 开始的字节的线性组合。在 0 ~ 3 B 放置第 1 个存储的字数据，在 4 ~ 7 B 放置第 2 个存储的字数据，依次排列。作为 32 位的微处理器，ARM 体系结构所支持的最大寻址空间为 4 GB。

内存中有两种格式存储字数据，称之为大端存储格式和小端存储格式，具体说明如下。

在大端存储格式中，字数据的高字节存储在低地址中，而字数据的低字节则存放在高地址中。

小端存储格式与大端存储格式相反，在小端存储格式中，低地址中存放的是字数据的低字节，高地址存放的是字数据的高字节。图 2-12 展示了 0x12345678 字数据的大、小端存储方式。

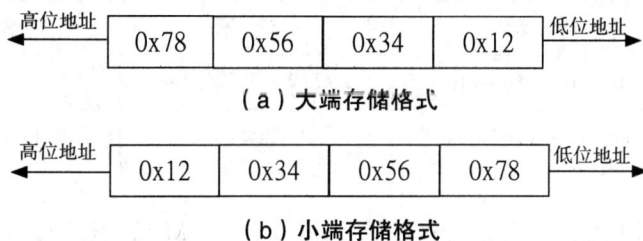

（a）大端存储格式

（b）小端存储格式

图 2-12　大端存储格式和小端存储格式

CM3 处理器支持的数据类型有 32 位字、16 位半字和 8 位字节。CM3 之前的 ARM 处理器只允许对齐的数据传送，在这种对齐方式中，以字为单位的传送，其地址的最低两位必须是 0（即 4 个字节）；以半字为单位的传送，其地址最低位必须是 0；以字节为单位的传送中无所谓对齐。CM3 处理器支持非对齐的传送，数据存储器的访问无须对齐。

### 2.5.2　存储器层次结构

存储器的层次结构如图 2-13 所示。

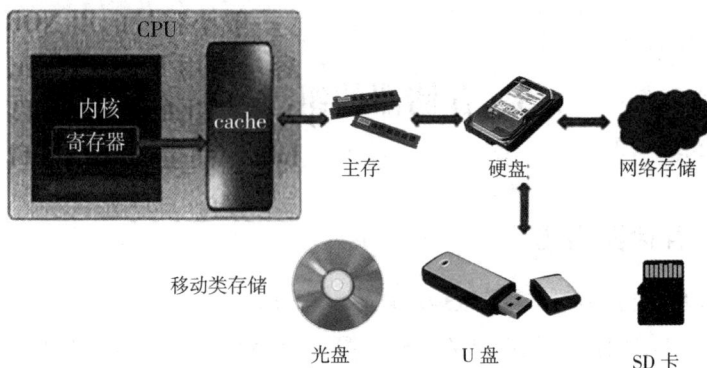

图 2-13　存储器的层次结构

　　ROM 和 RAM 指的都是半导体存储器，ROM 是 Read Only Memory 的缩写，RAM 是 Random Access Memory 的缩写。ROM 在系统停止供电时仍然可以保持数据，而 RAM 在掉电后会丢失数据，典型的 RAM 就是计算机的内存。ROM 和 RAM 的比较如表 2-10 所示。

表 2-10　ROM 和 RAM 的比较

|  | 全　　称 | 读 / 写 | 访问顺序 |
|---|---|---|---|
| ROM | Read Only Memory | 只读（名称体现） | 顺序 |
| RAM | Random Access Memory | 可读 / 写 | 随机（名称体现） |

　　RAM 有两大类：一种是静态随机存储器（SRAM），SRAM 速度非常快，是目前读 / 写速度最快的存储设备，但是它也非常昂贵，所以只在要求很苛刻的地方使用，如 CPU 的一级缓存和二级缓存；另一种是动态随机存储器（DRAM），DRAM 保留数据的时间很短，读 / 写速度也比 SRAM 慢，不过它还是比 ROM 的读 / 写速度快，但从价格上说，DRAM 比 SRAM 便宜很多，计算机内存就是 DRAM 的。

　　ROM 也有很多种，如 PROM、EPROM 和 EEPROM 等。PROM 早期的产品是一次性的，软件灌入后就无法修改了；EPROM 可通过紫外线的照射擦除已保存的程序；EEPROM 具有电擦除功能，价格很高，写入时间很长，写入很慢。

　　手机软件和通话记录一般放在 EEPROM 中（因此可以刷机），但最后一次通话记录在通话时并不保存在 EEPROM 中，而是暂时存在 SRAM 中，因为当时有很重要的工作（如通话）要做，如果写入 EEPROM，漫长的等待会使用户无法忍受。

　　Flash 存储器又称闪存，它结合了 ROM 和 RAM 的长处，不仅具备电可擦除可编程（EEPROM）的性能，还不会因断电而丢失数据，同时可以快速读取数据，U盘和 MP3 用的就是这种存储器。过去，嵌入式系统一直使用 ROM（EPROM）作为其存储设备，但近年来 Flash 全面替代了 ROM（EPROM）在嵌入式系统中的地位，用作存储 BootLoader、操作系统或程序代码，或者直接当做硬盘使用（U 盘）。

　　目前，Flash 主要有 NOR Flash 和 NAND Flash 两种。NOR Flash 的读取和常见的 SDRAM 的读取相同，用户可以直接运行装载在 NOR Flash 中的代码，这样可以减少 SRAM 的容量，从而节约成本。NAND Flash 没有采取内存的随机读取技术，它的读取是以一次读取一块的形式进行的，通常是一次读取 512 B，采用这种技术的 Flash 比较廉价。用户不能直接运行 NAND Flash 上的代码，因此许多使用 NAND Flash 的开发板除了使用 NAND Flash 外，还加上了一块小的 NOR Flash 来运行启动代码。一般小容量的用 NOR Flash，因为其读取速度快，多用于存储操作系统等重要信息；大容量的用 NAND Flash，最常见的 NAND Flash 应用是嵌入式系统采用的 DOC（Disk on Chip）和常用的 U 盘，可以在线擦除。目前，市面上的 Flash 主要来自 Intel、AMD、Fujitsu 和 Toshiba，生产 NAND Flash 的主要厂家有 Samsung 和 Toshiba。

## 2.5.3　CM3 存储器组织

　　CM3 的存储系统采用统一的编址方式，如图 2-14 所示。CM3 预先定义好了"粗线条的"存储器映射，把片上外设的寄存器映射到外设区，就可以简单地以访问内存的方式访问这些外设的寄存器，从而控制外设的工作。这种预定义的映射关系也有利于优化访问速度，更易于片上系统的集成。

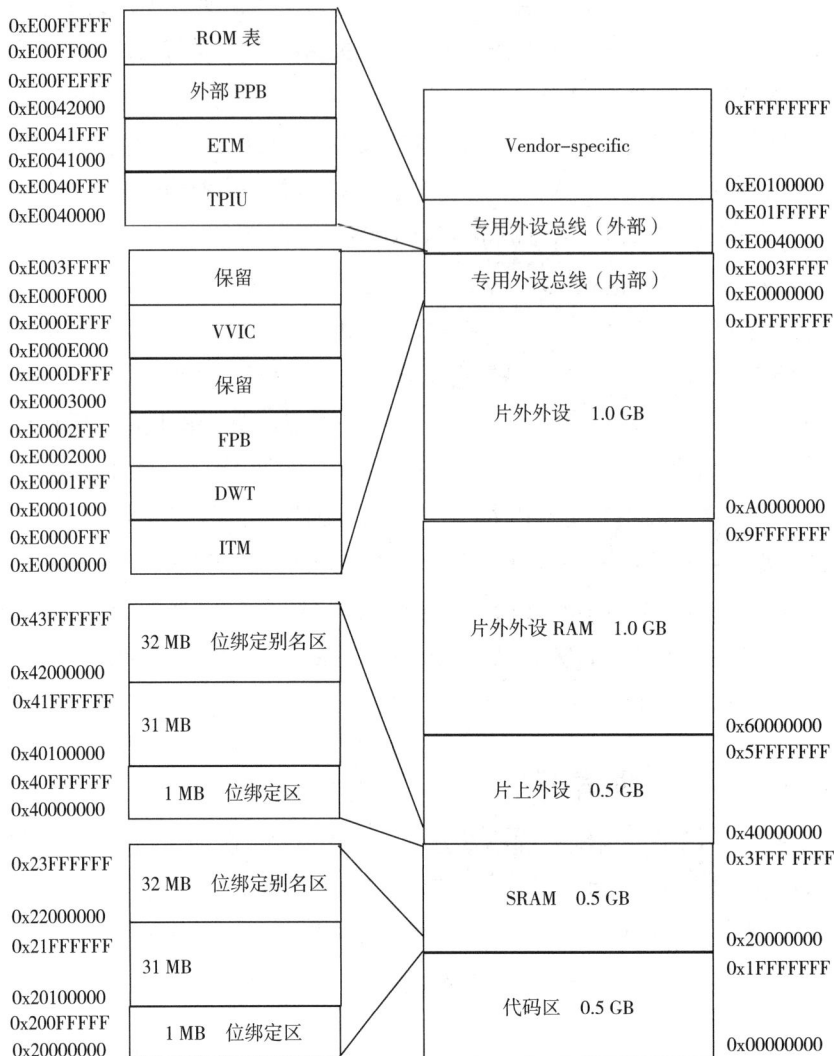

图 2-14　CM3 存储器组织

CM3 处理器为 4 GB 的可寻址存储空间提供简单和固定的存储器映射。

CM3 的 Code 区为 0.5 GB，在存储区的起始端。

CM3 片上 SRAM 区的容量是 0.5 GB，这个区通过系统总线访问。在这个区的下部，有一个 1 MB 的区间，被称为"位绑定区（Bit-Band）"。该位绑定区还有一个对应的 32 MB 的"位绑定别名（Alias）区"，容纳了 8 M 个位变量。位绑定区对应的是最低的 1 MB 地址范围，而位绑定别名区里的每个字对应位绑定区的 1 位。

通过位绑定功能，可以把一个布尔型数据打包在一个单一的字中，在位绑定别名区中，可以像访问普通内存一样使用它们。位绑定别名区中的访问操作是原子的（不可分割），省去了传统的"读—修改—写"3 个步骤。

与 SRAM 相邻的 0.5 GB 范围由片上外设的寄存器使用。这个区中也有一个 32 MB 的位绑定别名区，以便于快捷地访问外设寄存器，其用法与片上 SRAM 区中的位绑定相同。

还有两个 1 GB 的范围，分别用于连接片外 RAM 和片外外设。

最后，还剩下 0.5 GB 的区域，由系统及组件、内部私有外设总线、外部私有外设总线以及由芯片供应商提供的系统外设使用，数据字节以小端存储格式存放在存储器中。

# 第 3 章　STM32F103 基础及最小系统

本章首先比较了微处理器和微控制器的概念区别，然后介绍了基于 Cortex-M3 内核开发的 STM32F103 微控制器，特别是其存储器和总线架构、中断和事件机制以及时钟系统，这些是后续章节的基础，最后给出了一个采用 STM32F103 的最小系统实例，以作为嵌入式系统硬件设计与开发的起点。

## 3.1　从 Cortex-M3 到 STM32F103

### 3.1.1　微处理器、微控制器和系统

ARM 系列架构自 1985 年首次在实验室中诞生第一个原型以来，先后经历了 vl ~ v7 多个版本，并衍生了 ARM7、ARM9、ARM9E、Secure Core 等多个产品系列，因其很好地平衡了性能和功耗之间的矛盾，且顺应了全球移动通信和低功耗应用市场的发展趋势，在短时间内便获得了市场的认可，在手机和移动通信、移动多媒体、工业控制、汽车电子、测试测量等众多领域获得了广泛应用。截至 2009 年，基于 ARM 架构的微处理器 / 微控制器芯片全球累计出货量已经突破 100 亿个，成为嵌入式市场上的王者。

与业界广泛应用的 ARM7 架构相比，Cortex-M3 作为 ARM 公司提出的面向微控制器应用的新一代架构，具有占用芯片面积小、功耗低、性能高、中断响应速度快、调试与开发成本低等一系列显著的优点。在此基础上，各半导体芯片厂商进一步扩充其外设，在 Cortex-M3 内核基础上增加 GIO、USART、SPI、I2C、CAN、A/D、Timer、RTC、PWM、USB 等外设，形成使用更加方便的单芯片微控制器系统，进一步推动其广泛应用。其中，由意法半导体（AT Microelecronics，ST）设计生产的 STM32 系列微控制器因其市场定位清晰、使用方便、规格型号齐全而迅速获得了

广泛应用。系统、目标板、微控制器和微处理器内核的关系如图 3-1 所示。

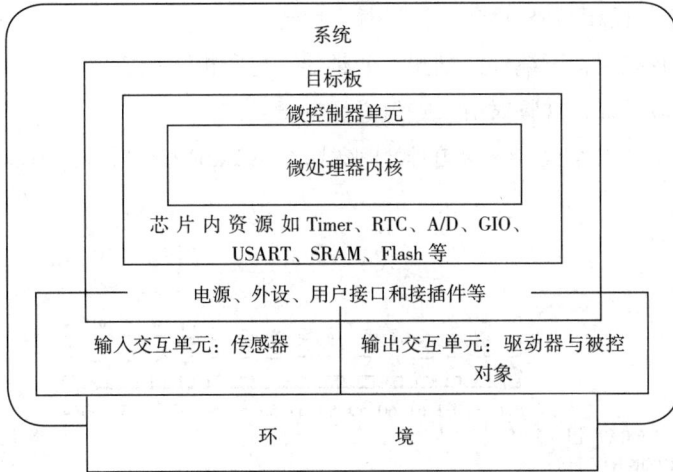

图 3-1　系统、目标版、微控制器和微处理器内核的关系

## 3.1.2　STM32F103 微控制器

STM32F 系列是 ST 公司采用高性能的 32 位 Cortex-M3 内核，主要面向工业控制领域推出的微控制器芯片，其集成度高，外围电路简单，内含 ST 公司提供的高性能 A/D 模块等组件。配合 ST 公司提供的固件库，其可以帮助开发者快速开发具有高可靠性的工业级产品，自推出以来就受到各界的广泛重视并获得广泛应用。在 STM32F103 系列之后，ST 进一步调整内部集成的资源，推出了强调网络和设备互连、针对数据通信应用的 105/107 系列，进一步壮大了 STM32F 家族。

STM32F103 系列是 STM32F 家族中的优秀代表，工作频率可高达 72 MHz，内置高速存储器（高达 128 k 字节的闪存和 20 k 字节的 SRAM），有丰富的 I/O 端口和大量连接到两条内部 APB 总线的外设，包含 2 个 12 位 ADC、3 个通用 16 位定时器和一个 PWM 定时器，还包含标准和先进的通信接口：多达 2 个 I2C 和 SPI、3 个 USART、一个 USB 和一个 CAN。STM32F103×× 增强型系列工作于 −40 ℃至 +105 ℃的工业级温度范围，供电电压 2.0 ~ 3.6 V，一系列的省电模式保证低功耗应用的要求。完整的 STM32F103×× 增强型系列产品包括从 36 脚至 100 脚的五种不同封装形式，不同的封装和丰富的资源使 STM32F103 系列可适合于下列多种应用场合。

第一，电机驱动和应用控制。

51

第二，医疗和手持设备。

第三，PC 外设和 GPS 平台。

第四，工业应用，可编程控制器、变频器、打印机和扫描仪。

第五，警报系统、视频对讲、暖气通风空调系统。

图 3-2 为 STM32F103×× 的封装形式之一：LQFP64 封装，图 3-3 为 STM32 订货代码说明。

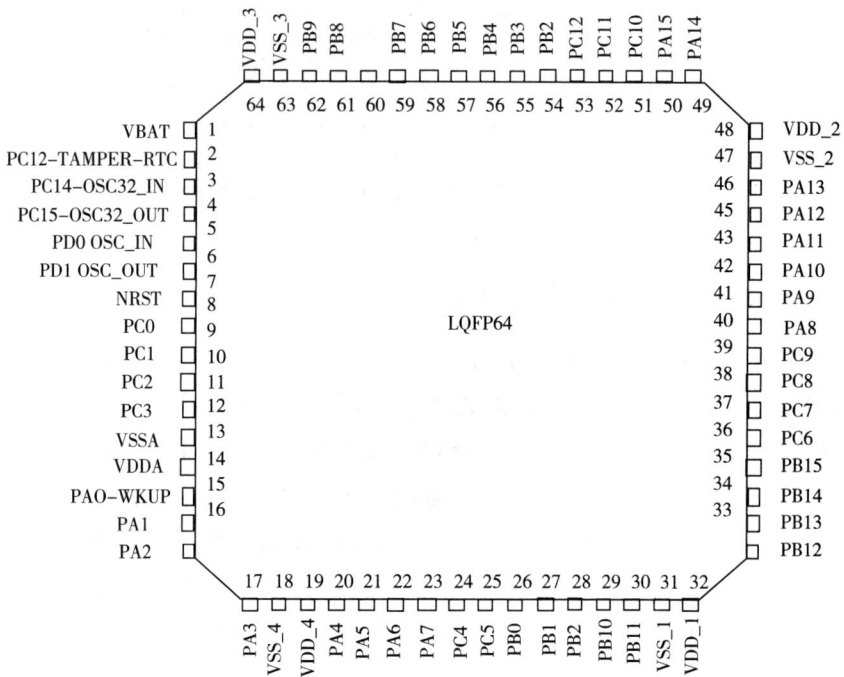

图 3-2　STM32F103xx 的封装形式之一：LQFP64 封装

STM32　F　103　C　6　T　7　XXX

芯片系列
STM32 代表 Cortex-M3 内核的 32 位微控制器

产品类型
F 代表通用系列

芯片子系列
103 代表增强型系列

引脚数
T 代表 36 脚
C 代表 48 脚
R 代表 64 脚
V 代表 100 脚

内嵌 Flash 容量
6 代表 32 k 字节 Flash
8 代表 64 k 字节 Flash
B 代表 128 k 字节 Flash

封装
H 代表 BGA 封装
T 代表 LQFP 封装
U 代表 VFQFPN 封装

工作温度范围
6 代表 –40 ℃ ~ +85 ℃
7 代表 –40 ℃ ~ +105 ℃

选项
XXX 代表编程号；TR 代表磁带式包装

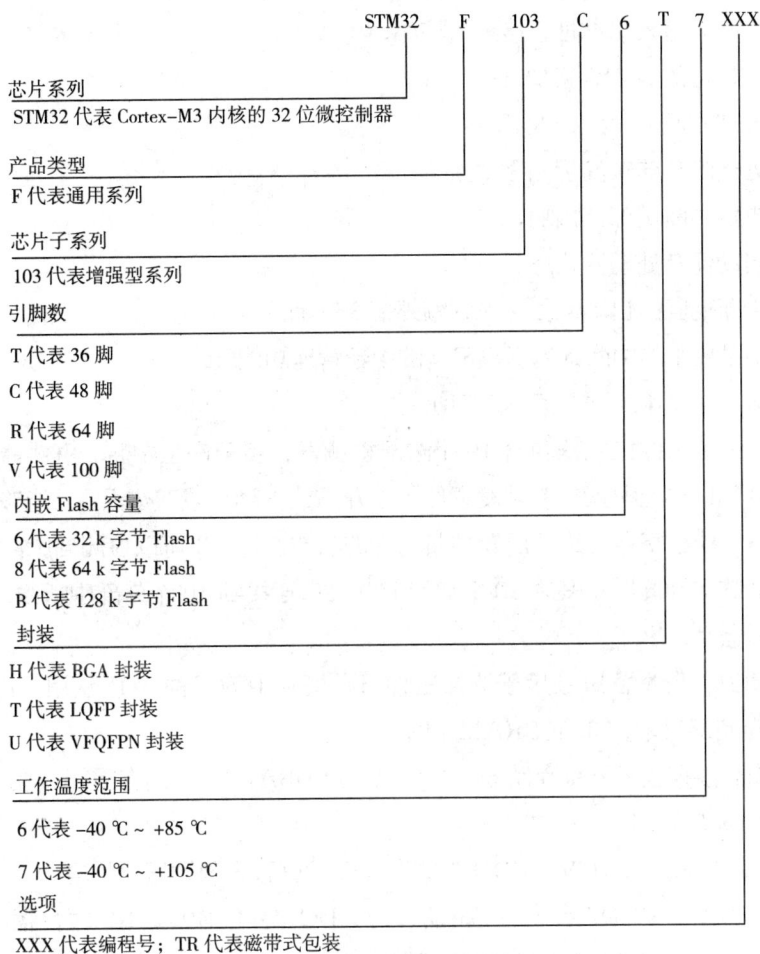

图 3-3　STM32 订货代码说明

STM32F103 的特性如下。

1. 内置闪存存储器

高达 32 ~ 128 k 字节的内置闪存存储器，用于存放程序和数据。

2. 内置 SRAM

多达 20 k 字节的内置 SRAM，CPU 能以 0 等待周期访问（读 / 写）。

3. 嵌套的向量式中断控制器（NVIC）

STM32F103 × × 增强型内置嵌套的向量式中断控制器，能够处理多达 43 个可屏蔽中断通道（不包括 16 个 Cortex-M3 的中断线）和 16 个优先级。

（1）紧耦合的 NVIC 能够达到低延迟的中断响应处理。

（2）中断向量入口地址直接进入核心。

（3）紧耦合的 NVIC 接口。

（4）允许中断的早期处理。

（5）处理晚到的较高优先级中断。

（6）支持中断尾部链接功能。

（7）自动保存处理器状态。

（8）中断返回时自动恢复，无须额外指令开销。

该模块以最小的中断延迟提供灵活的中断管理功能。

4. 外部中断 / 事件控制器（EXTI）

外部中断 / 事件控制器包含 19 个边沿检测器，用于产生中断 / 事件请求。每个中断线都可以独立地配置它的触发事件（上升沿或下降沿或双边沿），能够单独地被屏蔽。有一个挂起寄存器维持所有中断请求的状态。EXTI 可以检测到脉冲宽度小于内部 APB2 的时钟周期；多达 80 个通用 I/O 接口连接到 16 个外部中断线。

5. 自举模式

在启动时，自举管脚被用于选择三种自举模式中的一种：① 从用户闪存自举；② 从系统存储器自举；③ 从 SRAM 自举。

自举加载器存放于系统存储器中，可以通过 USART1 对闪存重新编程。

6. 供电方案

（1）VDD=2.0 ~ 3.6 V：VDD 管脚为 I/O 管脚和内部调压器供电。

（2）VSSA，VDDA=2.0 ~ 3.6 V：为 ADC、复位模块、RC 振荡器和 PLL 的模拟部分供电。使用 ADC 时，VDD 不得小于 2.4 V。注意 VDDA 和 VSSA 必须分别连到 VDD 和 VSS。

（3）VBAT=1.8 ~ 3.6 V：当主电源 VDD 关闭时，备用电源（通常为电池）可以为 RTC、外部 32 kHz 振荡器和后备寄存器供电。

电源供电方案如图 3-4 所示。

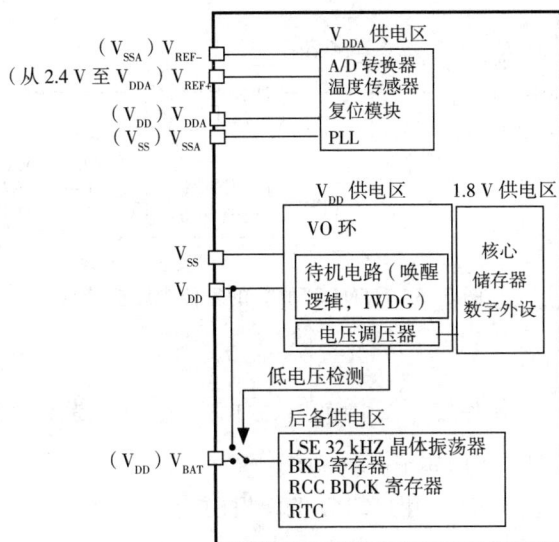

图 3-4　电源供电方案

7. 供电监控器

STM32 内部集成了上电复位（POR）/ 掉电复位（PDR）电路，该电路始终处于工作状态，保证系统在供电超过 2 V 时工作；当 VDD 低于设定的阀值（VPOR/PDR）时，置器件于复位状态，而不必使用外部复位电路。

器件中还有一个可编程电压监测器（PVD），它监视 VDD 供电并与阀值 VPVD比较，当 VDD 低于或高于阀值 VPVD 时将产生中断，中断处理程序可以发出警告信息或将微控制器转入安全模式。需要通过程序开启 PVD。

8. 系统复位

系统复位将清除时钟控制器 CSR 中的复位标志和备用域寄存器之外的所有寄存器。STM32F103 内含复位电路支持，如图 3-5 所示。

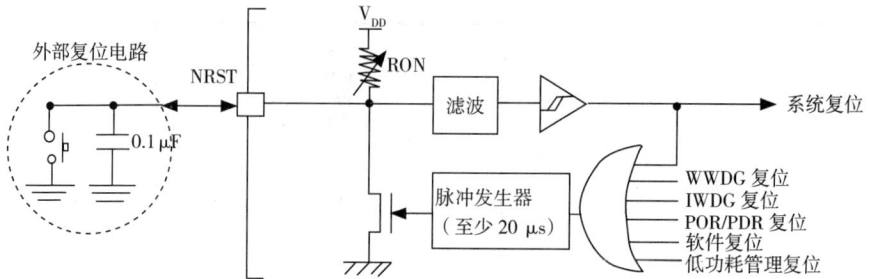

图 3-5   STM32F103 的复位电路支持

9. 电压调压器

电压调压器有三个操作模式：主模式（MR）、低功耗模式（LPR）和关断模式。

（1）主模式（MR）用于正常的运行操作。

（2）低功耗模式（LPR）用于 CPU 的停机模式。

（3）关断模式用于 CPU 的待机模式：调压器的输出为高阻状态，内核电路的供电切断，调压器处于零消耗状态（但寄存器和 SRAM 的内容将丢失）。

该调压器在复位后始终处于工作状态，在待机模式下关闭，处于高阻输出。

10. 低功耗模式

STM32F103×× 增强型系列支持三种低功耗模式，可以在要求低功耗、短启动时间和多种唤醒事件之间达到最佳的平衡。

（1）睡眠模式

在睡眠模式中，只有 CPU 停止，所有外设处于工作状态并可在发生中断/事件时唤醒 CPU。

（2）停机模式

在保持 SRAM 和寄存器内容不丢失的情况下，停机模式可以达到最低的电能消耗。在停机模式下，停止所有内部 1.8 V 部分的供电，PLL、HSI 和 HSE 的 RC 振荡器被关闭，调压器可以被置于普通模式或低功耗模式。可以通过任一配置成 EXTI 的信号把微控制器从停机模式中唤醒，EXTI 信号可以是 16 个外部 I/O 口之一、PVD 的输出、RTC 闹钟或 USB 的唤醒信号。

（3）待机模式

在待机模式下可以达到最低的电能消耗。内部的电压调压器被关闭，因此所有内部 1.8 V 部分的供电被切断，PLL、HSI 和 HSE 的 RC 振荡器也被关闭。进入待机模式后，SRAM 和寄存器的内容将消失，但后备寄存器的内容仍然保留，待机电路仍工作。

从待机模式退出的条件是 NRST 上的外部复位信号、IWDG 复位、WKUP 管脚上的一个上升边沿或 RTC 的闹钟到时。

注意：在进入停机或待机模式时，RTC、IWDG 和对应的时钟不会被停止。

11. DMA

灵活的 7 路至 12 路（不同型号略有不同）通用 DMA 可以管理存储器到存储器、设备到存储器和存储器到设备的数据传输；DMA 控制器支持环形缓冲区的管理，避免了控制器传输到缓冲区结尾时所产生的中断。每个通道都有专门的硬件 DMA 请求逻辑，同时可以由软件触发每个通道；传输的长度、传输的源地址和目标地址都可以通过软件单独设置。

DMA 可以用于主要的外设：SPI、I2C、USART、通用和高级定时器 TIM × 和 ADC。

12. RTC（实时时钟）和后备寄存器

RTC 和后备寄存器通过一个开关供电，在 VDD 有效时该开关选择 VDD 供电，否则由 VBAT 管脚供电。

后备寄存器（10 个 16 位寄存器）可以用于在 VDD 消失时保存数据。

实时时钟具有一组连续运行的计数器，可以通过适当的软件提供日历时钟功能，还具有闹钟中断和阶段性中断功能。RTC 的驱动时钟可以是一个使用外部晶体的 32.768 kHz 的振荡器、内部低功耗 RC 振荡器或高速的外部时钟经 128 分频。内部低功耗 RC 振荡器的典型频率为 32 kHz。为补偿天然晶体的偏差，RTC 的校准是通过输出一个 512 Hz 的信号进行的。RTC 具有一个 32 位的可编程计数器，使用比较寄存器可以产生闹钟信号。有一个 20 位的预分频器用于时基时钟，默认情况下时钟为 32.768 kHz 时它将产生一个 1 s 长的时间基准。

## 3.2　存储器与总线架构

STM32 的程序存储器、数据存储器、寄存器和输入输出端口被组织在同一个 4 GB 的线性地址空间内。各种总线将 Cortex-M3 内核与各种存储器等部件连接在一起，从而形成一个有机的整体。

### 3.2.1 存储子系统基本构架

STM32F103 的存储子系统由三部分构成。

1. 驱动单元

(1) I-Code 总线 (I-bus)

该总线将 Cortex-M3 内核的指令总线与 Flash 指令接口相连接。指令预取在此总线上完成。

(2) D-Code 总线 (D-bus)

将 Cortex-M3 内核的 D-Code 总线与闪存存储器的数据接口相连接，用于常量加载和调试访问。D-Code 接口包含 CPU Lite 接口和对闪存访问控制器的仲裁器提出访问请求的逻辑电路。D-Code 的访问优先于预取指令的访问。

(3) System 总线 (S-bus)

连接 Cortex-M3 内核的系统总线 (外设总线) 与总线矩阵，总线矩阵协调着内核和 DMA 间的访问。

(4) 通用 DMA 总线 (GP-DMA bus)

将 DMA 的 AHB 主控接口与总线矩阵相联，协调 CPU 的 D-Code 和 DMA 到 SRAM、闪存和外设的访问。

2. 被动单元

被动单元共有三个，它们分别是内部 SRAM、内部闪存存储器、AHB 到 APB 的桥 (AHB2APBx)。

三个驱动单元分别为 Cortex-M3 的 D-Code、System 总线和 DMA 总线，三个被动单元分别为闪存存储器接口、SRAM 和 AHB2APB 桥，通过总线矩阵连接在一起，总线矩阵采取轮换算法仲裁、协调内核 System 总线和 DMA 主控总线之间的访问。AHB 外设通过总线矩阵与系统总线相连，允许 DMA 访问。

总线矩阵有"循环优先调度""多层结构和总线挪用"两个主要特性，可实现系统性能的最大化和减少延时。

两个 AHB/APB 桥在 AHB 和两个 APB 总线间提供同步连接。APB1 操作速度限于 36 MHz，APB2 操作于全速，即 72 MHz。

3. 总线矩阵

总线矩阵将处理器和调试接口与外部总线相连。总线矩阵与 I-Code 总线、D-Code 总线、System 总线、DMA 总线等外部总线相连。总线矩阵还可以实现以下控制功能：

（1）将非对齐的处理器访问转换为对齐访问。

（2）将 Bit-Band 别名访问转换为对 Bit-Band 区的访问：进行位域提取以进行 Bit-Band 加载和原子读—修改—写操作，从而实现 Bit-Band 存储。

（3）写缓冲。

总线矩阵包含一个单入口写缓冲区，该缓冲区使处理器内核不受总线延迟的影响。STM32F103 的基本结构如图 3-6 所示。

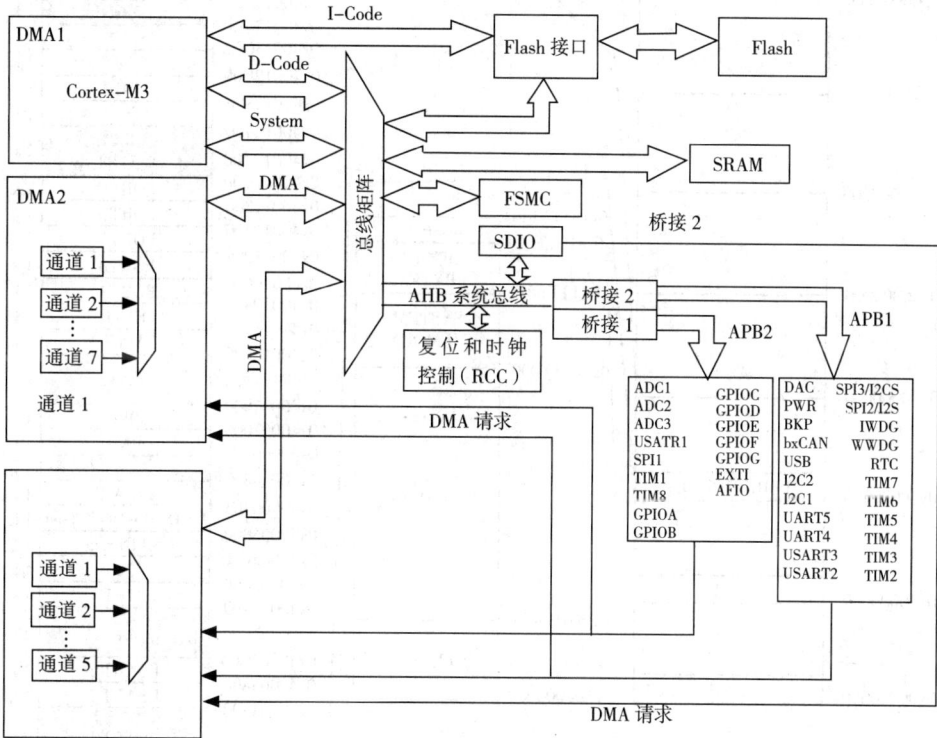

图 3-6　系统基本结构

## 3.2.2　存储器映像

程序存储器、数据存储器、寄存器和输入输出端口被组织在同一个 4GB 的线性地址空间内。数据字节以小端存储格式存放在存储器中。一个字里的最低地址字节被认为是该字的最低有效字节，而最高地址字节是最高有效字节。

STM32F103 的存储器映像见图 3-7。

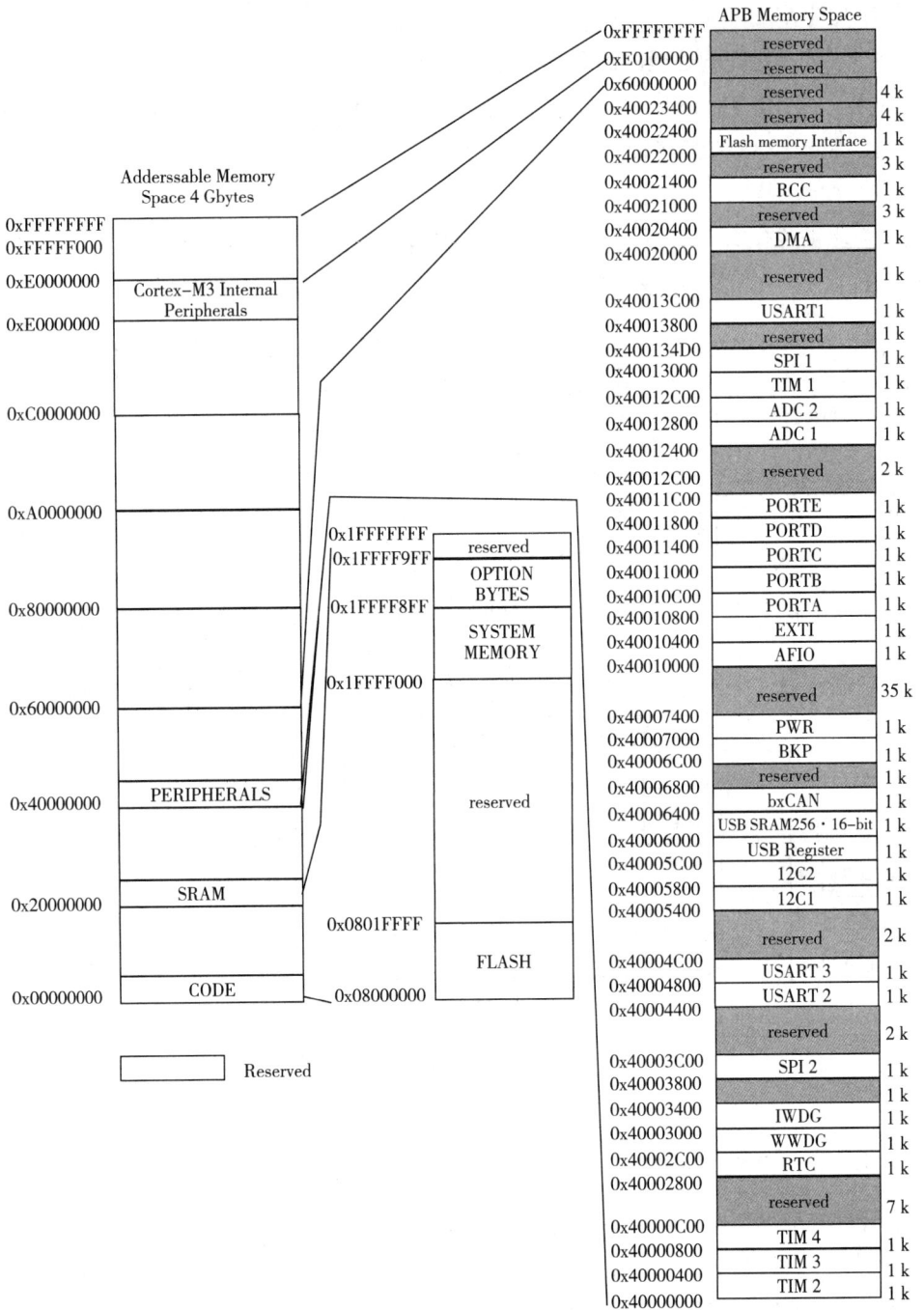

图 3-7　STM32F103 的存储器映像

　　可访问的存储器空间被分成 8 个主要块，每个块为 512 MB。其他所有没有分配给片上存储器和外设的存储器空间都是保留的地址空间（图中的阴影部分）。

　　1. 外设存储器映像

　　表 3-1 详细列出了外设寄存器在存储器空间中的映像地址空间。

表 3-1　寄存器组起始地址

| 起始地址 | 外　设 | 总　线 | 寄存器映像 |
|---|---|---|---|
| 0x40022400—0x40023FFF | 保留 | | |
| 0x40022000—0x400223FF | 闪存存储器接口 | | |
| 0x40021400—0x40021FFF | 保留 | | |
| 0x40021000—0x400213FF | 复位和时钟控制 | | |
| 0x40020400—0x40020FFF | 保留 | | |
| 0x40020000—0x400203FF | DMA | | |
| 0x40013C00—0x40013FFF | 保留 | | |
| 0x40013800—0x40013BFF | USART1 | | |
| 0x40013400—0x400137FF | 保留 | | |
| 0x40013000—0x400133FF | SPI1 | | |
| 0x40012C00—0x40012FFF | TIM1 时钟 | | 参见相应章节 |
| 0x40012800—0x40012BFF | ADC2 | | |
| 0x40012400—0x400127FF | ADC1 | APB1 | |
| 0x40012000—0x40011FFF | 保留 | APB2 | |
| 0x40011800—0x40011BFF | GPIO 端口 E | | |
| 0x40011400—0x400117FF | GPIO 端口 D | | |
| 0x40011000—0x400113FF | GPIO 端口 C | | |
| 0X40010C00—0x40010FFF | GPIO 端口 B | | |
| 0x40010800—0x40010BFF | GPIO 端口 A | | |
| 0x40010400—0x400107FF | EXTI | | |

续　表

| 起始地址 | 外　设 | 总　线 | 寄存器映像 |
|---|---|---|---|
| 0x40010000—0x400103FF | AFIO | | |
| 0x40008000—0x400077FF | 保留 | | |
| 0x40007000—0x400073FF | 电源控制 | | |
| 0x40006C00—0x40006FFF | 后备寄存器（BKP） | | |
| 0x40006800—0x40006BFF | 保留 | | |
| 0x40006400—0x400067FF | bxCAN | | |
| 0x40006000—0x400063FF | USB 的 SRAM 256×16 位 | | |
| 0x40005C00—0x40005FFF | USB 寄存器 | | |
| 0x40005800—0x40005BFF | I2C2 | | |
| 0x40005400—0x400057FF | I2C1 | | |
| 0x40005000—0x40004FFF | 保留 | | |
| 0x40004800—0x40004BFF | USART3 | | |
| 0x40004400—0x400047FF | USART2 | | |
| 0x40004000—0x40003FFF | 保留 | | |
| 0x40003800—0x40003BFF | SPI2 | | |
| 0x40003400—0x400037FF | 保留 | | |
| 0x40003000—0x400033FF | 独立看门狗（IWDG) | | |
| 0x40002C00—0x40002FFF | 窗口看门狗（WWDG) | | |
| 0x40002800—0x40002BFF | RTC | | |
| 0x40002400—0x40000FFF | 保留 | | |
| 0x40000800—0x40000BFF | TIM4 定时器 | | |
| 0x40000400—0x400007FF | TIM3 定时器 | | |
| 0x40000000—0x400003FF | TIM2 定时器 | | |

其中，APB1 操作速度限于 36 MHz，APB2 操作于全速（最高 72 MHz）。

2. 嵌入式 SRAM

STM32F103x6、STM32F103×8、STM32F103×B 内置从 6 k 字节至 20 k 字节的静态 SRAM。STM32F103×C、STM32F103×D、STM32F103×E 则内置最高可达 64 k 字节的 SRAM。它可以以字节、半字（16 位）或全字（32 位）访问。SRAM 的起始地址是 0x20000000。

CPU 能以 0 等待周期访问（读 / 写）。

ST32F103×× 系列 SRAM 见表 3-2。

表 3-2　ST32F103xx 系列嵌入式 SRAM 和嵌入式闪存

| 型　号 | 闪存存储器 /k 字节 | SRAM 存储器 /k 字节 | 封　装 |
|---|---|---|---|
| STM32F103MC6T6 | 32 | 6 | LQFP48 |
| STM32F103C6T6 |  | 10 |  |
| STM32F103C8T6 | 64 | 20 |  |
| STM32F103MR6T6 | 32 | 6 | LQFP64 |
| STM32F103R6T6 |  | 10 |  |
| STM32F103R8T6 | 64 | 20 |  |
| STM32F103RBT6 | 128 | 20 |  |
| STM32F103RCT6 | 256 | 64 |  |
| STM32F103RET6 | 512 | 64 |  |
| STM32F103V8T6 | 64 | 20 | LQFP100 |
| STM32F103VBT6 | 128 | 20 |  |
| STM32F103VCT6 | 256 | 64 |  |
| STM32F103VET6 | 512 | 64 |  |
| STM32F103V8H6 | 64 | 20 | LFBGA100 |
| STM32F103VBH6 | 128 | 20 |  |
| STM32F103VCH6 | 256 | 64 |  |
| STM32F103VEH6 | 512 | 64 |  |

续　表

| 型　号 | 闪存存储器 /k 字节 | SRAM 存储器 /k 字节 | 封　装 |
|---|---|---|---|
| STM32F103ZT6 | 0 | 64 | LQFP144 |
| STM32F103ZCT6 | 256 | 64 | |
| STM32F103ZET6 | 512 | 64 | |
| STM32F103ZH6 | 0 | 64 | LFBGA144 |
| STM32F103ZCH6 | 256 | 64 | |
| STM32F103ZEH6 | 512 | 64 | |

## 3.3　中断和事件

事件（event）为触发系统状态改变的某种行为（消息或请求等），消息或请求由某个对象发出，并由某个对象接收和处理。

当软硬件出现不正常的行为时，通常会发出代表错误或危险的警告，这类事件被称为异常事件（exception）。也就是说，异常是一种使 CPU 中止正在运行的程序进入特权状态去执行特定的指令或程序的事件。需要通过对异常进行处理，以控制错误的代码，避免错误的蔓延。根据触发源的不同，一般将异常分为同步异常和异步异常。同步异常是指与 CPU 当前执行的指令密切相关、造成 CPU 正常运行状态被中止的系统事件（或称内部事件），如指令未定义、指令预取中止、数据访问中止等。异步异常则是由于外部事件的触发而产生的，与 CPU 当前执行的指令无关。复位即属于异步异常。

由于微处理器内部事件或外部事件（外设请求服务），引起 CPU 中止正在运行的程序，转去执行相应的其他程序（一般称之为服务程序），完毕后再返回被中止的程序，这一过程被称为中断。

异常是事件的子集，中断则是处理各种异常和外设请求服务的一种机制或方式。例如，CPU 与外部设备之间的数据交换，可以采取无条件传送、查询传送，也可以采取中断的方式。若采取中断的方式，相应的服务程序一般被称作"中断服务（子）程序"，而数据传输的完成就是一个事件。

本节不作特别声明处，均针对低密度 STM32F103 进行论述。中高密度 STM32F103

请参见 Medium-and High-density STM32F101xx and STM32F103xx advanced ARM-based 32-bit *MCUs*。

### 3.3.1　嵌套向量中断控制器（NVIC）及其特性

与 ARM7 依赖厂商提供的外部中断控制器不同，STM32F103 的 Cortex-M3 内核中集成了嵌套向量中断控制器（Nested Vectored Interrupt Controller，NVIC），芯片制造厂商可以对其进行配置，以实现低延迟的中断处理和有效处理晚到的中断。

嵌套向量中断控制器的寄存器以存储器映射的方式来访问，除了包含控制寄存器和中断处理的控制逻辑之外，NVIC 还包含了存储器保护单元 MPU 的控制寄存器、SysTick 定时器以及调试控制，具有 43 个（低密度 STM32F103）/60 个（中高密度 STM32F103）可屏蔽中断通道（不包含 16 条 CorteX-M3 的中断线）、16 个可编程的优先等级（使用 4 个 bit 位进行优先级设置）、低延迟的异常和中断处理、电源管理控制等功能，可实现超级多向量中断处理。

NVIC 使用的是基于堆栈的异常模型。在处理中断时，将程序计数器、程序状态寄存器、链接寄存器和通用寄存器压入堆栈，中断处理完成后，再恢复这些寄存器。堆栈处理是由硬件完成的，无须用汇编语言创建中断服务程序的堆栈操作。

中断嵌套是可以实现的，中断可以改为使用比先前服务程序更高的优先级，而且可以在运行时改变优先级状态。使用尾部链接（tail-chaining）连续中断技术只需要消耗 3 个时钟周期，相比于 32 个时钟周期的连续压出堆栈，大大降低了延迟，提高了性能。

如果在更高优先级的中断到来之前，NVIC 已经压堆栈了，那就只需要获取一个新的向量地址，就可以为更高优先级的中断服务了，而不用出栈操作来服务新的中断。这种做法是完全确定的且具有低延迟性。

1. 系统时钟

Cortex-M3 内核包含一个 SysTick 时钟，与 NVIC 捆绑在一起，以维持操作系统"心跳"的节律。SysTick 为一个 24 位递减计数器，即采用倒计时方式。SysTick 设定初值并使能后，每经过一个系统时钟周期，计数值就减 1。计数到 0 时，SysTick 计数器自动重装初值并继续计数，同时内部的 COUNTFLAG 标志会置位，触发中断（如果中断使能情况下）。

在 STM32 的应用中，使用 CorteX-M3 内核的 SysTick 作为定时时钟，设定每一毫秒产生一次中断，在中断处理函数里对 N 减一，在 Delay（N）函数中循环检测 N 是否为 0，不为 0 则进行循环等待；若为 0 则关闭 SysTick 时钟，退出函数。

SysTick 的时钟源既可以是内部时钟，又可以是外部时钟。外部晶振为 8 MHz，9 倍频后，系统时钟为 72 MHz，SysTick 的最高频率为 9 MHz（最大为 HCLK/8），在这个条件下，把 SysTick 校验值设置成 9 000，将 SysTick 时钟设置为 9 MHz，就能够产生 1 ms 的时间基值，BPSysTick 产生 1 ms 的中断。

STM32F10X 固件库中含有 SysTick 驱动，通过调用 SysTick 驱动函数对 Cortex-M3 系统时钟进行配置。

2. 中断和异常向量

低密度 STM32F103 中断和异常向量见表 3-3。

表 3-3　低密度 STM32F103 中断和异常向量表

| 位　置 | 优先级 | 优先级类型 | 名　称 | 说　明 | 地　址 |
|---|---|---|---|---|---|
| — | — | — | | 保留 | 0x00000000 |
| −3 | 固定 | Reset | 复位 | 0x00000004 |
| −2 | 固定 | NMI | 不可屏蔽中断<br>RCC 时钟安全系统 (CSS) 联接到 NMI 向量 | 0x00000008 |
| −1 | 固定 | 硬件失效 | 所有类型的失效 | 0x0000000C |
| 0 | 可设置 | 存储管理 | 存储器管理 | 0x00000010 |
| 1 | 可设置 | 总线错误 | 预取指失败，存储器访问失败 | 0x00000014 |
| 2 | 可设置 | 错误应用 | 未定义的指令或非法状态 | 0x00000018 |
| — | — | — | 保留 | 0x0000001C ~ 0x0000002B |
| 3 | 可设置 | SVCall | 通过 SWI 指令的系统服务调用 | 0x0000002C |
| 4 | 可设置 | 调试监控 | 调试监控器 | 0x00000030 |
| — | — | — | 保留 | 0x00000034 |
| 5 | 可设置 | PendSV | 可挂起的系统服务 | 0x00000038 |

| 位　置 | 优先级 | 优先级类型 | 名　称 | 说　明 | 地　址 |
|---|---|---|---|---|---|
| | 6 | 可设置 | SysTick | 系统时基定时器 | 0x0000003C |
| 0 | 7 | 可设置 | WWDG | 窗口定时器中断 | 0x00000040 |
| 1 | 8 | 可设置 | PVD | 联到 EXTI 的电源电压检测( PVD) 中断 | 0x00000044 |
| 2 | 9 | 可设置 | TAMPER | 侵入检测中断 | 0x00000048 |
| 3 | 10 | 可设置 | RTC | 实时时钟（RTC) 全局中断 | 0x0000004C |
| 4 | 11 | 可设置 | FLASH | 闪存全局中断 | 0x00000050 |
| 5 | 12 | 可设置 | RCC | 复位和时钟控制（RCC) 中断 | 0x00000054 |
| 6 | 13 | 可设置 | EXTI0 | EXTI 线 0 中断 | 0x00000058 |
| 7 | 14 | 可设置 | EXTI1 | EXTI 线 1 中断 | 0x0000005C |
| 8 | 15 | 可设置 | EXTI2 | EXTI 线 2 中断 | 0x00000060 |
| 9 | 16 | 可设置 | EXTI3 | EXTI 线 3 中断 | 0x00000064 |
| 10 | 17 | 可设置 | EXTI4 | EXTI 线 4 中断 | 0x00000068 |
| 11 | 18 | 可设置 | DMA 通道 1 | DMA 通道 1 全局中断 | 0x0000006C |
| 12 | 19 | 可设置 | DMA 通道 2 | DMA 通道 2 全局中断 | 0x00000070 |
| 13 | 20 | 可设置 | DMA 通道 3 | DMA 通道 3 全局中断 | 0x00000074 |
| 14 | 21 | 可设置 | DMA 通道 4 | DMA 通道 4 全局中断 | 0x00000078 |
| 15 | 22 | 可设置 | DMA 通道 5 | DMA 通道 5 全局中断 | 0x0000007C |
| 16 | 23 | 可设置 | DMA 通道 6 | DMA 通道 6 全局中断 | 0x00000080 |

续　表

| 位　置 | 优先级 | 优先级类型 | 名　称 | 说　明 | 地　址 |
|---|---|---|---|---|---|
| 17 | 24 | 可设置 | DMA 通道 7 | DMA 通道 7 全局中断 | 0x00000084 |
| 18 | 25 | 可设置 | ADC | ADC 全局中断 | 0x00000088 |
| 19 | 26 | 可设置 | USB_HP_CAN_TX | USB 高优先级或 CAN 发送中断 | 0x0000008C |
| 20 | 27 | 可设置 | USB_LP_CAN_RX0 | USB 低优先级或 CAN 接收 0 中断 | 0x00000090 |
| 21 | 28 | 可设置 | CAN_RX1 | CAN 接收 1 中断 | 0x00000094 |
| 22 | 29 | 可设置 | CAN_SCE | CAN SCE 中断 | 0x00000098 |
| 23 | 30 | 可设置 | EXTI9_5 | EXTI 线 [9：5] 中断 | 0x0000009C |
| 24 | 31 | 可设置 | TIM1_BRK | TIM1 断开中断 | 0x000000AO |
| 25 | 32 | 可设置 | TIM1-UP | TIM1 更新中断 | 0x000000A4 |
| 26 | 33 | 可设置 | TIMl_TRG_COM | TIM1 触发和通信中断 | 0x000000A8 |
| 27 | 34 | 可设置 | TIM1_CC | TIM1 捕获比较中断 | 0x000000AC |
| 28 | 35 | 可设置 | TIM2 | TIM2 全局中断 | 0x000000BO |
| 29 | 36 | 可设置 | TIM3 | TIM3 全局中断 | 0x000000B4 |
| 30 | 37 | 可设置 | TIM4 | TIM4 全局中断 | 0x000000B8 |
| 31 | 38 | 可设置 | I2C1_EV | I2C1 事件中断 | 0x000000BC |
| 32 | 39 | 可设置 | I2C1_ER | I2C1 错误中断 | 0x00000000 |
| 33 | 40 | 可设置 | I2C2_EV | I2C2 事件中断 | 0x000000C4 |
| 34 | 41 | 可设置 | I2C2_ER | I2C2 错误中断 | 0x000000C8 |
| 35 | 42 | 可设置 | SPI1 | SPI1 全局中断 | 0x000000CC |
| 36 | 43 | 可设置 | SPI2 | SPI2 全局中断 | 0x0000000DO |

| 位　置 | 优先级 | 优先级类型 | 名　称 | 说　明 | 地　址 |
|---|---|---|---|---|---|
| 37 | 44 | 可设置 | USART1 | USART1 全局中断 | 0x000000D4 |
| 38 | 45 | 可设置 | USART2 | USART2 全局中断 | 0x000000D8 |
| 39 | 46 | 可设置 | USART3 | USART3 全局中断 | 0x000000DC |
| 40 | 47 | 可设置 | EXTI15-10 | EXTI 线 [15 : 10] 中断 | 0x000000EO |
| 41 | 48 | 可设置 | RTCAlarm | 联到 EXTI 的 RTC 闹钟中断 | 0x000000E4 |
| 42 | 49 | 可设置 | USB 唤醒 | 联到 EXTI 的从 USB 待机唤醒中断 | 0x000000E8 |

## 3.3.2　外部中断 / 事件控制器（EXTI）

STM32 外部中断 / 事件控制器（EXTI）由 19 个产生事件 / 中断请求的边沿检测器组成。对于其他产品，则有 19 个能产生事件中断请求的边沿检测器。每条输入线可以独立地配置输入类型（脉冲或挂起）和对应的触发事件（上升沿或下降沿触发，或者双边沿都触发）。每条输入线都可以独立地被屏蔽。挂起寄存器保持着状态线的中断要求。EXTI 控制器的主要特性如下：

（1）每个中断 / 事件都有独立的触发和屏蔽。

（2）每个中断线都有专用的状态位。

（3）支持多达 19 个中断 / 事件请求。

（4）检测脉冲宽度低于 APB2 时钟宽度的外部信号。

1.EXTI 框图

EXTI 的外部中断 / 控制器框图如图 3-8 所示。

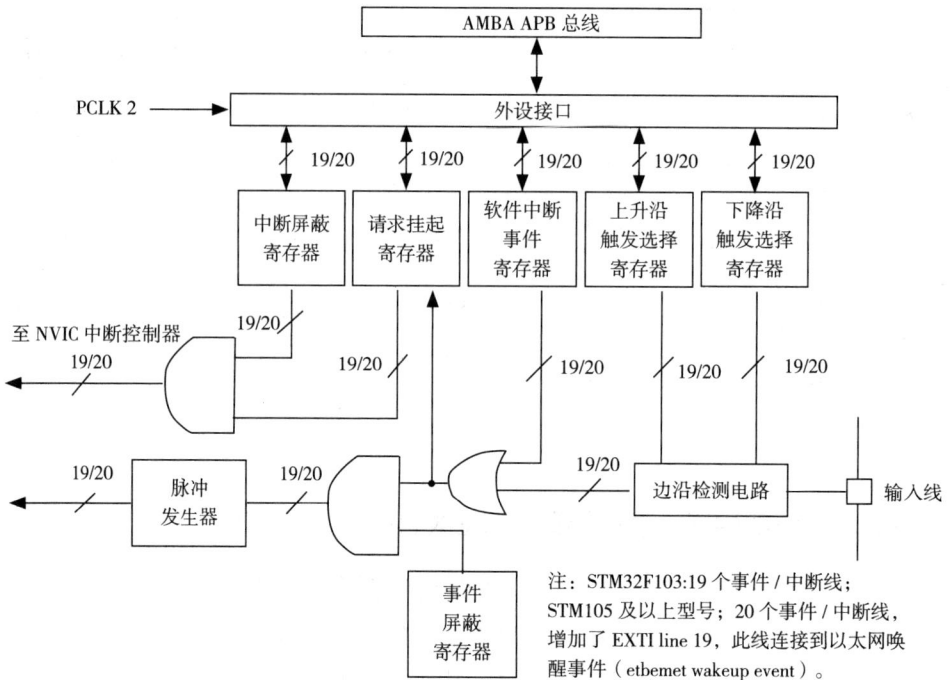

图 3-8　外部中断 / 事件控制器框图

2.EXTI 唤醒事件管理

STM32103 可以处理外部或内部事件来唤醒内核（WFE）。通过配置任何一个外部 I/O 端口、RTC 闹钟和 USB 唤醒事件可以唤醒 CPU（内核从 WFE 退出）。唤醒事件可以通过下述配置产生：

（1）在外设的控制寄存器使能一个中断，但不在 NVIC 中使能，同时在 Cortex-M3 的系统控制寄存器中使能 SEVONPEND 位。当 MCU 从 WFE 恢复后，需要清除相应外设的中断挂起位和外设 NVIC 中断通道挂起位（在 NVIC 中断请求挂起寄存器中）。

（2）配置一个外部或内部 EXTI 线为事件模式，当 MCU 从 WFE 恢复时，因为对应时间线的挂起位没有被置位，不必清除外设的中断挂起位或外设的 NVIC 中断通道挂起位。

3.EXTI 的使用

如果需要产生中断，中断线必须事先配置好并被使能。根据需要的边沿检测设置 2 个触发寄存器，同时在中断屏蔽寄存器的相应位写"1"允许中断请求。当外部中断线上发生期待的边沿时，将产生一个中断请求，与中断线对应的挂起位也随之被置"1"。通过写"1"到挂起寄存器的相应位，可以清除该中断请求。

如果需要产生事件，事件线必须事先配置好并被使能。根据需要的边沿检测设置 2 个触发寄存器，同时在事件屏蔽寄存器的相应位写"1"来使能事件请求。当事件线上发生预先选定的边沿时，将产生一个事件脉冲，与事件线对应的挂起位不被置位。

通过在软件中断 / 事件寄存器写"1"，一个中断 / 事件请求也可以通过软件来产生。

（1）硬件中断选择

通过下面的过程来配置 19 个线路作为中断源：

① 配置 19 个中断线的屏蔽位（EXTIJMR）；② 配置所选中断线的触发选择位（EXTI_RTSR 和 EXTI_FTSR）；③ 配置那些控制映像到外部中断控制器（EXTI）的 NVIC 中断通道的使能和屏蔽位，使 19 个中断线中的请求可以被正确响应。

（2）硬件事件选择

通过下面的过程，可以配置 19 个线路为事件源：

① 配置 19 个事件线的屏蔽位（EXTI_EMR）；② 配置事件线的触发选择位（EXTI_RTSR and EXTI_FTSR）。

（3）软件中断 / 事件的选择

19 个线路可以被配置成软件中断 / 事件线。下面是产生软件中断的过程：

① 配置 19 个中断 / 事件线屏蔽位（EXTI_IMR，EXTI_EMR）；② 设置软件中断寄存器的请求位（EXTI_SWIER）。

4.外部中断件线路映像

80（低密度 STM32F10x）或 112 个（中、高密度 STM32F10x）GPIO 端口被分配到 16 个外部中断 / 事件线上，如图 3-9 所示。

除此之外，EXTI 线 16 连接到 PVD 输出；EXTI 线 17 连接到 RTC 闹钟事件；EXTI 线 18 连接到 USB 唤醒事件。

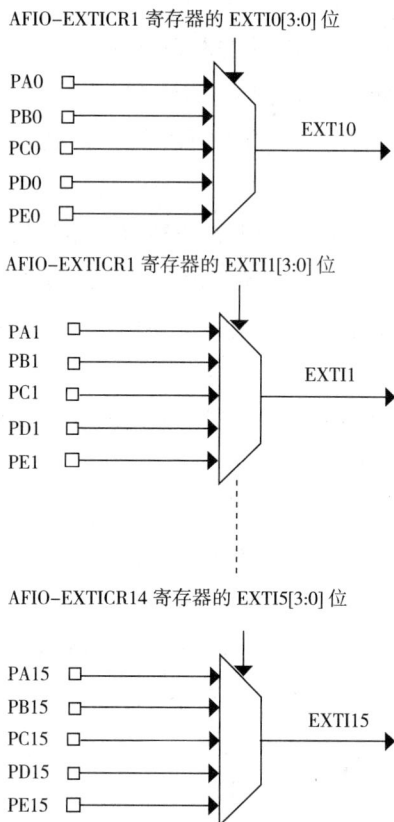

图 3-9 外部中断通用 I/O 映像

# 3.4 STM32F103x 的时钟系统

时钟系统为整个硬件系统的各个模块提供时钟信号。由于系统的复杂性，各个硬件模块很可能对时钟信号有自己的要求，这就要求在系统中设置多个振荡器，分别提供时钟信号，实际中经常从一个主振荡器开始，经过多次的倍频、分频、锁相环等电路，生成每个模块的独立时钟信号。相应的从主振荡器到各个模块的时钟信号通路也称为时钟树。

在 STM32 中，有 5 个时钟源，分别为 HSI、HSE、LSI、LSE、PLL，如图 3-10 所示。

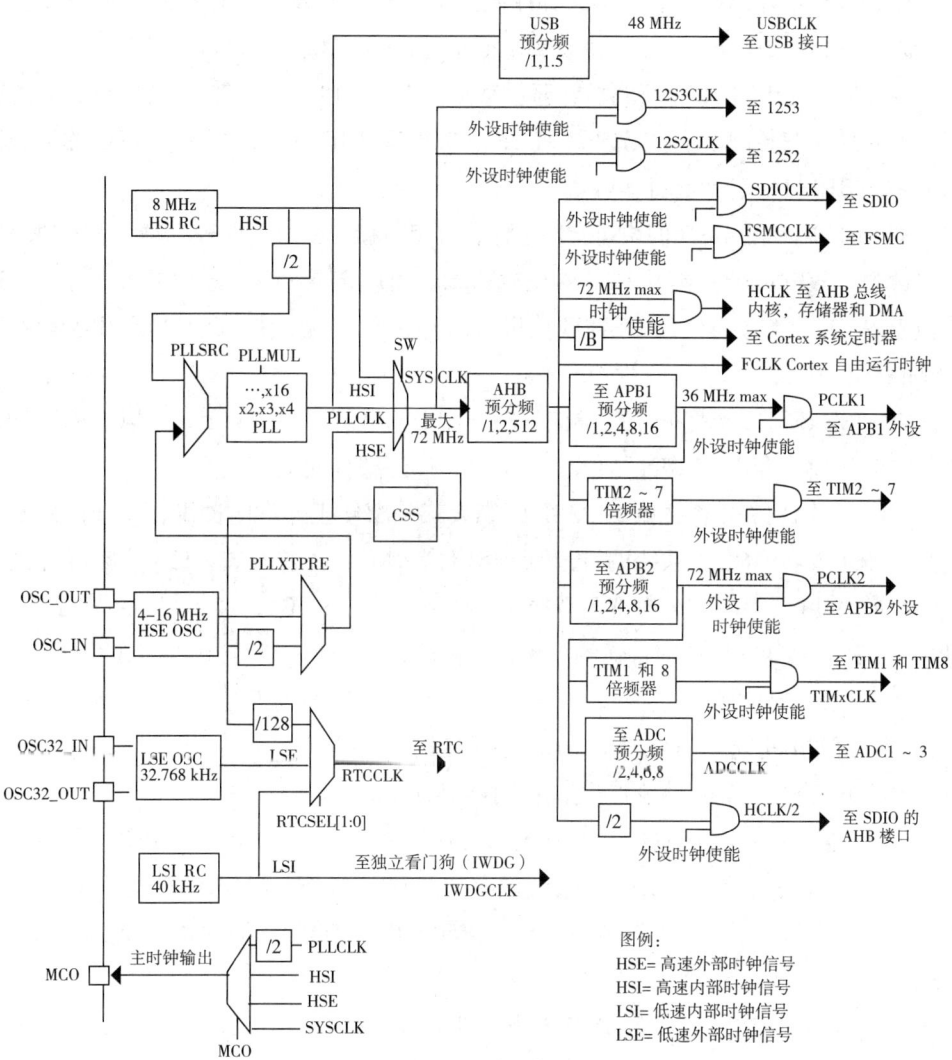

**图 3-10　STM32F103 的时钟系统**

图中：

HSI 是高速内部时钟，RC 振荡器，频率为 8 MHz。

HSE 是高速外部时钟，可接石英 / 陶瓷谐振器，或者接外部时钟源，频率范围为 4 ~ 16 MHz。

LSI 是低速内部时钟，RC 振荡器，频率为 40 kHz。

LSE 是低速外部时钟，接频率为 32.768 kHz 的石英晶体。

PLL 为锁相环倍频输出，其时钟输入源可选择为 HSI/2、HSE 或者 HSE/2。倍频可选择为 2 ~ 16 倍，最高输出频率不得超过 72 MHz。

其中 40 kHz 的 LSI 供独立看门狗 IWDG 使用，也可作为实时时钟 RTC 的时钟源。但 RTC 的时钟源还可以选择为 LSE，或者是 HSE 的 128 分频，RTC 的时钟源通过 RTCSEL[1 : 0] 来选择。

STM32 内部的 USB 模块可全速工作，其串行接口引擎需要一个频率为 48 MHz 的时钟源。该时钟源只能从 PLL 输出端获取，可以选择为 1.5 分频或者 1 分频。这也就意味着，当需要使用 USB 模块时，PLL 必须使能，并且时钟频率被配置为 48 MHz 或 72 MHz。

STM32 还可以选择一个时钟信号输出到 MCO 脚（PA8）上，可以选择为 PLL 输出的 2 分频、HSI、HSE，或者系统时钟，供外部其他电路使用。

系统时钟 SYSCLK 是供 STM32 中绝大部分部件工作的时钟源，可选择为 PLL 输出、HSI 或者 HSE。系统时钟最大频率为 72 MHz，它通过 AHB 分频器分频后送给各模块使用，AHB 分频器可选择 1、2、4、8、16、64、128、256、512 分频。其中 AHB 分频器输出的时钟送给 5 大模块使用：

（1）送给 AHB 总线、内核、内存和 DMA 使用的 HCLK 时钟。

（2）通过 8 分频后送给 Cortex 的系统定时器时钟。

（3）直接送给 Cortex 的空闲运行时钟 FCLK。

（4）送给 APB1 分频器。APB1 分频器可选择 1、2、4、8、16 分频，其输出一路供 APB1 外设使用（PCLK1，最大频率 36 MHz）。另一路送给定时器（Timer）2、3、4 倍频器使用。该倍频器可选择 1 倍频或者 2 倍频，时钟输出供定时器 2、3、4 使用。

（5）送给 APB2 分频器。APB2 分频器可选择 1、2、4、8、16 分频，其输出一路供 APB2 外设使用（PCLK2，最大频率 72 MHz），另一路送给定时器（Timer）1 倍频器使用。该倍频器可选择 1 倍频或者 2 倍频，时钟输出供定时器 1 使用。另外，APB2 分频器还有一路输出供 ADC 分频器使用，分频后送给 ADC 模块使用。ADC 分频器可选择为 2、4、6、8 分频。

在以上的时钟输出中，有很多是带使能控制的，如 AHB 总线时钟、内核时钟、各种 APB1 外设、APB2 外设，等等。当需要使用某模块时，记得一定要先使能对应的时钟。

需要注意的是定时器的倍频器，当 APB 的分频为 1 时，它的倍频值为 1，否则它的倍频值就为 2。

连接在 APB1（低速外设）上的设备有电源接口、备份接口、CAN、USB、I2C1、I2C2、UART2、UART3、SPI2、WatchDog、Timer2、Timer3 和 Timer4。注意 USB 模块虽然需要一个单独的 48 MHz 时钟信号，但它只是提供给串行接口引擎（SIE）使用的时钟，并非是 USB 模块其他电路的工作时钟，这一工作时钟由 APB1 提供。

连接在 APB2（高速外设）上的设备有 UART1、SPI1、Timer1、ADC1、ADC2，所有普通 IO 口（PAPE），第二功能 IO 口。

在一个系统刚刚启动时，应首先根据所用到的模块配置整个系统的时钟系统。

## 3.5　STM32F103C 最小系统设计方案

### 3.5.1　设计目标

设计一个最低成本的 Cortex M3 开发系统。

### 3.5.2　设计要求

系统至少包括以下功能：

（1）TTL 电平串口。为了更好地控制开发系统的成本，可采用串口下载的方式。下载线采用 USB 转 TTL 串口，并带有 +5 V 电源，这样既可以节省 JTAG 下载器，又可以节省一个 +5 V 的稳压电源，更好地控制系统的 PCB 面积。

（2）3.3 V 稳压电源、晶振、启动模式跳线。

（3）1 个复位按钮、1 个电源指示灯、2 个用户按钮、3 个用户指示灯。

（4）32 个通用 I/O 口。

### 3.5.3　微处理器的选择

选用 STM32F103 系列作为介绍 Cortex-M3ARM 开发的微型处理器，主要基于以下因素的考虑：

（1）该系列处理器性能高，成本低，易开发并且种类齐全。

（2）带有 12 位的 ADC，方便进行数据采集。

（3）带有 3 个 USART 通用串口，方便同时提供与变频器、PLC、HMI 终端、GSM/GPRS 透明传输模块等 USART 接口设备的连接。

（4）带有 CAN 接口可实现现场总线连接功能。

（5）适应工业级工作温度范围。

（6）GCC 功能强大，是一款开源和免费的编译器，并且支持 STM32F103 系列微型处理器的 C 与 C++ 程序编译。

STM32F103xC、STM32F103xD 和 STM32F103xE 增强型系列处理器构建于高性能的 Cortex-M3（32 位 RISC）内核，工作频率为 72 MHz，内置高速存储器（最高可达 512 k 字节的闪存和 64 k 字节的 SRAM），丰富的增强型 I/O 端口和连接到两条 APB 总线的外设。增强型器件都包含 2 ~ 3 个 12 位的 ADC、4 个通用 16 位定时器和 2 个 PWM 定时器。还包含标准和先进的通信接口：多达 5 个 USART 接口、3 个 SPI 接口、2 个 I2C 接口、2 个 I2S 接口、1 个 SDIO 接口、一个 USB 接口和一个 CAN 接口。

STM32F103xx 是一个完整的系列，其成员之间脚对脚完全兼容，软件和功能也兼容。主要参数如表 3-4 所示。

表 3-4　STM32F103 系列配置

| 引脚数目 | 小容量产品 | | 中等容量产品 | | 大容量产品 | | |
|---|---|---|---|---|---|---|---|
| | 16 k 闪存 | 32 k 闪存 | 64 k 闪存 | 128 k 闪存 | 256 k 闪存 | 384 k 闪存 | 512 k 闪存 |
| | 6 k RAM | 10 k RAM | 20 k RAM | 20 k RAM | 48 k 或 64 k① RAM | 64 k RAM | 64 k RAM |
| 144 | | | | | 3 个 USART+2 个 URAT 2 个 16 位定时器,2 个基本定时器 3 个 SPI、2 个 I2S、2 个 I2C、 USB、CAN、2 个 PWM 定时器 3 个 ADC、1 个 DAC、1 个 SDIO FSMC(100 和 144 脚封装②) | | |
| 100 | | | 3 个 USART 3 个 16 位定时器 2 个 SPI、2 个 I2C、 USB、CAN、 1 个 PWM 定时器 2 个 ADC | | | | |
| 64 | 2 个 USART 2 个 16 位定时器 1 个 SPI、1 个 I2C、 USB、CAN、 1 个 PWM 定时器 2 个 ADC | | | | | | |
| 48 | | | | | | | |
| 36 | | | | | | | |

① 只有 CSP 封装的带 256 k 闪存的产品，才具有 64 k 的 RAM。

② 100 脚针封装的产品中没有端口 F 和端口 G。

### 3.5.4　最小系统型微处理器的选择

最小系统选用了中等容量增强型微处理器中的 STM32F103CBT6。考虑如下：

（1）小体积，LQFP48 封装。可把该最小系统的面积压缩到最小，以便应用到小体积的产品中。例如，智能继电器、微型水位控制器、恒温控制器等。

（2）低成本。该最小系统用的微处理器基本与常见的 8 位、16 位单片机价格上接近。STM32F103CBT6 可直接代替 8 位、16 位单片机应用于一些小型控制系统中。

（3）STM32F103CBT6 微处理器主频为 72 MHZ，128 k 内部 Flash，20 kRAM，12 位 ADC，是中等容量中 Flash 和 RAM 最大的一款。可应用在程序较为复杂的系统中。

### 3.5.5　STM32F103CBT6 的特点

STM32F103CBT6 是 STM32 系列的中等容量增强型，基于 ARM 内核，带 128 k 闪存的 32 位微控制器。包括 USB、CAN、2 个 ADC、7 个定时器、9 个通信接口。基本特点如下：

（1）内核. ARM32 位的 Cortex-M3CPU。

① 最高 72 MHz 工作频率（在存储器的 0 等待周期访问时可达）。

② 单周期乘法和硬件除法。

（2）存储器。

① 128 k 字节的闪存程序存储器。

② 高达 20 k 字节的 SRAM。

（3）时钟、复位和电源管理。

① 2.0 ~ 3.6 V 供电和 I/O 引脚。

② 上电 / 断电复位（POR/PDR）、可编程电压监测器（PVD）。

③ 4 ~ 16 MHz 晶体振荡器。

④ 内嵌经出厂调校的 8 MHz 的 RC 振荡器。

⑤ 内嵌带校准的 40 kHz 的 RC 振荡器。

⑥ 产生 CPU 时钟的 PLL。

⑦ 带校准功能的 32 kHz RTC 振荡器。

（4）低功耗。

① 睡眠、停机和待机模式。

② VBAT 为 RTC 和后备寄存器供电。

（5）2 个 12 位模数转换器，1 μs 转换时间（多达 16 个输入通道）。

① 转换范围: 0 ~ 3.6 V。

② 双采样和保持功能。

③ 温度传感器。

（6）DMA。

① 7 通道 DMA 控制器。

② 支持的外设: 定时器、ADC、SPI、I2C 和 USART。

（7）快速 I/O 端口。

（8）调试模式。串行单线调试（SWD）和 JTAG 接口。

（9）7 个定时器。

① 3 个 16 位定时器，每个定时器有多达 4 个用于输入捕获 / 输出比较 /PWM 或脉冲计数的通道和增量编码器输入。

② 1 个 16 位带死区控制和紧急刹车，用于电机控制的 PWM 高级控制定时器。

③ 2 个看门狗定时器（独立的和窗口型的）。

④ 系统时间定时器: 24 位自减型计数器。

（10）9 个通信接口。

① 2 个 I2C 接口（支持 SMBus/PMBus）。

② 3 个 USART 接口（支持 ISO7816 接口、LIN、IrDA 接口和调制解调控制）。

③ 2 个 SPI 接口（18 MB/s）。

④ CAN 接口（2.0B 主动）。

⑤ USB2.0 全速接口。

（11）CRC 计算单元，96 位的芯片唯一代码。

### 3.5.6　程序下载与供电方案

为了设计一款最低成本（与 8 位、16 位单片机相当）的 ARM32 位开发系统，采用 USB 转 TTL 串口线（图 3-11）下载程序和供电。这样既可以解决在调试阶段的供电问题，又可以解决程序下载问题，还可以实现串口通信功能。另外可以减小系统板的面积，从而把整个最小系统板当成一个单片机芯片嵌入其他开发板上（实际上该最小系统板也就相当于一片双列直插 DIP40 封装的 8 位单片机的面积）。

图 3-11　USB 转 TTL 串口线

# 3.6　最小系统设计的要素

STM32F103CBT6 最小系统可以分解为 5 个部分，而每个部分均具有各自的特点。STM32F103CBT6 最小系统核心系统电路原理图如图 3-12 所示，主要包括复位、晶振、TTL 电平串口、通用 IO 口、电源与接地等。

## 3.6.1　STM32 外部晶振

STM32 可外接两个晶振为其内部系统提供时钟源。一个是高速外部时钟（HSE），用于为系统提供较为精确的主频；另一个是低速外部时钟（LSE），接频率为 32.768 kHz 的石英晶体，用于为系统提供精准的日历时钟功能，即可用来通过程序选择驱动 RTC（RTCCLK）。它为实时时钟或者其他定时功能提供一个低功耗且精确的时钟源，只要 VBAT 维持供电，即使 VDD 供电被切断，RTC 仍继续工作。

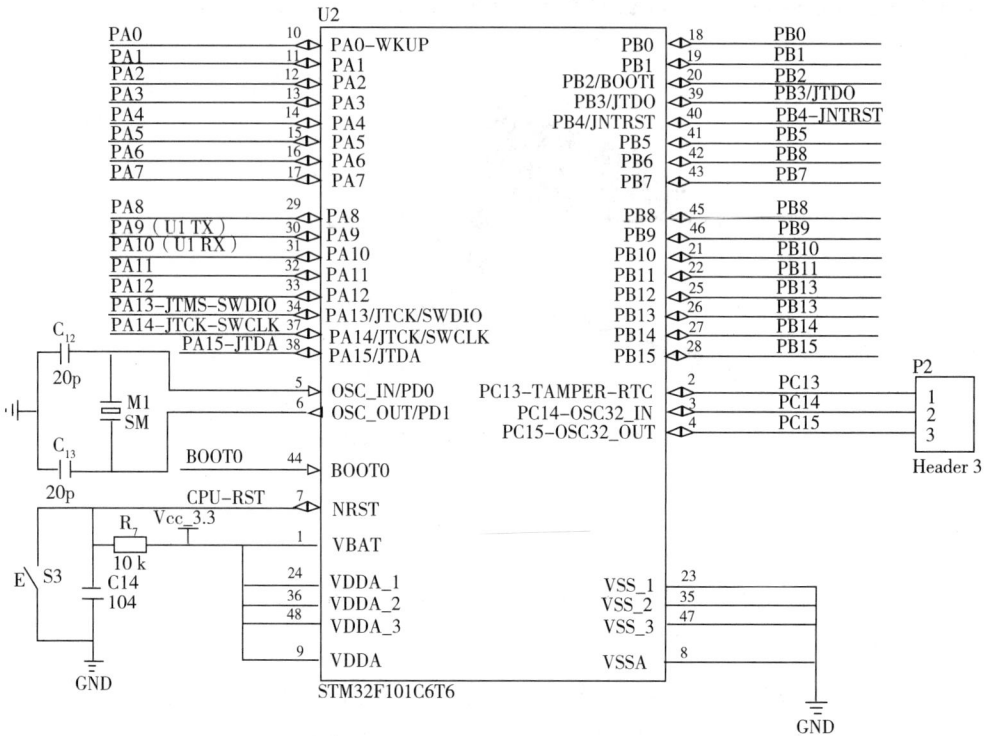

图 3-12　核心系统电路原理图

本系统采用 STM32 系统中最典型的 8 MHz 晶振。为了让结构更加简单，成本更加低，没有采用外接低速外部时钟，而是采用内部的低速外部时钟（LSI）。

STM32 高速外部时钟可以使用一个 4 ～ 16 MHz 的晶体 / 陶瓷谐振器构成的振荡器产生。在实际应用中，谐振器和负载电容必须尽可能地靠近振荡器的引脚，以减小输出失真和启动时的稳定时间。STM 建议的高速外部时钟晶振电路图如图 3-13 所示。

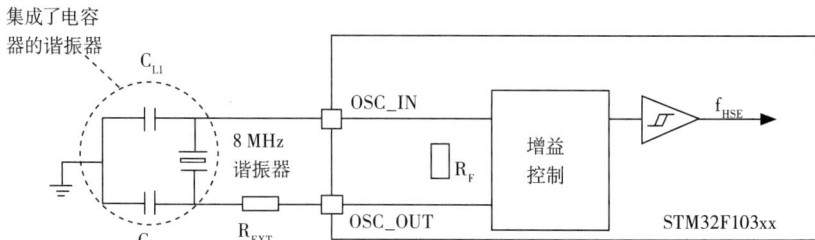

图 3-13　STM 建议的高速外部时钟晶振电路图

$R_{EXT}$ 数值由晶体的特性决定。典型值是 5 ~ 6 倍的 RS。RS 负载电容与对应的晶体串行阻抗，通常 RS 为 30 Ω，那么 REXT 可以选择 150 ~ 180 Ω。对于要求不严格的应用系统，$R_{EXT}$ 可以不用。对于 $C_{L1}$ 和 $C_{L2}$，建议使用高质量的（典型值为 5 ~ 25 pF）瓷介电容器，并挑选符合要求的晶体或谐振器。通常 $C_{L1}$ 和 $C_{L2}$ 具有相同的参数。晶体制造商通常以 CL1 和 CL2 的串行组合给出负载电容的参数。在选择 $C_{L1}$ 和 $C_{L2}$ 时，PCB 和 MCU 引脚的容抗应该考虑在内（引脚与 PCB 板的电容选择 10 pF）。

对于普通的应用，$R_F$ 的影响一般可以不考虑，相对较低的 RF 电阻值，能够为在潮湿环境下使用时所产生的问题提供保护，这种环境下产生的泄漏和偏置条件都发生了变化，设计时需要把这个参数考虑进去。

注意，如果编写 STM32 程序需要用 STM32 固件库和外部高速时钟，而外部晶振却不是 8 MHz，还需要配置 STM32 固件库。

### 3.6.2　复位电路

STM32F103 的 NRST 引脚输入驱动使用 CMOS 工艺，它连接了一个不能断开的上拉电阻 RPU，电阻值如表 3-5 所示。

表 3-5　NRST 引脚内部上拉电阻值

| 符　号 | 参　数 | 条　件 | 最小值 | 典型值 | 最大值 | 单　位 |
|---|---|---|---|---|---|---|
| $R_{PU}$ | 弱上拉等效电阻 | $V_{IN}=V_{SS}$ | 30 | 40 | 50 | k Ω |

上拉电阻设计为一个真正的电阻串联一个可开关的 PMOS 实现。这个 PMON/NMOS 开关的电阻很小（约占 10%）。STM 建立的复位电路如图 3-14 所示，由此可见，核心原理图中的电阻 $R_7$ 也可以不用。

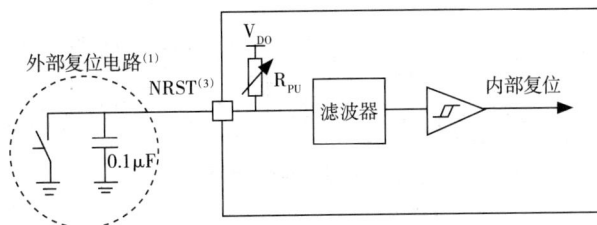

图 3-14　TM32 建立的复位电路

81

STM32F10xxx 支持以下三种复位形式：

1. 系统复位

系统复位将复位除时钟控制寄存器 CSR 中的复位标志和备份区域中的寄存器以外的所有寄存器。当以下事件之一发生时，产生系统复位：

① NRST 管脚上的低电平（外部复位）；② 窗口看门狗计数终止（WWDG 复位）；③ 独立看门狗计数终止 GWDG 复位）；④ 软件复位（SW 复位）。⑤ 低功耗管理复位。

可通过查看 RCC_CSR 控制状态寄存器中的复位状态标志位识别复位事件来源。

STM32 也可以行软件复位，通过将 Cortex-M3 中断应用和复位控制寄存器中的 SYSRESETREQ 位置"1"，可实现软件复位。

在以下两种情况下可产生低功耗管理复位：

① 在进入待机模式时产生低功耗管理复位：通过将用户选择字节中的 nRST_STDBY 位置"1"将使能该复位。这时，即使执行了进入待机模式的过程，系统将被复位而不是进入待机模式；② 在进入停止模式时产生低功耗管理复位：通过将用户选择字节中的 nRST_STOP 位置"1"将使能该复位。这时，即使执行了进入停机模式的过程，系统将被复位而不是进入停机模式。

2. 电源复位

对于电源复位，当以下事件之一发生时，产生电源复位：

① 上电 / 掉电复位（POR/PDR 复位）；② 从待机模式中返回备份区域复位。

电源复位将复位除了备份区域外的所有寄存器。STM32 复位引脚的内部结构如图 3-15 所示。图中复位源将最终作用于 RESET 引脚，并在复位过程中保持低电平。复位入口矢量被固定在地址 0x0000_0004。

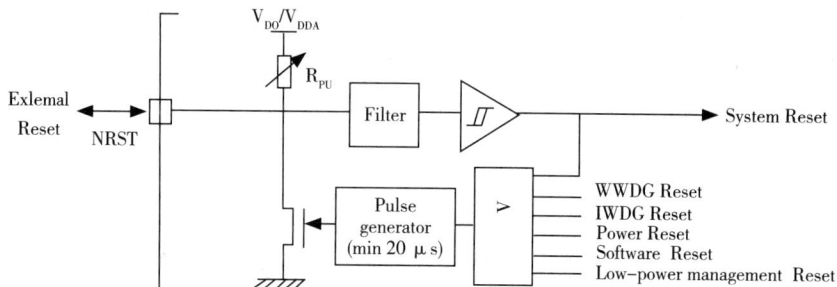

图 3-15　复位电路

3.备份域复位

当以下事件中之一发生时，产生备份区域复位：

①软件复位后，备份区域复位可由设置备份区域控制寄存器 RCC_BDCR 中的 BDRST 位产生；②在 VDD 和 VBAT 两者掉电的前提下，VDD 或 VBAT 上电将引发备份区域复位。

### 3.6.3　LED、Key 及 BOOT 跳线

LED、Key 及 BOOT 跳线如图 3-16 所示。一定要设计有 Boot 跳线，以方便系统可配置成 ISP 程序下载和系统正常启动。

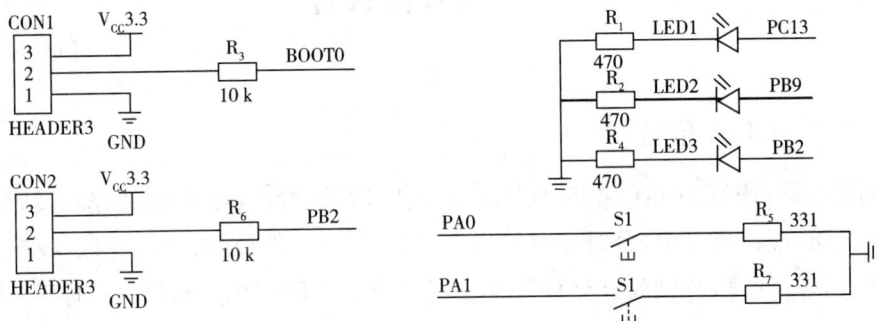

图 3-16　LED、Key 及 BOOT 跳线

在设计 LED 驱动电路时，应注意 LED 的压降和正常工作电流。普通发光二极管的正常工作电流一般是 5 ~ 10 mA。如果作为指示用，一般为 2 ~ 5 mA，可以根据具体需要设计；对于贴片 LED，只要 1 ~ 2 mA 即可。普通的发光二极管正偏压降：红色为 1.6 V，黄色为 1.4 V 左右，蓝和白为 2.5 V 左右。

PB2 引脚同时是 BOOT1 功能引脚，由于 BOOT1 功能只在复位或上电之时，程序正常运行之前由系统来读取 BOOT1 功能引脚的电平，而启动完成后这个引脚电平不再影响工作模式，因此该引脚可用做他用，如用于驱动 LED。

通过 BOOT[1 : 0] 引脚的跳线，可以根据需要选择主闪存存储器、系统存储器或 SRAM 三种启动模式之中的一种，如表 3-6 所示。

表 3-6  BOOT[1：0]引脚选择

| 启动模式选择引脚 | | 启动模式 | 说　明 |
|---|---|---|---|
| BOOT | BOOT0 | | |
| × | 0 | 用户闪存存储器 | 用户闪存存储器被选为启动区域 |
| 0 | 1 | 系统储存器 | 系统储存器被选为启动区域 |
| 1 | 1 | 内嵌 SRAM | 内嵌 SRAM 被选为启动区域 |

# 3.7  PCB 图设计

## 3.7.1  PCB 布局

随着电路系统复杂度的不断加大，如今的 PCB 图设计也变得越来越难设计。一个好的 PCB 图，每一个器件都会精确地布置到它最佳的位置，每一根走线都会考虑到其走向、长度、宽度、与相邻线间距等因素，排除干扰、噪声、延时不一致等危害。

## 3.7.2  全局观

PCB 图设计基本思路是从全局观念安排器件布局，并安全可靠地安排电源和地线走线，最后精细入微地绘制每一条线路。

按工业及其他的要求设计 PCB 图（和 PCB 板），要求稳定可靠、板整体面积小、器件布置合理整洁、走线合理。在设计 PCB 图时，还应该注意以下细节：

（1）微控制器焊盘长度应该加长，宽度适当比间隔宽一些，如焊盘宽度为 12 mil，焊盘间隔为 8 mil，这样比两者都选择 10 mil 要好一些，以方便手工焊接。

（2）对于两层板的设计，一般一层多走横线，另一层多走竖线；一层多走电源，另一层多走地线。

（3）要充分利用和发挥立方体空间的观念，可以适当把一些器件放到底层，也可以适当加一些过孔以减短走线过长问题。

### 3.7.3　电源与地线布局

（1）电源布线要宽。利用印制电路板的一层作为电源平面层，至少有一层作为地平面，每一层只能提供一种电源电压，通过印制电路板的过孔将电源电压引到器件上。

（2）加去耦电容。在直流供电电路中，负载的变化会引起电源噪声并通过电源及配线对电路产生干扰。为抑制这种干扰，可在单元电路的供电端接一个 $10 \sim 100\ \mu F$ 的电解电容器；可在集成电路的供电端配置一个 $680\ pF \sim 0.1\ \mu F$ 的陶瓷电容器或 $4 \sim 10$ 个芯片配置一个 $1 \sim 10\ \mu F$ 的电解电容器；对 ROM、RAM 等芯片应在电源线（VCC）和地线（GND）间直接接入去耦电容等。

（3）地线环绕。作为母线中的地线可以不等宽，但宽窄过渡要平滑，以免产生噪声，地线要靠近供电电源母线和信号线，因电流沿路径传输会产生回路电感，地线靠近，回路面积减小，电感量减小，回路阻抗减小，从而减小电磁干扰耦合。

### 3.7.4　信号线布局

（1）合理布设导线。印制线应远离干扰源且不能切割磁力线；避免平行走线，双面板可以交叉通过，印制导线的拐弯应成圆角，各层电路板的导线应相互垂直，斜交（或弯曲走线）；避免成环，防止产生环形天线效应。

时钟信号布线应与地线靠近，对于数据总线的布线应在每两根之间夹一根地线或紧挨着地址引线放置；为了抑制出现在印制导线终端的反射干扰，可在传输线的末端对地和电源端各加接一个相同阻值的匹配电阻。

（2）抑制容性耦合。要增大两布线导线间的距离（大于干扰信号最大波长的四分之一）；减小信号线与地之间的距离。

（3）抑制感性干扰耦合，增大信号线与信号线之间的距离，以减小互感，原因是互感系数与距离成反比；减小信号线与地之间的距离，以减小信号线与地之间围成的磁通面积；除减小线地距离外，还应尽量避免信号线的平行布设。

（4）印制导线应尽可能短而宽。

# 第 4 章 STM32F103 微控制器应用

## 4.1 STM32F103 核心电路

STM32F103ZET6 有 144 个引脚，其中，通用目的输入 / 输出口有 7 组，记为 GPIOA ~ GPIOG，或记为 PA ~ PG，有时也被称为 PIOA ~ PIOG，每组有 16 位，即占用 16 个引脚，因此全部 GPIOA ~ GPIOG 占用了 112 个引脚，绝大部分 GPIO 口都复用了多个功能。其余的 32 个引脚为电源管理和时钟管理等相关的引脚。

STM32F103 核心电路如图 4-1 ~ 图 4-8 所示。

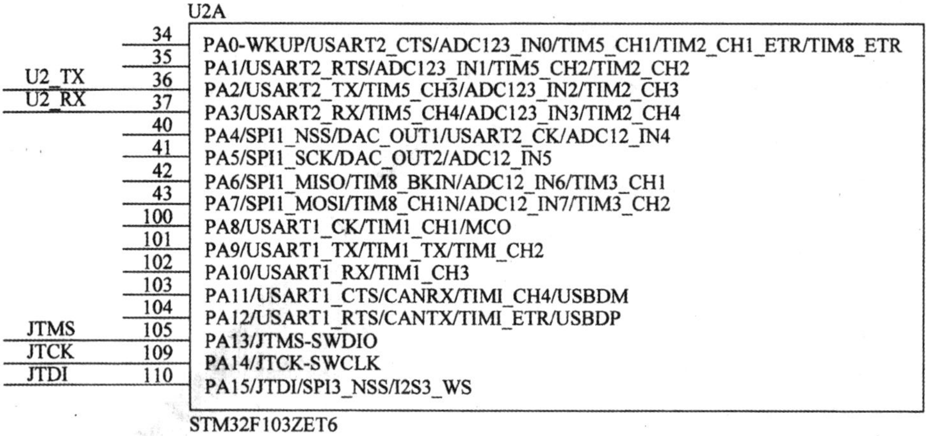

图 4-1 STM32F103ZET6 芯片 PA 口

U2B

| | |
|---|---|
| LCD_BL | 46 |
| T_SCK | 47 |
| T_MISO | 48 |
| JTDO | 133 |
| JTRST | 134 |
| LED0 | 135 |
| IIC_SCL | 136 |
| IIC_SDA | 137 |
| BEEP | 139 |
| | 140 |
| | 69 |
| | 70 |
| F_CS | 73 |
| SPI2_SCK | 74 |
| SPI2_MISO | 75 |
| SPI2_MOSI | 76 |

PB0/ADC12_IN8/TIM3_CH3/TIM8_CH2N
PB1/ADC12_IN9/TIM3_CH4/TIM8_CH3N
PB2/BOOT1
PB3/JTDO/TRACESWO/SPI3_SCK/I2S3_CK
PB4/JNTRST/SPI3_MISO
PB5/I2C1_SMBAI/SPI3_MOSI/I2S3_SD
PB6/I2C1_SCL/TIM4_CH1
PB7/I2C1_SDA/FSMC_NADV/TIM4_CH2
PB8/TIM4_CH3/SDIO_D4
PB9/TIM4_CH4/SDIO_D5
PB10/I2C2_SCL/USART3_TX
PB11/I2C2_SDA/USART3_RX
PB12/SIP2_NSS/I2S2_WS/I2C2_SMBAI/USART3_CK/TIM1_BKIN
PB13/SIP2_SCK/I2S2_CK/USART3_CTS/TIM1_CH1N
PB14/SPI2_MISO/USART3_RTS/TIM1_CH2N
PB15/SPI2_MOSI/I2S2_SD/TIM1_CH3N

STM32F103ZET6

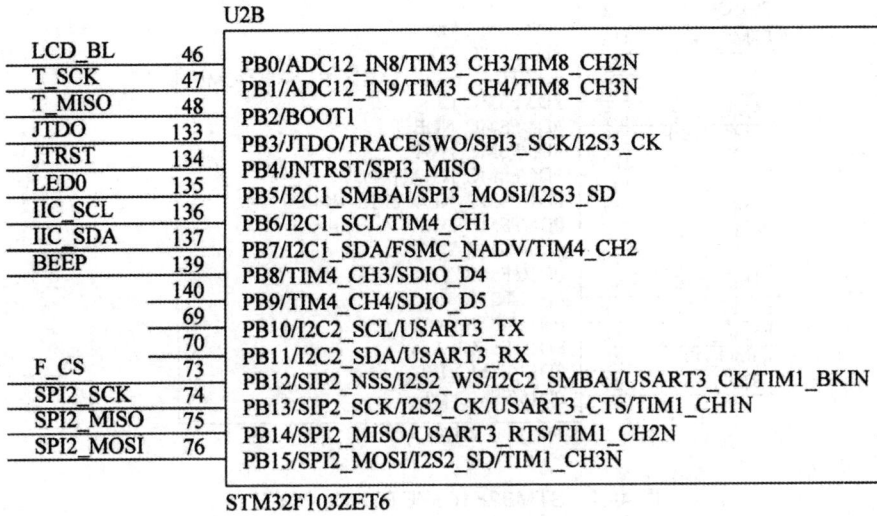

图 4-2　STM32F103ZET6 芯片 PB 口

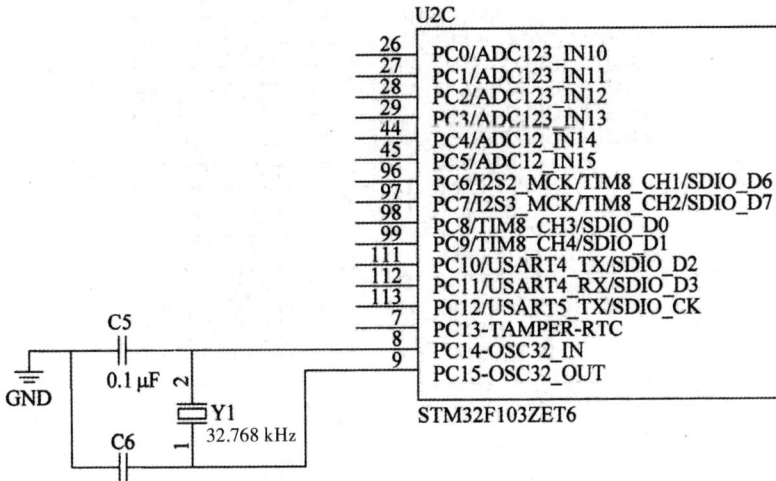

U2C

| | |
|---|---|
| 26 | |
| 27 | |
| 28 | |
| 29 | |
| 44 | |
| 45 | |
| 96 | |
| 97 | |
| 98 | |
| 99 | |
| 111 | |
| 112 | |
| 113 | |
| 7 | |
| 8 | |
| 9 | |

PC0/ADC123_IN10
PC1/ADC123_IN11
PC2/ADC123_IN12
PC3/ADC123_IN13
PC4/ADC12_IN14
PC5/ADC12_IN15
PC6/I2S2_MCK/TIM8_CH1/SDIO_D6
PC7/I2S3_MCK/TIM8_CH2/SDIO_D7
PC8/TIM8_CH3/SDIO_D0
PC9/TIM8_CH4/SDIO_D1
PC10/USART4_TX/SDIO_D2
PC11/USART4_RX/SDIO_D3
PC12/USART5_TX/SDIO_CK
PC13-TAMPER-RTC
PC14-OSC32_IN
PC15-OSC32_OUT

STM32F103ZET6

C5
0.1 μF
GND
C6
Y1
32.768 kHz

图 4-3　STM32F103ZET6 芯片 PC 口

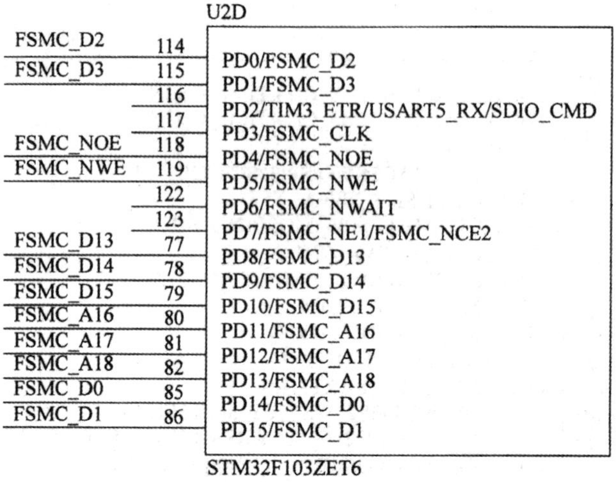

图 4-4　STM32F103ZET6 芯片 PD 口

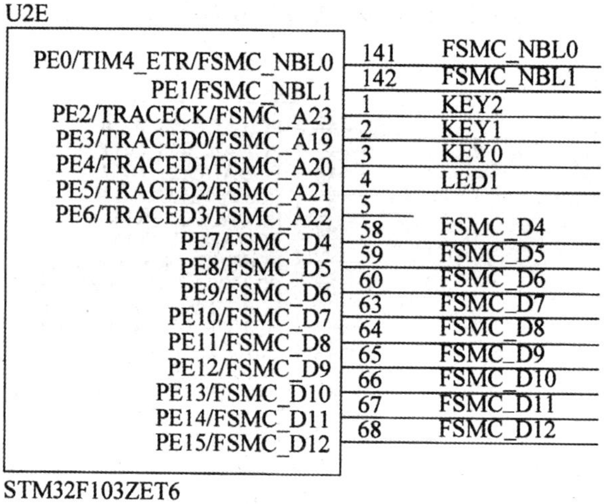

图 4-5　STM32F103ZET6 芯片 PE 口

U2F

| | | |
|---|---|---|
| PF0/FSMC_A0 | 10 | FSMC_A0 |
| PF1/FSMC_A1 | 11 | FSMC_A1 |
| PF2/FSMC_A2 | 12 | FSMC_A2 |
| PF3/FSMC_A3 | 13 | FSMC_A3 |
| PF4/FSMC_A4 | 14 | FSMC_A4 |
| PF5/FSMC_A5 | 15 | FSMC_A5 |
| PF6/ADC3_IN4/FSMC_NIORD | 18 | |
| PF7/ADC3_IN5/FSMC_NREG | 19 | |
| PF8/ADC3_IN6/FSMC_NIOWR | 20 | |
| PF9/ADC3_IN7/FSMC_CD | 21 | T_MOSI |
| PF10/ADC3_IN8/FSMC_INTR | 22 | T_PEN |
| PF11/FSMC_NIOS16 | 49 | T_CS |
| PF12/FSMC_A6 | 50 | FSMC_A6 |
| PF13/FSMC_A7 | 53 | FSMC_A7 |
| PF14/FSMC_A8 | 54 | FSMC_A8 |
| PF15/FSMC_A9 | 55 | FSMC_A9 |

STM32F103ZET6

图 4-6　STM32F103ZET6 芯片 PF 口

U2G

| | | |
|---|---|---|
| PG0/FSMC_A10 | 56 | FSMC_A10 |
| PG1/FSMC_A11 | 57 | FSMC_A11 |
| PG2/FSMC_A12 | 87 | FSMC_A12 |
| PG3/FSMC_A13 | 88 | FSMC_A13 |
| PG4/FSMC_A14 | 89 | FSMC_A14 |
| PG5/FSMC_A15 | 90 | FSMC_A15 |
| PG6/FSMC_INT2 | 91 | |
| PG7/FSMC_INT3 | 92 | |
| PG8 | 93 | |
| PG9/FSMC_NE2/FSMC_NCE3 | 124 | |
| PG10/FSMC_NCE4_1/FSMC_NE3 | 125 | FSMC_NE3 |
| PG11/FSMC_NCE4_2 | 126 | 1WIRE_DQ |
| PG12/FSMC_NE4 | 127 | FSMC_NE4 |
| PG13/FSMC_A24 | 128 | |
| PG14/FSMC_A25 | 129 | |
| PG15 | 132 | |

STM32F103ZET6

图 4-7　STM32F103ZET6 芯片 PG 口

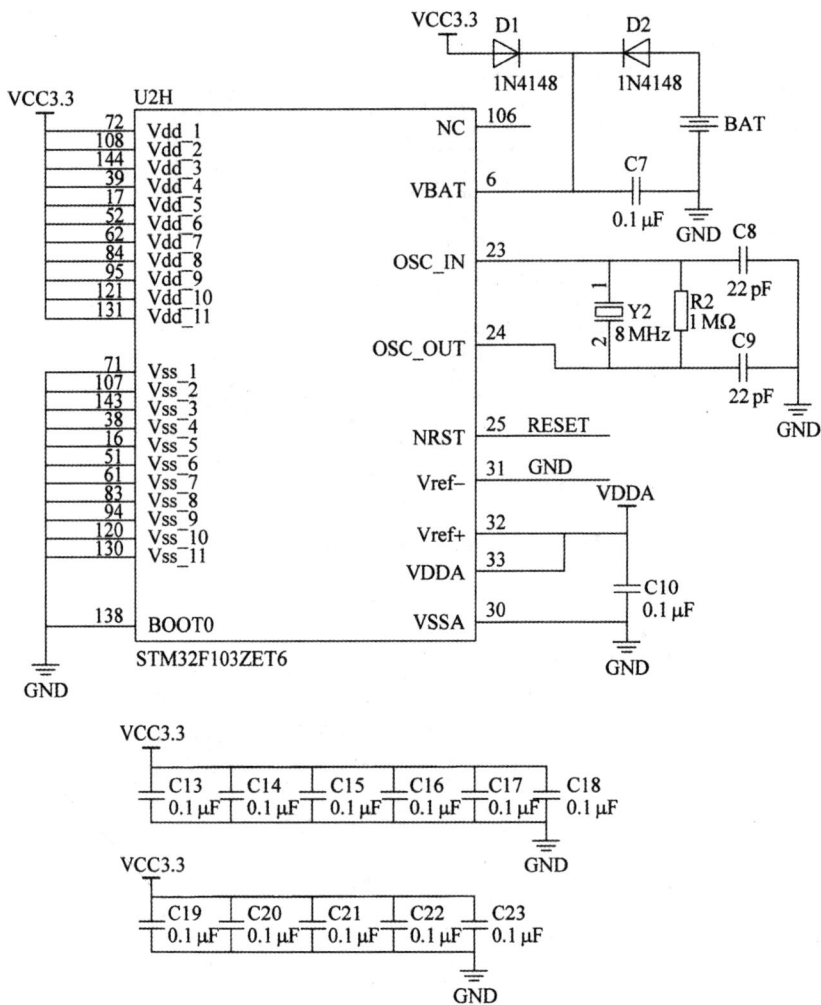

图 4-8　STM32F103ZET6 芯片电源管理部分

　　图 4-1 为 PA 口的连接电路，其中第 36 脚和第 37 脚借助于网络标号 U2_TX 和 U2_RX 分别与第 4.4 节图 4-13 的 SP3232 芯片相连接，用作标准异步串行口的发送与接收数据线，实现与上位机的串口通信功能。图 4-1 中的第 105、109 和 110 脚与图 4-2 中的第 133、134 脚通过网络标号 JTMS、JTCK、JTDI、JTDO、JTRST 与第 4.8 节的图 4-18 相连接，实现在线仿真功能。

　　图 4-2 为 PB 口的连接电路。其中，第 46 脚通过网络标号 LCD_BL 与第 4.7 节的图 4-17 的 LCD4.3 模块的第 23 脚相连，实现 LCD 屏背光亮度的控制；第 47、

48 脚和图 4-6 的第 21、22、49 脚通过网络标号 T_SCK、T_MISO、T_MOSI、T_PEN 和 T_CS 与图 4-17 的 LCD4.3 模块第 34、29、30、31 和 33 脚相连，通过串行数据接口控制触摸屏；第 135 脚通过网络标号 LED0 与第 4.3 节图 4-11 的电路相连接，用于控制 LED0 灯的闪烁；第 136、137 脚通过网格标号 ITC_SCL 和 IIC_SDA 与第 4.5 节的图 4-15 中的 AT24C02 芯片相连接，作为 I2C 总线通信的时钟与数据线路；第 U9 脚的网络标号 BEEP 与图 4-12 相连接，用于控制蜂鸣器；第 73、74、75 和 76 脚的网格标号 F_CS、SPI2_SCK、SPI2_MISO 和 SPI2_MOSI 与图 4-14 中的 Flash 芯片 W25Q128 的第 1、6、2 和 5 脚相连，借助 SH 通信总线实现对 Flash 存储器的数据读 / 写操作。

图 4-3 为 PC 口的连接电路。在图 4-3 中，第 8 和 9 脚外接 32.768 kHz 晶体振荡器，用于为片内实时时钟 RTC 模块提供高精度的时钟信号。

图 4-4 为 PD 口的连接电路。其中，第 85、86、114、115 脚和图 4-5 中的第 58 ～ 67 脚以及图 4-4 中的第 77 ～ 79 脚的网络标号为 FSMC_DO ～ FSMC_D15，它们与图 4-17 中的 LCD4.3 模块的 DBO ～ DB15 相连接，用于访问 LCD 屏的显存数据。同时，也与图 4-20 的 SRAM 芯片的数据总线 I/O0 ～ I/O15 相连，用于读 / 写 SRAM 数据；图 4-6 中的第 10 ～ 15 脚与第 50、53、54、55 脚和图 4-7 中的第 56、57、87、88、89、90 脚以及图 4-4 中的第 80 ～ 82 脚的网络标号依次为 FSMC_A0 ～ FSMC_A18，共 19 根线，连接到图 4-20 的 SRAM 芯片的地址总线 A0 ～ A18 处。其中，FSMC_A10 也连接到图 4-17 的 LCD4.3 模块的 RS 脚，用于 LCD 显示控制；图 4-4 中的第 118、119 脚的网络标号 FSMC_NOE 和 FSMC_NWE 以及图 4-7 中的第 127 脚的网络标号 FSMC_NE4 与图 4-17 中 LCD4.3 模块的第 4、3 和 1 脚相连，用于 LCD 屏显示控制，其中 FSMC_NOE 和 FSMC_NWE 还与图 4-7 中第 125 脚的网络标号 FSMC_NE3、图 4-5 中第 141、142 脚的网络标号 FSMC_NBL0、FSMC_NBL1 连接到图 4-20 的 SRAM 芯片的第 41、17、6、39、40 脚，用于 SRAM 芯片的数据读 / 写控制。

图 4-5 为 PE 口的连接电路。其中，第 4 脚通过网络标号 LED1 与图 4-11 中的 LED1 相连接，用于控制 LED1 灯；第 3、2 和 1 脚通过网络标号 KEY0、KEY1 和 KEY2 与图 4-10 中的 3 个用户按键相连接。

图 4-6 为 PF 口的连接电路，图 4-7 为 PG 口的连接电路。在图 4-7 中，第 126 脚通过网络标号 1WIRE_DQ 与第 4.6 节图 4-16 的温 / 湿度传感器相连接，用于读取温度和湿度值。

图 4-8 为 STM32F103ZET6 电路与时钟管理相关的电路部分。其中，第 17、39、52、62、72、84、95、108、121、131 和 144 脚的 Vdd_x（x=1, 2, …, 11）连接 VCC3.3 网络标号，表示芯片工作在 3.3 V 电压下；第 16、38、51、61、71、83、94、107、120、130 和 143 脚的 Vss_x（x=1, 2, …, 11）与网络标号 GND 相连接，即接地；第 138 脚的 BOOT0 接地，表示从片内 Flash 启动；第 6 脚的 VBAT 是内部 RTC 时钟专用电源供给端，同时连接了 VCC3.3 和电池 BAT，用两个二极管 1N4148 隔离它们，当 STM32F103 电路板掉电时，电池 BAT 通过 VBAT 端口给 RTC 时钟模块提供能量，使电路板的时间和日期正常计时。

在图 4-8 中，第 23 脚和第 24 脚外接了高精度的 8 MHz 晶体振荡器，为整个系统提供时钟源。STM32F103ZET6 片内集成了 8 MHz 的 RC 振荡器，精度可达到 1%，当对振荡频率精度要求不高时，可省略外部晶振电路。

在图 4-8 中，第 106 脚为悬空脚。第 25 脚为外部复位输入脚，通过网络标号 RESET 与第 4.8 节图 4-19 的复位电路相连接。此外，STM32F103ZET6 芯片带有上电复位电路，外部复位电路可以省略。这里的网络标号 RESET 同时与图 4-17 中 IXD4.3 模块的第 5 脚 RST 相连接，用于复位 LCD 屏，同时还与图 4-18 中 JTAG 模块的 RESET 脚相连接，在 JTAG 仿真时，JTAG 模块的 RESET 为输出端。

图 4-8 中的第 32 和 31 脚为片内 ADC 模块的参考电压输入端 Vref+ 和 Vref-，这里 Vref- 接地，而 Vref+ 与模拟电源 VDDA 相连接。VDDA 通过一个 10 C 的电阻与 VCC3.3（电压为 +3.3 V）相连接。第 33 和 30 脚分别为芯片模拟电源（VDDA）和模拟地（VSSA）的输入端，分别与网络标号 VDDA 和 GND 相连。一种推荐的做法是，模拟电源 VDDA 与数字电源 VCC3.3 之间以及模拟地 VSSA 和数字地 GND 之间，分别用滤波电路进行隔离。

图 4-8 中有 11 个 0.1 μF 的滤波电容，这些电容被用在第 17、39、52、62、72、84、95、108、121、131 和 144 脚的 Vdd_x（x=1, 2, …, 11）附近，当制作印刷电路板（PCB）时，每个滤波电路应放置在对应的电源引脚附近，从而起到电源滤波的效果。

本节将 STM32F103ZET6 微控制器的核心电路原理图分成了 8 个子图，即 7 个 GPIO 口对应着 7 个子图，以及 1 个电源和时钟管理相关的电路子图。在图 4-1 ~ 图 4-8 中，使用网络标号与第 4.2 ~ 4.9 节的其他电路模块进行电气连接，从而形成完整的 STM32F103 学习与实验硬件电路原理图。

## 4.2　电源电路与按键电路

STM32F103 实验电路板的外部输入电源电压为 +5 V，网络标号为 VCC5，由图 4-9 中的 K2 接口输入，通过直流电源调压芯片 AMS1117 后输出 +3.3 V 直流电源，网络标号为 VCC3.3，用作整个电路板上的数字电源，经过 10 Ω 的电阻 R42 后的电源用作电路板上的模拟电源，用网络标号 VDDA 表示。在 STM32F103 学习实验电路板上，没有区分数字地和模拟地，均用网络标号 GND 表示，在做印刷电路板时，数字地和模拟地应分开布线和敷铜，最后在一个焊盘处相连接。

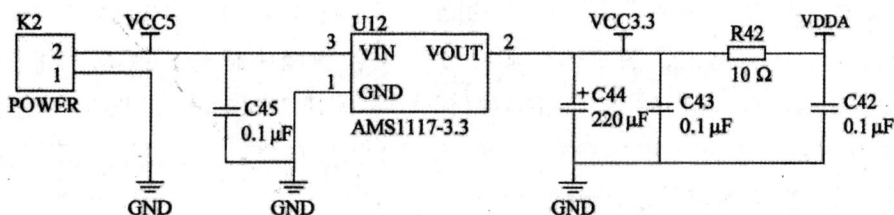

图 4-9　电源电路

图 4-10 为按键电路，按键直接与 STM32F103ZET6 芯片的引脚相连（参看图 4-5），3 个按键均为常开按键，当按键被按下时，输入低电平；当按键弹出后，相应的引脚被内部上拉电路拉高，相当于输入高电平。

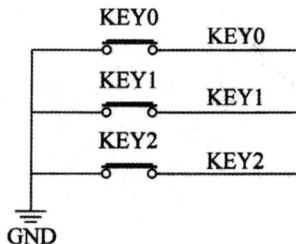

图 4-10　按键电路

按键是最重要的外部输入设备之一，可以通过按键阵列支持更多的按键输入，或者通过扩展 ZLG7289B 芯片，支持高达 64 个按键输入（和 64 个 LED 灯显示）。

## 4.3　LED 与蜂鸣器驱动电路

图 4-11 为 LED 灯驱动电路其中，名称为 PWR 的 LED 灯为电源指示灯，当 +3.3 V 电源工作正常时，该 LED 灯常亮。名称为 DS0 和 DS1 的 2 个 LED 灯为用户控制 LED 灯，直接与 STM32F103ZET6 芯片相连接（参考图 4-2），当网络标号 LED0 连接的引脚为低电平时，LED0 灯亮；当网络标号 LED0 连接的引脚为高电平时，LED0 熄灭。LED1 的工作原理与 LED0 相同，即网终标号 LED1 为低电平时，LED1 灯点亮；当网络标号 LED1 为高电平时，LED1 灯熄灭。

需要特别指出的是，图 4-1 ～ 图 4-11 可视为 STM32F103ZET6 微控制器的最小系统（这时，图 4-1 ～ 图 4-8 中仅包含网络标号 KEY0 ～ KEY2 和 LED0 ～ LED1 以及电源和地相关的网络标号），即 STM32F103ZET6 微控制器的最小系统应包括电源电路、用户按键电路、LED 灯指示电路、复位电路（内部复位）、晶体振荡器电路和相应的核心电路。

图 4-12 为蜂鸣器驱动电路，这里使用了有源蜂鸣器（即内部有振荡器和发声器，只需要施加电源输入就可以固定频率鸣叫），通过网络标号 BEEP 与 STM32F103ZET6 相连（参考图 4-2），当 BEEP 为高电平时，NPN 型三极管 S8050 导通，使蜂鸣器鸣叫；当 BEEP 为低电平时，三极管 S8050 截止，蜂鸣器关闭。

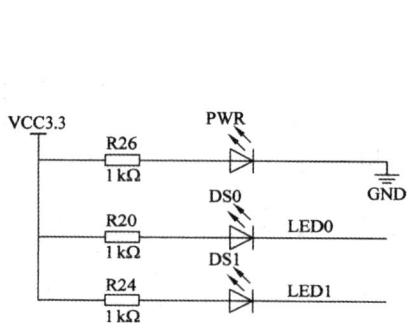

图 4-11　LED 灯电路

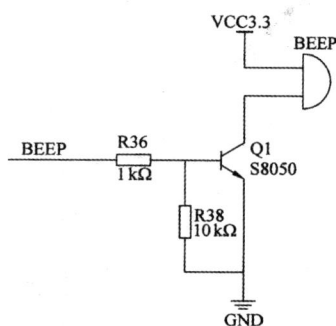

图 4-12 蜂鸣器电路

## 4.4　串口通信电路

在图 4-13 中，通过电平转换芯片 SP3232 实现 STM32F103ZET6 与上位机的串行通信，SP3232 具有两个通道，这里仅使用了通道 1。STM32F103ZET6 微控制器的串口外设通过网络标号 U2_RX 和 U2_TX 按 RS-232 标准与上位机进行异步串行通信。

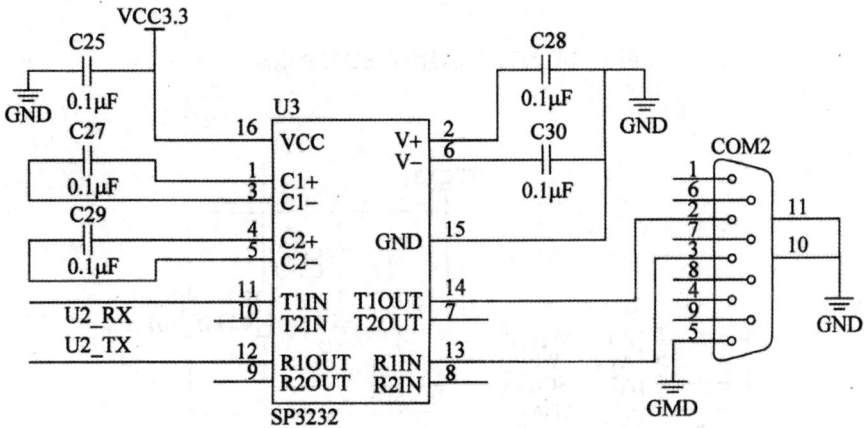

图 4-13　串口通信电路

## 4.5　Flash 与 EEPROM 电路

图 4-14 为 STM32F103ZET6 微控制器外接的 128 MB（即 16 MB）的 Flash 存储器 W25Q128 电路，通过 SPI 方式与芯片 STM32F103ZET6 相连接（参考图 4-2）。图 4-15 为 2 KB（即 256 B）的 EEPROM 存储器 AT24C02 电路，通过 I2C 方式与芯片 STM32F103ZET6 相连接（参考图 4-2）。

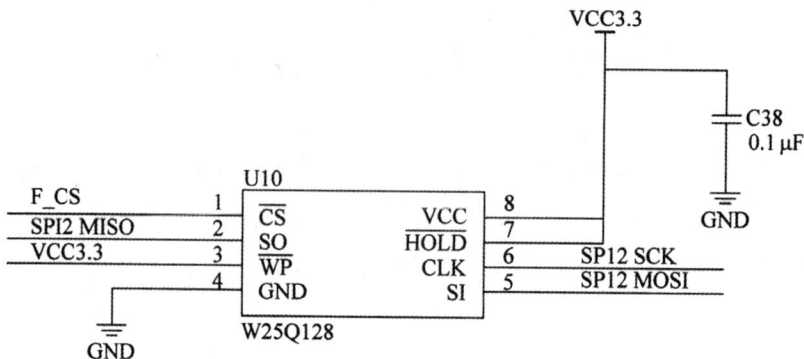

图 4-14 Flash 芯片 W25Q128 电路

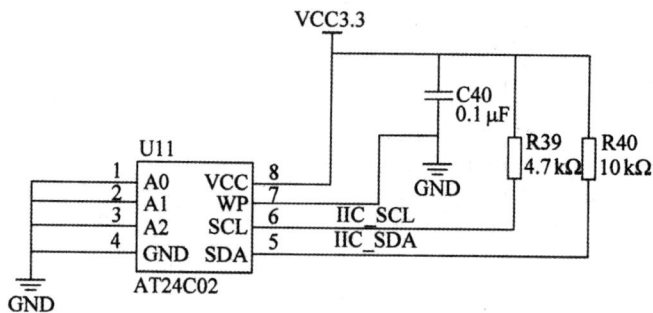

图 4-15 EEPROM 芯片 AT24C02 电路

## 4.6 温/湿度传感器电路

DHT11 为常用的单线读/写式温/湿度传感器，如图 4-16 所示，其通过一根总线 1WIRE_DQ 与 STM32F103ZET6 微控制器相连接（参考图 4-7）。

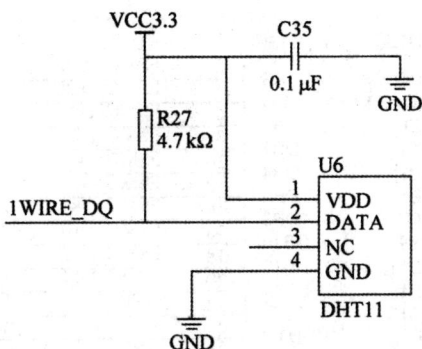

图 4-16　温 / 湿度传感器 DHT11 接口电路

## 4.7　LCD 屏接口电路

图 4-17 为 LCD 屏的接口电路，其端口包括三部分，即数据读 / 写端口、控制端口以及触摸屏数据与控制端口。这里的 LCD 屏是指 LCD 显示模块，LCD 显示模块包括四部分，即 LCD 屏显示部分、LCD 屏驱动部分、LCD 屏控制部分和 LCD 屏显示存储器（简称显存）。对于一些高级微控制器，如基于 Cortex-M3 内核的 LPC1788 芯片，片内集成了 LCD 控制器，它可以直接与 LCD 屏相连接，此时的 LCD 屏只含有 LCD 显示面板和 LCD 驱动器。由于 STM32F103ZET6 中没有集成 LCD 显示控制器，所以它只能连接 LCD 显示模块（简称 LCD 模块）。而图 4-17 的接口是专门针对星翼电子设计的 4.3 寸 TFTLCD 显示模块的接口，其中 LCD_CS 为选通信号输入端，RS 为命令或数据选择输入端，WR 和 RD 为读、写信号输入端，DB15 ~ DB0 为数据输入 / 输出端。

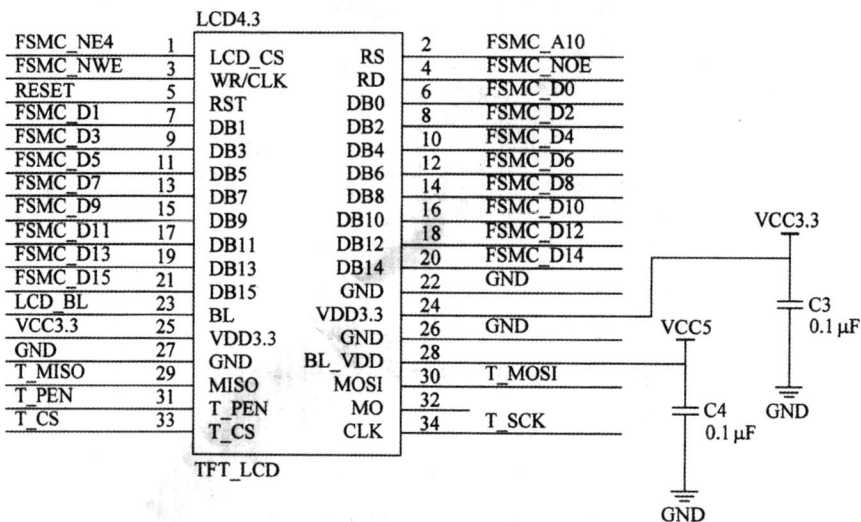

图 4-17　TFTLCD 屏接口电路

在图 4-17 中，MISO、MOSI、T_CS 和 CLK 为触摸屏的数据读入、数据输出、片选和时钟端，T_PEN 是触摸屏的中断输出端。

## 4.8　JTAG 与复位电路

ARM Cortex-M3 内核的全部微控制器芯片，甚至 ARM 系列的全部芯片，都支持 JTAG（或 SW）在线仿真调试，这使学习 ARM Cortex-M3 微控制器只需要一套仿真器（与单片机多种多样的编程与仿真环境不同）。常用的仿真器有 ULINK2 和 J-LINKV8 等，本书使用了 ULINK2 仿真器。图 4-18 为标准的 20 针 JTAG 接口电路，可直接与 ULINK2 仿真器相连接。

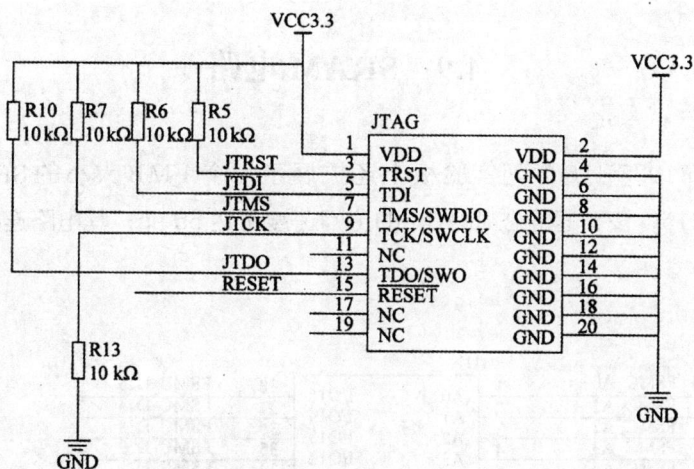

图 4-18　JTAG 接口电路

　　图 4-19 为复位电路,STM32F103ZET6 微控制器为低电平复位芯片,在图 4-19 所示的 RC 电路中, 上电以后, 网络标号 RESET 将由 0 V 逐渐抬升到 3.3 V, 实现 STM32F103ZET6 微控制器复位。实际上, 在 STM32F103ZET6 微控制器内部的 NRST 引脚(参考图 4-8)接上约 40 kΩ 的上拉电阻, 因此图 4-19 中的 R3 可以省略。在图 4-19 中, 由于添加了一个按键 RESET, 因此支持手动复位操作。

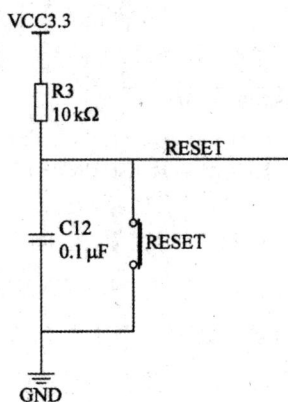

图 4-19　带按键功能的上电复位电路

# 4.9 SRAM 电路

STM32F103ZET6 学习实验板上还扩展了一个 1 MB 大小的 SRAM 存储器 IS62WV51216，该高速静态 SRAM 的访问速度可达 55 ns，其电路连接如图 4-20 所示。

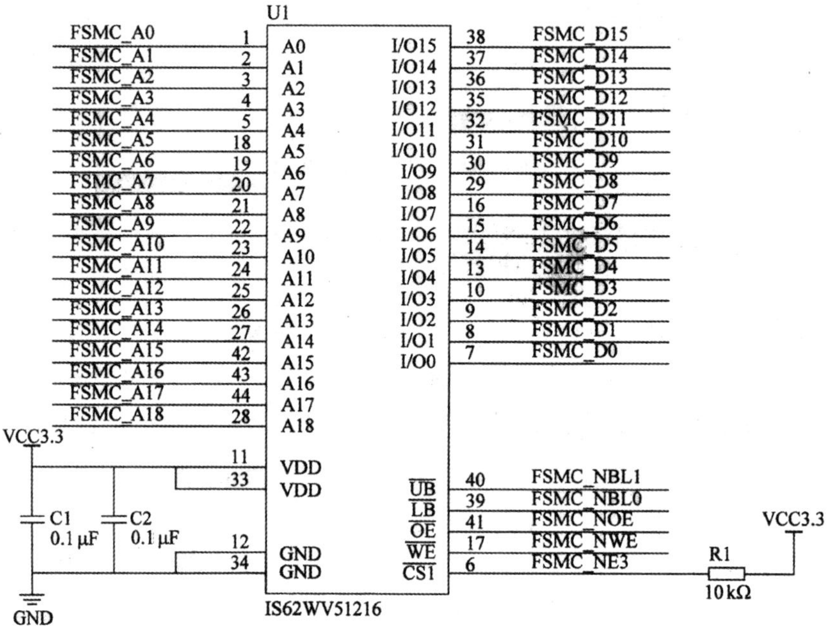

图 4-20 SRAM 芯片 IS62WV51216 电路

如图 4-20 所示，IS62WV51216 芯片的 I/O15 ~ I/O0 为 16 位数据输入 / 输出总线，A18 ~ A0 为 19 根地址输入总线。IS62WV51216 芯片支持半字读 / 写和字节读 / 写方式，读 / 写指令的要求如表 4-1 所示。CS1、OE、WE、UB 和 LB 引脚分别表示片选、输出有效、写入有效、高字节有效和低字节有效输入控制端。

表 4-1　IS62WV51216 芯片读 / 写指令要求

| 序　号 | 方　式 | CS1 | WE | OE | UB | LB | I/O[7：0] | I/O [15：8] |
|---|---|---|---|---|---|---|---|---|
| 1 | 无效 | H | X | X | X | X | 高阻态 | 高阻态 |
| 2 | 无效 | L | H | H | X | X | 高阻态 | 高阻态 |
| 3 | 读低字节 | L | H | L | L | H | 低字节数据 | 高阻态 |
| 4 | 读高字节 | L | H | L | H | L | 高阻态 | 高字节数据 |
| 5 | 读半字 | L | H | L | L | L | 低字节数据 | 高字节数据 |
| 6 | 写低字节 | L | L | X | L | H | 低字节数据 | 高阻态 |
| 7 | 写高字节 | L | L | X | H | L | 高阻态 | 高字节数据 |
| 8 | 写半字 | L | L | X | L | L | 低字节数据 | 高字节数据 |

注：H、L 分别表示高、低电平，X 表示任意电平。

# 第 5 章　GPIO 原理及应用

## 5.1　认识 STM32 GPIO

GPIO（General-Purpose Input Output ports，通用 IO 口）是嵌入式系统中最常用的外部接口。在众多的微控制器中，除了小部分 IO 口仅仅具有输入或者输出功能之外，其他的大部分 IO 口都是复用 IO 口，可以通过编程设置为第一功能的输入、输出或者第二功能，并且这些 GPIO 都可以通过编程或高阻、上拉、下拉、非上拉输出等多种模式。因此，也有一些微控制器把 GPIO 称为"Gereral Programmable Input Output"，即通用可编程 IO 口。

### 5.1.1　GPIO 功能特点

每一个 GPIO 都配有 2 个 32 位的配置寄存器、2 个 32 位的数据寄存器、1 个 32 位的置位或复位寄存器、1 个 16 位的复位寄存器、1 个 32 位的锁定寄存器。寄存器名称和对应的功能如表 5-1 所示。

表 5-1　GPIO 寄存器功能

| 寄存器名称 | 寄存器功能 |
| --- | --- |
| GPIOx_CRL（低位）、GPIOx_CRH（高位） | 寄存器配置功能 |
| GPIOx_BDR、GPIOx_ODR | 数据寄存器 |
| GPIOx_BSRR | 寄存器置位或复位功能 |
| GPIOx_BRR | 寄存器复位功能 |
| GPIOx_LCKR | 寄存器锁存功能 |

GPIO 的每一个端口位都可以由软件独立配置，并且自由编程，一般都按照 32 位的寄存器来操作。GPIOx_BSRR 和 GPIOx_BRR 寄存器允许按位的方式读取或者修改任何一个 GPIO 寄存器。这样，在读取或者修改访问之间产生 IRQ 时就不会发生危险，因此 IO 操作具有很好的安全性和可靠性，这也是其他很多同类 MCU 所没有的特点。GPIO 可以配置成多种模式，比同类 MCU 的 GPIO 功能更多、更强，具体如表 5-2 所示。

表 5-2　GPIO 工作模式

| GPIO 模式 | 说　明 |
| --- | --- |
| 输入浮空 | 输入 |
| 输入上拉 | 输入 |
| 输入下拉 | 输入 |
| 模拟输入 | 输入 |
| 开漏输出 | 输出（此模式下为真正的双向 IO 口） |
| 推挽输出 | 输出 |
| 推挽式复用功能 | 由复用功能决定 |
| 开漏复用功能 | |

## 5.1.2　STM32 IO 口的优点

1.GPIO 的优点

（1）兼容性强

所有 I/O 口兼容 CMOS 和 TTL，多数 I/O 口兼容 5 V 电平（除了带有模拟输入功能的 IO 口之外，因为模拟输入最大能承受 3.6 V 电平信号）。5 V 兼容 I/O 端口位的基本结构如图 5-1 所示。$V_{DD\_FT}$ 对 5 V 兼容 I/O 脚是特殊的，它与 $V_{DD}$ 不同。

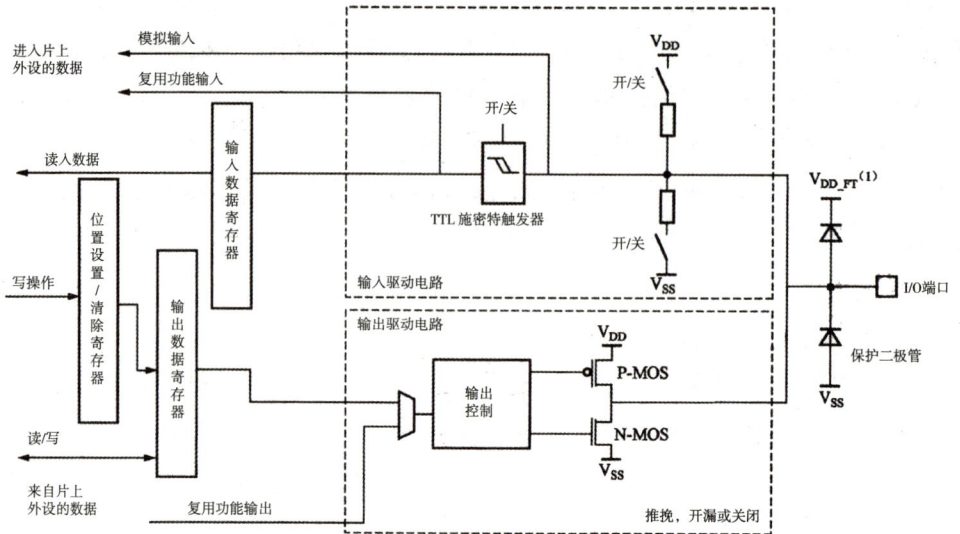

图 5-1　GPIO5 伏兼容的内容结构

（2）速度可选

I/O 口的输出模式下，有 3 种输出速度可选（2 MHz、10 MHz 和 50 MHz），在速度要求不严格的情况下，降低速度可以达到低功耗设计，从而进一步降低噪声干扰。

（3）内部上拉或者下拉功能

所有的 GPIO 引脚都有一个内部弱上拉或者弱下拉功能，当配置成输入时，可以激活，也可以不激活。

（4）外部中断源灵活

每个 GPIO 都可以作为外部中断的输入（同时最多只能有 16 路），但必须配置成输入模式。

（5）驱动能力强

GPIO 最大可以吸收 25 mA 电流，但是总吸收电流不能超过 150 mA。

（6）独立唤醒功能

具有独立的唤醒 I/O 口。

（7）重映射功能

很多 I/O 口的复用功能可以重新映射，STM32 上很多引脚功能可以重新映射。

（8）锁存功能

GPIO 口的配置具有上锁功能，当配置好 GPIO 后，可以通过程序锁住配置组合，直到下次芯片复位才能解锁。避免在意外情况下对 IO 寄存器的误写操作，即使程序跑飞，其他 IO 或者外设不会受到影响。

（9）真正双向功能

输出模式下输入寄存器依然有效，在开漏配置模式下实现真正的双向 I/O 功能。

（10）高速翻转能力

GPIO 拥有 18 MHz 的翻转速度，就是往 IO 口上写 "0" 或者写 "1" 的速度可以达到 18 MHz。

（11）拥有唤醒专用引脚

一个从待机模式中唤醒的专用引脚 PA00。

（12）拥有防入侵引脚

一个防入侵引脚 PC13。

2.AFIO 的优点

AFIO（Alternate Function，复用功能）属于一种外设功能，因此在使用 AFIO 前都需要像操作其他外设一样，需要先打开 AFIO 的时钟。AFIO 具有以下功能：

（1）事件输出信号产生功能

使用 SEV 指令产生脉冲，可以将 MCU 从待机模式中唤醒。此外，每一个 GPIO 都可以用作事件输出。

（2）GPIO 软件重映射功能

通过引脚复用功能，可以将具有复用功能的 IO 口映射到其他 IO 口，从而优化电路布线。这个重映射是固定对应的，不能随便映射。

所有的 SWJ-DP 调试的 IO 口都可以用作 GPIO。

（3）外部中断线的设置功能

每一个外部中断与所有 GPIO 共享，因此 16 路外部中断线都可以任意重映射在 GPIO 的任意引脚上。

## 5.2　KEY_LED 程序

### 5.2.1　创建 stm32_C++KEY_LED 项目

创建 stm32_C++HelloWord 项目，增加对两个按键的支持，当按下第一个按键时，LED1 闪烁的速度变快，当按下第二个按键时，LED1 闪烁的速度变慢。放开按钮后，LED 闪烁恢复正常。

1. 利用 Obtain_Studio 模版建立一个新项目

选择 Obtain_Studio 菜单"文件"→"新建"→"新建项目"，打开新建项目对话框，或在 Obtain_Studio 主界面左边的项目资源管理器单击鼠标右键新建项目菜单，进入新建项目对话框。在项目类别下拉类别中选择"ARM 项目"→"STM32 项目"，在右边的模版列表框中选择"stm32_C++KEY_LED 模板"，创建一个名为 stm32_C++KEY_LED 的工程，项目保存路径采用默认的路径，即 Obtain_Studio 目录下的 WorkDir 子目录。

单击"确定"之后，即从"stm32_C++KEY_LED 模板"中生成了一个新的 STM32 项目，在所生成的项目中包含了 Key、Led 相关的一些初始化以及做演示的完整源代码。

2. stm32_C++KEY_LED 项目文件结构

从 Obtain_Studio 主界面左边的项目资源管理器栏可以看出项目的文件结构，如图 5-2 所示。

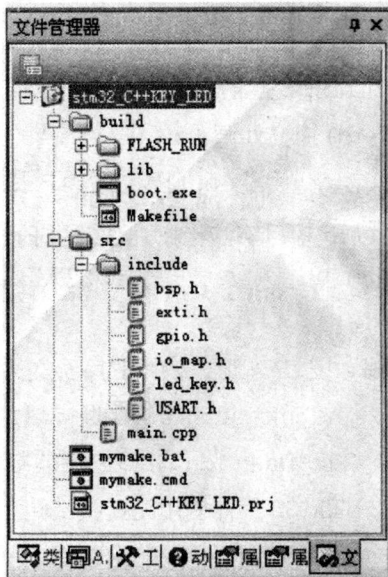

图 5-2　stm32_C++KEY_LED 项目的文件结构

文件说明如下：

（1）主目录。

① Buid 子目录：用于生成编译文件。

② Src 子目录：用于保存源代码。

③ stm32_C++KEY_LED.prj：项目配置文件。

④ mymake.bat 和 mymake.cmd：Obtain_Studio 编译批处理文件。

（2）Buid 子目录。

① FLASH_RUN 子目录：保存编译生成的目标文件，包括编译生成的用于下载到开发板上的程序文件 BIN 文件、ELF 文件、HEX 文件等。

② Lib 子目录：包括 STM32 的库文件，以及一些通用的项目程序文件。

③ boot.exe 文件：STM32 的 ISP 下载程序，可以在 Obtain_Studio 的编译批处理文件 mymake.bat 中调用来下载编译好的程序。

④ Makefile 文件：GCC 编译器用的 makefile 文件。

（3）src 子目录。

① main.cpp：项目的主程序文件，从扩展名 cpp 可以看出这个是一个 C++文件。

② include 子目录：项目常用头文件。

（4）Buid/lib 子目录。

① CMSIS 子目录：Cortex 微控制器软件接口标准 (Cortex Microcontroller Software Interface Standard) 库文件源。

② Obj 子目录：STM32 固件的 obj 目标文件，即 CMSIS 和 STM32F10x_StdPeriph_Driver 源程序的编译后目标文件。

③ STM32F1Ox_StdPeriph_Driver 子目录：STM32F1Ox 微处理器外设驱动库文件源程序。

④ lib.h：把 STM32 固件按 C++ 形式使用的库头文件。

⑤ startup_stm32fl0x_md_mthomas.c：中断向量定义程序。

⑥ STM32F10x_128k_20k_flash.1d：GNU−1d 链接脚本文件。

⑦ stm32fl0x_conf.h：STM32 固件引用配置头文件。

⑧ syscalls.c：包括一些与系统调用相关的函数的实现。

（5）src/include 子目录。

① bsp.h：与系统板相关的配置类文件，包括时钟配置函数和中断向量配置函数等。

② gpio.h：GPIO 操作类文件。

③ io_map.h：IO 口映射文件。

④ led_key.h：LED 和 KEY 操作类文件。

3. 编译与下载

选择 Obtain_Studio 菜单"生成"→"编译"来编译项目，从 Obtain_Studio 下边的输出栏可以看到编译完成情况。

如果安装了 Sourcery G++ Lite for ARM EABI 并已经设置了环境变量，也可以用命令的方式进行编译，鼠标双击项目主目录下 mymake.bat 文件即可。

编译完成后生成 hex 和 bin 两种文件，根据下载软件的需要选择其中一种来下载。下载完成后运行，可以看到 STM32 板上的 LED 灯闪烁。

## 5.2.2　stm32_C++KEY_LED 项目程序分析

1. 主程序

主程序存放在 main.cpp 文件中，代码如下：

```
#include "include/bsp.h"
```

```
#include "include/led_key.h"
int main()
{
    CBsp bsp;                              /* 创建板配置类 CBsp 的对象 bsp*/
    bsp.Init();                             /* 初始化 bsp */
    CLed led1(LED1);                        /* 创建一个 LED 类 CLed 的对象 led1*/
    while(1)
    {
        bsp.delay(2000);                    /* 延时 */
        led1.isOn() ?  led1.Off():led1.On();  /* 点亮 / 灭 led1*/
    }
    return 0;
}
```

说明：main.cpp 文件主要包括一个 main 函数。先创建板配置类 CBsp 的对象 bsp，并调用其成员函数 Init，完成对板的时钟配置和 NVIC 配置功能，接着创建一个 LED 类 CLed 的对象 ledl，对应于第 1 个 LED 灯，然后通过一个无限循环实现 LED 的闪烁功能，闪烁的速度调用 delay 函数来延时实现，LED 的亮、灭通过调用 CLed 类的 Off( ) 和 On( ) 两个成员函数来实现。

2. 端口映射

stm32_C++KEY_LED 例子所用到的端口映射都存放在 io_map.h 头文件里，代码如下：

```
#define LED1 PORT_F,PIN_6
#define LED2 PORT_F,PIN_7
#define LED3 PORT_F,PIN_8
#define LED4 PORT_F,PIN_9
#define LED5 PORT_F,PIN_10

#define KEY1 PORT_A,PIN_8,GPIO_Mode_IN_FLOATING
#define KEY2 PORT_D,PIN_3,GPIO_Mode_IN_FLOATING
```

说明：5 个 LED 分别连接到了 GPIOF 端口的 6 ~ 10 引脚上，KEYl 连接到 PORT_A 端口的第 8 引脚上，KEY2 连接到 PORT_D 端口的第 3 引脚上。由于

LED 类构造函数中引脚模式有一个默认的设置，默认设置为输出模式 GPIO_Mode_
Out_PP，默认速度为 GPIO_Speed_50 MHz，因此这里的宏定义就不用写上模式和
速度类型。CKey 类也有默认的输入模式 GPIO_Mode_IN_FLOATING，因此上面
的宏定义如果不写输入模式也可以，当然写出来也没错。

　　不同的开发板，只要根据具体情况修改上面的端口映射即可，不需要修改程序中
的其他代码。

　　端口号和引脚号都是枚举定义，代码如下：

　　enum PORT{PORT_A=0,PORT_B=1,PORT_C=2,PORT_D=3,PORT_
E=4,PORT_F=5,PORT_G=6,};

　　enum PIN{ PIN_0=0,PIN_1=1,PIN_2=2,PIN_3=3,PIN_4=4,PIN_5,PIN_6,
　　　　PIN_7,PIN_8,PIN_9,PIN_10,PIN_11,PIN_12,PIN_13,PIN_14,PIN_15,};

　　3.BSP 类

　　BSP（Board Support Packet）是指板级支持包，主要是为了支持操作系统，
使之能够更好地运行于硬件主板。一定要按照该系统 BSP 的定义形式来写。这样才
能与上层 OS 保持正确的接口，更好地支持上层 OS。

　　CBsp 是一个板级的操作类，提供板级相关的配置与操作功能。CBsp 类的声明
如下：

```
class CBsp
{
  Public:
    virtual void RCC_Configuration（void）;
    virtual void NVIC_Configuration（void）;
    virtual void Init(void);
    void UnableJTAG(void);
    virtual void delay(vu32 time);
};
```

　　4. GPIO 类

　　为了实现 STM32 GPIO 接口的归类和封装，可以创建一个 CGpio 类，这样既
可以把 GPIO 接口的操作过程进行统一与减化，又可以配置参数以类对象的形式保存
与使用，方便配置数据的保存与转递。GPIO 类的实现代码如下：

```cpp
class CGpio
{
    unsigend short Pin;
    GPIO_TypeDef* Gpio;
    GPIOMode_TypeDef Mode;
public:
    CGpio(PORT por,PIN pin,GPIOMode_TypeDef mode=GPIO_Mode_ Out_pp,
          GPIOSpeed_TypeDef speed=GPIO_Speed_50MHz):Mode(mode);
    virtual void setBit(bool BitVal);
    virtual bool getBit();
};
```

5.GPIO 接口的配置

GPIO 接口的配置在 CGpio 的构造函数中完成，包括了 GPIO 时钟使能，以及引脚号、模式和速度的配置。在 GPIO 接口配置函数中，GPIO_TypeDef 类型的端口地址（Gpio)不是直接由参数给定，而是使用端口的序号来计算出端口寄存器的基地址。这里也可以改为由函数参数给定，减小计算工作，但需要多增加一个参数。

GPIO 接口配置函数的实现代码如下：

```cpp
CGpio::CGpio (PORT  por,PIN  pin,GPIOMode_TypeDef  mode=GPIO_Mode_
Out_pp,GPIOSpeed_TypeDef speed=GPIO_Speed_50 MHz):Mode(mode)
{
        Pin=(unsigned short)((unsigned short)1<<pin);
        uint32_t data=(uint32_t)(uint32_t(2+por))<<10;
        Gpio=(GPIO_TypeDef *)((uint32_t)APB2PERIPH_BASE + (uint32_t)
data);

        RCC_APB2PeriphClockCmd((unsigned short)((unsigned short)1
                            <<(por+2)),ENABLE);
        GPIO_InitTypeDef GPIO_InitStructure;
        GPIO_InitStructure.GPIO_Pin =Pin;
        GPIO_InitStructure.GPIO_Speed = speed;
        GPIO_InitStructure.GPIO_Mode = mode;
```

```
    GPIO_Init(Gpio,&GPIO_InitStructure);
}
```

6. GPIO 接口的写入与读取

GPIO 接口写入由 CGpio 类的成员函数 setBit 实现，读取由 CGpio 类的成员函数 getBit 实现。在读取数据时，分为读取输出寄存器的数据和输入寄存器两种情况，这两种情况根据设置的模式来决定。这里也可以把读取数据的函数分解成两个函数，一个用于读取输出寄存器，另一个用于读取输入寄存器，这样更加灵活，但需要多加一个函数。

GPIO 接口写入与读取代码如下：

```
void CGpio::setBit(bool BitVal)
{
    //if(Mode==GPIO_Mode_Out_OD || Mode==GPIO_Mode_Out_PP)
    ::GPIO_WriteBit(Gpio,Pin,(BitAction)BitVal );
}
bool CGpio::getBit ( )
{
    if(Mode==GPIO_Mode_Out_OD || Mode==GPIO_Mode_Out_PP)
    return bool(::GPIO_ReadOutputDataBit(Gpio, Pin));
    else
    return bool(::GPIO_ReadInputDataBit(Gpio,Pin));
}
```

7. CLed 类

CLed 类派生于 GPIO 类 CGpio，用于操作 LED 的显示，实现亮和灭两个动作。CLed 其实并没有增加什么功能，只是把 GPIO 接口的操作进行封装。

CLed 类代码如下：

```
class CLed:public CGpio
{
public:
    CLed(PORT por,PIN pin,GPIOMode_TypeDef mode=GPIO_Mode_Out_PP,
        GPIOSpeed_ TypeDef speed=GPIO_Speed_50 MHz):
        CGpio(por,pin,mode,speed){}
```

```
void On(){setBit(0);}
void Off（）{setBit（1）:}
bool isOn（）{return !getBit（）;}
};
```

8. CKey 类

CKey 类派生于 CGpio 类，用于配置和读取 KEY 状态。CKey 类代码如下：

```
class CKey:public CGpio
{
public:
    CKey(PORT por,PIN pin,GPIOMode_TypeDef mode=GPIO_Mode_
IN_FLOATING,
    GPIOSpeed_TypeDef speed=GPIO_Speed_50 MHz):
    CGpio(por,pin,mode,speed){ }
    bool isUp(){return (getBit()==1)?true:false;}
    bool isDown(){return (getBit()==0)?true:false; }
s};
```

# 5.3　低层代码分析

## 5.3.1　GPIO 端口的定义

1. GPIO_TypeDef 结构

GPIO_TypeDef 结构是 GPIO 端口寄存器的一个汇总，把端口配置寄存器、输入数据寄存器、输出数据寄存器、端口位设置/清除寄存器、端口位清除寄存器、端口配置锁定寄存器等分别对应 GPIO_TypeDef 中的变量，这样可以很方便地通过 GPIO_TypeDef 结构对象来操作 GPIO 端口寄存器。

GPIO_TypeDef 结构定义如下：

```
typedef struct
{
  __IO uint32_t CRL;        // 端口配置低寄存器
  __IO unit32_t CRH;        // 端口配置高寄存器

  __IO unit32_t IDR;        // 端口输入数据寄存器
  __IO unit32_t ODR;        // 端口输出数据寄存器
  __IO unit32_t BSRR;       // 端口位设置寄存器
  __IO unit32_t BRR;        // 端口位清除寄存器
  __IO unit32_t LCKR;       // 端口配置锁定寄存器
} GPIO TypeDef:
```

GPIO_TypeDef 结构的功能如下：

（1）端口配置低寄存器（GPIOx_CRL)（x=A……E)，偏移地址：0x00，复位值：0x44444444。

（2）端口配置高寄存器（GPIOx_CRH）（x=A……E），偏移地址：0x04，复位值：0x44444444。

（3）端口输入数据寄存器（GPIOx_JDR）（x=A……E），地址偏移：0x08，复位值：0x0000XXXX。

（4）端口输出数据寄存器（GPIOx_ODR）（x=A……E），地址偏移：0Ch，复位值：00000000h。

（5）端口位设置 / 清除寄存器（GPIOx_BSRR）（x=A……E），地址偏移：0x10，复位值：0x00000000。

（6）端口位清除寄存器（GPIOx_BRR）（x=A……E），地址偏移：0x14。复位值：0x00000000。

（7）端口配置锁定寄存器（GPIOx_LCKR）（x=A……E），当执行正确的写序列设置了位 16（LCKK）时，该寄存器用来锁定端口位的配置，位 [15:0] 用于锁定 GPIO 端口的配置，在规定的写入操作期间，不能改变 LCKP[15:0]，当对相应的端口位执行了 LOCK 序列后，在下次系统复位之前将不能再更改端口位的配置，每个锁定位锁定控制寄存器（CRL，CRH）中相应的 4 个位。地址偏移：0x18。复位值：0x00000000。

2. GPIO 端口的地址与计算

STM32 的 GPIO 端口地址分为 GPIOA、GPIOB、GPIOC、GPIOD、GPIOE、GPIOF 和 GPIOG，其宏定义如下：

| | |
|---|---|
| #define GPIOA | ((GPIO_TypeDef*)GPIOA_BASE) |
| #define GPIOB | ((GPIO_TypeDef*)GPIOB_BASE) |
| #define GPIOC | ((GPIO_TypeDef*)GPIOC_BASE) |
| #define GPIOD | ((GPIO_TypeDef*)GPIOD_BASE) |
| #define GPIOE | ((GPIO_TypeDef*)GPIOE_BASE) |
| #define GPIOF | ((GPIO_TypeDef*)GPIOF_BASE) |
| #define GPIOG | ((GPIO_TypeDef*)GPIOG_BASE) |

GPIOA_BASE 到 GPIOG_BASE 的宏定义是在 APB2PERIPH_BASE 的基础上加一个偏移量，例如：

| | |
|---|---|
| #define GPIOA_BASE | (APB2PERIPH_BASE + 0x0800) |
| #define GPIOB_BASE | (APB2PERIPH_BASE + 0x0C00) |
| #define GPIOC_BASE | (APB2PERIPH_BASE + 0x1000) |
| #define GPIOD_BASE | (APB2PERIPH_BASE + 0x1400) |
| #define GPIOE_BASE | (APB2PERIPH_BASE + 0x1800) |
| #define GPIOF_BASE | (APB2PERIPH_BASE + 0x1C00) |
| #define GPIOG_BASE | (APB2PERIPH_BASE + 0x2000) |

如果 por 代表的是端口号，其他值分别是 PORT_A 到 PORT_G，即声明：

enum PORT{PORT_A=0,PORT_B,PORT_C,PORT_D,PORT_E,PORT_F,PORT_G,};

这样端口地址的偏移量为

uint32_t data=(uint32_t) (uint32_t(2+ por))<<10;

最终端口地址可以表示为

Gpio=(GPIO_TypeDef *)((uint32_t)APB2PERIPH_BASE + (uint32_t)data);

## 5.3.2　GPIO 引脚的配置

GPIO 引脚的配置方法如下：

GPIO_InitTypeDef GPIO_InitStructure;

GPIO_IniStructure.GPIO_Pin=Pin;

GPIO_IniStructure.GPIO_Speed=speed;

GPIO_IniStructure.GPIO_Mode = mode;

GPIO_Init（Gpio,&GPIO_InitStructure）;

1. GPIO_InitTypeDef 结构

在配置函数中，通过 GPIO_InitTypeDef 结构来给指定的 GPIO 引脚进行配置。GPIO_InitTypeDef 结构定义如下：

```
typedef struct
{
  uint16_t GPIO_Pin;                    // 指定的 GPIO 引脚进行配置
  GPIOSpeed_TypeDef GPIO_Speed;         // 指定所选取的引脚速度
  GPIOMode_TypeDef GPIO_Mode;           // 指定所选取的引脚的操作模式
}GPIO_InitTypeDef;
```

参数 GPIO_Pin 指定引脚，这个参数可以是任何一个 GPIO_pins_defme 值。参数 GPIO_Speed 指定所选取的引脚速度，这个参数可以是一个 GPIOSpeed_TypeDef 参考值。参数 GPIO_Mode 指定所选取的引脚的操作模式，这个参数可以是一个 GPIOMode_TypeDef 参考值。

2. 引脚号定义

STM32 中用寄存器的某一位来代表一个引脚，在固件中用 GPIO_Pin_1 到 GPIO_Pin_16 宏定义表示。为了方便进行函数参数传递，CGpio 类中采用枚举来表示引脚，每个端口有 16 个引脚号，可以用 PIN_1 ～ PIN_16 来表示，对象的值为 1 ～ 16，通过一个枚举声明实现：

```
enum PIN{  PIN_1=0,PIN_1=1,PIN_2=2,PIN_3=3,PIN_4=4,PIN_5,PIN_6,
PIN_7,PIN_8,PIN_9,PIN_10,PIN_11,PIN_12,PIN_13,PIN_14,PIN_15,};
```

这样，引脚可以用移位来表示为

Pin=(unsigned short)((unsigned short)1<<pin;

3. 引脚的模式与速度设置

引脚的模式与速度设置通过两个寄存器来实现，分别是端口配置低寄存器（GPIOx_CRL）（x=A……E）和端口配置高寄存器（GPIOx_CRH）（x=A……E），以低寄存器为例，其结构如图 5-3 所示。

| 31 | 30 | 29 | 28 | 27 | 26 | 25 | 24 | 23 | 22 | 21 | 20 | 19 | 18 | 17 | 16 |
|---|---|---|---|---|---|---|---|---|---|---|---|---|---|---|---|
| CNF7 [1:0] | | MODE7 [1:0] | | CNF6 [1:0] | | MODE6 [1:0] | | CNF5 [1:0] | | MODE5 [1:0] | | CNF4 [1:0] | | MODE4 [1:0] | |
| rw | rw | rw | rw | rw | rw | rw | rw | rw | rw | rw | rw | rw | rw | rw | rw |

| 15 | 14 | 13 | 12 | 21 | 10 | 9 | 8 | 7 | 6 | 5 | 4 | 3 | 2 | 1 | 0 |
|---|---|---|---|---|---|---|---|---|---|---|---|---|---|---|---|
| CNF3 [1:0] | | MODE3 [1:0] | | CNF2 [1:0] | | MODE2 [1:0] | | CNF1 [1:0] | | MODE1 [1:0] | | CNF0 [1:0] | | MODE0 [1:0] | |

图 5-3　引脚的模式与速度设置

低寄存器用于低 8 个引脚的模式与速度设置，设置方法如表 5-3 所示。

表 5-3　低寄存器用于低 8 个引脚的模式与速度设置

| 位 | 说　明 |
|---|---|
| 31:30 | CNFy[1:0]: 端口 x 配置位（y=0······7），软件通过这些位配置相应的 I/O 端口。 |
| 27:26 | 在输入模式（MODE[1:0]=00）： |
| 23:22 | 00: 模拟输入模式；<br>01: 浮空输入模式复位后的状态； |
| 19:18 | 10: 上拉下拉输入模式；<br>11: 保留 |
| 15:14 | 在输出模式（MODE[1:0]>00）： |
| 11:10 | 00: 通用推挽输出模式； |
| 7:6 | 01: 通用开漏输出模式；<br>10: 复用功能推挽输出模式； |
| 3:2 | 11: 复用功能开漏输出模式 |
| 29:28 | |
| 25:24 | |
| 21:20 | MODEy[1:0]: 端口 x 的模式位（y=0······7），软件通过这些位配置相应的 I/O 端口。 |
| 17:16 | 00: 输入赋（复位后的状态）；<br>01: 输出模式，最大速度 10 MHz; |
| 13:12 | 10: 输出模式，最大速度 2 MHz; |
| 9:8 | 11: 输出模式，最大速度 50 MHz |
| 5:4 | |
| 1:0 | |

117

**4. 引脚模式枚举**

引脚模式枚举中列出了常见的输入输出模式，如下所示：

```
typedef enum
{ GPIO_Mode_AIN = 0x0,                    // 模拟输入
  GPIO_Mode_IN_FLOATING = 0x04,           // 悬空输入
  GPIO_Mode_IPD = 0x28,                   // 下拉输入
  GPIO_Mode_IPU = 0x48,                   // 上拉输入
  GPIO_Mode_Out_OD = 0x14,                // 开漏输出
  GPIO_Mode_Out_PP = 0x10,                // 推挽输出
  GPIO_Mode_AF_OD = 0x1C,                 // 开漏复用
  GPIO_Mode_AF_PP = 0x18                  // 推挽复用
}GPIOMode_TypeDef;
```

**5. 引脚速度枚举**

引脚速度是指 I/O 口驱动电路的响应速度而不是输出信号的速度，输出信号的速度与程序有关（芯片内部在 I/O 口的输出部分安排了多个响应速度不同的输出驱动电路，可以根据需要选择合适的驱动电路）。通过选择速度来选择不同的输出驱动模块，达到最佳的噪声控制和降低功耗的目的。高频的驱动电路噪声也高，当不需要高的输出频率时，可选用低频驱动电路，这样非常有利于提高系统的 EMI 性能。当然，如果要输出较高频率的信号，但选用了较低频率的驱动模块，就很可能会得到失真的输出信号。

```
typedef enum
{
  GPIO_Speed_10 MHz = 1,
  GPIO_Speed_2 MHz,
  GPIO_Speed_50 MHz
}GPIOSpeed_TypeDef;
```

### 5.3.3 GPIO 的读写

**1. GPIO 的写入**

GPIO 的写入由函数 GPIO_WriteBit 实现，该函数在固件中的定义如下：

```
void GPIO_WriteBit(GPIO_TypeDef* GPIOx, uint16_t GPIO_Pin
```

```
                    ,BitAction BitVal)
{
  if (BitVal != Bit_RESET) GPIOx->BSRR = GPIO_Pin;
  else GPIOx->BRR = GPIO_Pin;
}
```

说明：参数 GPIOx 是端口号，可以是 GPIOA 到 GPIOF；参数 GPIO_Pin_x 是引脚号，可以是 GPIO_Pin_0 到 GPIO_Pin_15，也可以写成移位的形式，即（1 ~ n，n 是 0 ~ 15 的整数）；BitVal 是设置引脚值，可以是 Bit_RESET 和 Bit_SET 之中的一个。Bit_RESET 和 Bit_SET 是枚举类型，Bit_RESET=0，Bit_SET=1，定义如下：

```
typedef enum
{   Bit_RESET = 0,
    Bit_SET
}BitAction;
```

2. GPIO 的读取

（1）GPIO_ReadOutputDataBit 函数用于读取输出引脚的状态，该函数在固件中的定义如下：

```
uint8_t GPIO_ReadOutputDataBit(GPIO_TypeDef* GPIOx,uint16_t GPIO_Pin)
{
  uint8_t bitstatus = 0x00;
  if ((GPIOx->ODR & GPIO_Pin)!= ( uint32_t ) Bit_RESET) bitstatus = (uint8_t)Bit_SET;
  else bitstatus = ( uint8_t ) Bit_RESET;
return bitstatus;
}
```

说明：参数 GPIOx 是端口号，可以是 GPIOA 到 GPIOF；参数 GPIO_Pin_x 是引脚号，可以是 GPIO_Pin_0 到 GPIO_Pin_15，也可以写成移位的形式，即（1 ~ n,n 是 0 ~ 15 的整数）；返回的值可以是 Bit_RESET 和 Bit_SET 之中的一个，即 0 或 1。

（2）GPIO_ReadInputDataBit 函数用于读取输入引脚的状态，该函数在固件

中的定义如下:

uint8_t GPIO_ReadInputDataBit(GPIO_TypeDef* GPIOx, uint16_t GPIO_Pin)

{

uint8_t bitstatus = 0x00;

if ((GPIOx->IDR&GPIO_Pin)!= (uint32_t)Bit_RESET) bitstatus = (uint8_t)Bit_SET;

else bitstatus = ( uint8_t ) Bit_RESET;

return bitstatus;

}

参数与 GPIO_ReadOutputDataBit 函数相同。

# 第6章 DMA 原理及应用

## 6.1 DMA 在 ADC 中的应用

### 6.1.1 任务转移策略的 DMA ADC 应用实例

1. 主程序

因为所有规则通道的转换值都储存在一个相同的数据寄存器中，所以当转换多个规则通道时需要使用 DMA，这样可以避免丢失已经存储在 ADC_DR 寄存器中的数据。

只有在规则通道的转换结束时才产生 DMA 请求，并将转换的数据从 ADC_DR 寄存器传输到用户指定的目的地址。

只有 ADC1 和 ADC3 拥有 DMA 功能。由 ADC2 转化的数据可以通过双 ADC 模式，利用 ADC1 的 DMA 性能来实现。

在 DMA ADC 中的应用实例主程序中，主要完成设置开通的通道、DMA 设置、ADC-DMA 设置等的初始化工作，然后在主循环里分别读取三个 DMA ADC 通道的值，最后通过串口把数据输出到上位机。

DMA ADC 应用实例主程序的实现代码如下：

```
#include "include/bsp.h"
#include "include/led_key.h"
#include "include/exti.h"
#include "include/usart.h"
#include "include/ADC_DMA.h"
int main()
```

```
    {
        CBsp bsp;
        bsp.Init();
        CLed led1(LED1); //,led3(LED3);
        CUsart usart1;   //(USART1, 9600);
        uint8_t m_ADC_Channel[3]={ADC_Channel_13,ADC_Channel_16,ADC_
Channel_17};
                                              // 设置开通的通道
        vu16 AD_Value[3]={0,0,0};              //AD 转换结果变量
        CAdc Dma adc dma (m_ADC Channel,3);     //DMA 设置
        adc_dma.ADC_DMA_Configuration(AD_Value,3); //ADC-DMA 设置
        while(1)
        {                              // 调用用 DMA 方式取 ADC 结果子函数

            int adc=adc_dma.GetVolt(AD_Value[0]);
            cout<<"adc1.GetVolt()="<<adc<<"\n\r\n";
            bsp.delay(2000);

            adc=adc_dma.GetTemp(AD_Value[1]);
            cout<<"adc2.GetTemp()="<<adc<<" \n\r\n";
            bsp.delay(2000);

            adc=adc_dma.GetVolt(AD_Value[2]);
            cout<<"adc3.GetVolt()="<<adc<<" \n\r\n";
            bsp.delay(2000);
        }
        return 0;
    }
```

2. CAdc_Dma 类

CAdc_Dma 类主要完成了 DMA ADC 功能的封装工作，包括 ADC 通道的选择、

采样时间配置等初始化函数，以及数据读取、电压转换等数据处理函数。CAdc_
Dma 类的声明如下：

```
class CAdc_Dma
{
    ADC_TypeDef* ADCCx;          // 哪个 ADC，包括 ADC1、2 和 3
    uint8_t* ADC_Channel;        // 哪些通道
    uint8_t ADC_SampleTime;      // 采样时间
    uint8_t Rank;                // 总通道数
public:
    CAdc_Dma (ADC_TypeDef* m_ADCx,uint8_t* m_ADC_Channel,uint8_t
      m_ADC_SampleTime):ADCx(m_ADCx),ADC_Channel(m_ADC_
Channel),
        ADC_SampleTime(m_ADC_SampleTime)
    {
        adc_config();
    }
    CAdc_Dma (uint8_t* m_ADC_Channel,uint9_t m_ADC_SampleTime)
      :ADCx(ADC1),ADC_Channel;(m_ADC_Channel),
      ADC_SampleTime(m_ADC_SampleTime)
    {
        adc_config();
    }
    CAdc_Dma (uint8_t* m_ADC_Channel):ADCx(ADC1),
      ADC_Channel(m_ADC_Channel),
      ADC_SampleTime(ADC_SampleTime_239Cycles5)
    {
        adc_config();
    }
    void adc_config();
    void ADCCLKConfig(uint32_t m_RCC_PCLK)
    {
```

```
    RCC_ADCCLKConfig(m_RCC_PCLK);
  }
u16 GetTemp(u16 advalue);
u16 GetVolt(u16 advalue);
void ADC Channel_config();

void ADC_DMA_Configuration(vu16* AD_Value,u16 size);
};
```

## 6.1.2　DMA ADC 程序分析

1. ADC DMA 模式配置过程

下面是配置 DMA 通道 x 的过程（x 代表通道号）：

（1）在 DMA_CPARx 寄存器中设置外设寄存器的地址，发生外设数据传输请求时，这个地址将是数据传输的源或目标。

（2）在 DMA_CMARx 寄存器中设置数据存储器的地址，发生外设数据传输请求时，传输的数据将从这个地址读出或写入这个地址。

（3）在 DMA_CNDTRx 寄存器中设置要传输的数据量，在每个数据传输后，这个数值递减。

（4）在 DMA_CCRx 寄存器的 PL[1:0] 位中设置通道的优先级。

（5）在 DMA_CCRx 寄存器中设置数据传输的方向、循环模式、外设和存储器的增量模式、外设和存储器的数据宽度、传输一半产生中断或传输完成产生中断。

（6）设置 DMA_CCRx 寄存器的 ENABLE 位，启动该通道。

2. CAdc_Dma 类的配置函数

一旦启动了 DMA 通道，就可以响应联到该通道上的外设的 DMA 请求。CAdc_Dma 类的配置函数实现代码如下：

```
void CAdc_Dma::ADC_DMA_Configuration(vu16* AD_Value,u16 size)
{
    DMA_InitTypeDef DMA_InitStructure;
    // 启动 DMA 时钟
    RCC_AHBPeriphClockCmd（RCC_AHBPeriph_DMA1, ENABLE）;
    DMA_DeInit（DMA1_Channel1）;              // 开启 DMA1 的通道
```

```
if（ADCx==ADC1）DMA_InitStructure.DMA_Periphera1BaseAddr =
    ADC1_DR_Address;                         // 设定外围设备的地址
else if(ADCx==ADC3)DMA_InitStructure.DMA_PeripheralBaseAddr =
    ADC3_DR_Address;                         // 设定外围设备的地址

DMA_InitStructure.DMA_MemoryBaseAddr = (u32)AD_Value;
// 要存放数据给变量
DMA_InitStructure.DMA_DIR = DMA_DIR_PeripheralSRC;
//DMA 的转换模式是 SRC 模式，就是从外设向内存中搬运
DMA_InitStructure.DMA_BufferSize = size;        //DMA 缓存大小
DMA_InitStructure.DMA_PeripheralInc = DMA_PeripheralInc_
Disable;
// 接收一次数据后，设备地址是否后移
DMA InitStructure.DMA MemoryInc = DMA_MemoryInc Enable;
// 接收一次数据后，目标内存地址是否后移 -- 重要概念，用来采集多个数据的
DMA_InitStructure.DMA_Periphera1DataSize =
DMA_PeripheralDataSize_HalfWord;          // 转换结果的数据大小
DMA InitStructure.DMA_MemoryDataSize= DMA_MemoryDataSize_
HalfWord;
//DMA 搬运的数据尺寸，注意 ADC 是 12 位的
DMA_InitStructure.DMA_Mode = DMA_Mode_Circular;
// 转换模式，循环缓存模式，常用，M2M 如果开启了，这个模式失效
DMA_InitStructure.DMA_Priority = DMA_Priority_High;//DMA 优先级，高
DMA_InitStructure.DMA_M2M = DMA_M2M_Disable;

//M2M 模式禁止
DMA_Init(DMA1_Channel1,&DMA_InitStructure);
// 配置完成后，启动 DMA 通道
DMA_Cmd（DMA1_Channel1,ENABLE）;

ADC_Cmd（ADCx,ENABLE）;                     // 使能或者失能指定的 ADC
```

// 开启 ADC 的 DMA 支持（要实现 DMA 功能，还需独立配置 DMA 通道等参数）

```
ADC_DMACmd（ADCx，ENABLE）；
```

```
// 启动第一次 AD 转换
ADC_SoftwareStartConvCmd(ADCx,ENABLE)
// 下面是 ADC 自动校准，开机后需执行一次，保证精度
// Enable ADC1 reset calibaration register
ADC_ResetCalibration（ADCx）；              // 重设校准
// Check the end of ADCI reset calibration  register
while(ADC_GetResetCalibrationStatus(ADCx));  // 等待重设校准完成
// Start ADC1 calibaration
ADC_StartCalibration(ADCx);                // 开始校准
// Check the end of ADC1 calibration
while（ADC_GetCalibrationStatus（ADCx））；
//ADC 自动校准结束
}
```

3. DMA_DeInit 函数

将 DMA 的通道 x 寄存器重设为缺省值。DMA_DeInit 函数的实现代码如下：

```
void DMA_DeInit(DMA_Channel_TypeDef* DMAy_Channelx)
{;
 /* Disable the selected DMAy Channelx */
DMAy_Channelx->CCR&= CCR_ENABLE_Reset;
 /* Reset DMAy Channelx control register */
DMAy_Channelx->CCR = 0;
 /* Reset DMAy Channelx remaining bytes register */
DMAy_Channelx->CNDTR = 0;
 /* Reset DMAy Channelx peripheral address regisdter */
DMAy_Channelx->CPAR = 0;
 /* Reset DMAy Channelx memory address register */
```

```
DMAy_Channelx->CMAR = 0;
if (DMAy_Channelx == DMA1_Channel1)
{
 /* Reset interrupt pending bits for DMA1 Channel1 */
 DMA1->IFCR |= DMA1_Channel1_IT_Mask;
}
else if (DMAy_Channelx == DMA1_Channel2)
{
 /* Reset interrupt pending bits for DMA1 Channel2 */
 DMA1->IFCR |= DMA1_Channel2_IT_Mask;
}
```
（省略，其他通道初始值）
```
}
```

程序说明：先是禁止通道选择，再进行默认值设置，然后让 DMA 通道 x 配置寄存器（DMA_CCRx）（x=1……7）为 0；DMA 通道 x 传输数量寄存器（DMA_CNDTRx）（x=1……7）；DMA 通道 x 外设地址寄存器（DMA_CPARx）（x = 1……7）；DMA 通道 x 存储器地址寄存器（DMA_CMARx）（x=1……7）。最后通过 DMA 中断标志清除寄存器（DMA_IFCR）中对应通道清零位为 1，让 DMA 中断状态寄存器（DMA_ISR）中断标志清零。

4. DMA 通道的选择

在 DMA_DeInit 函数的调用中，第 1 个参数是 DMA 通道号，第 2 个参数是通道配置参数。从 DMA 请求映射可以看出 STM32 DMA 通道的分配情况。

DMA1 控制器从外设（TIMx、ADC、SPIx、I2Cx 和 USARTx）产生 7 个请求，请求映射如表 6-1 所示。通过逻辑或输入 DMA 控制器，这意味着同时只能有一个请求有效。外设的 DMA1 请求可以通过设置相应外设寄存器中的控制位，被独立地开启或关闭。

表 6-1　各个通道的 DMA1 请求

| 外　设 | 通道 1 | 通道 2 | 通道 3 | 通道 4 | 通道 5 | 通道 6 | 通道 7 |
| --- | --- | --- | --- | --- | --- | --- | --- |
| ADC | ADC1 | - | - | - | - | - | - |

续　表

| 外　设 | 通道 1 | 通道 2 | 通道 3 | 通道 4 | 通道 5 | 通道 6 | 通道 7 |
|---|---|---|---|---|---|---|---|
| SPI | – | SPI1_RX | SPI1_TX | SPI2_RX | SPI1_TX | – | – |
| USART | – | USART3_TX | USART3_RX | USART1_TX | USART1_RX | USART2_RX | USART2_TX |
| I2C | – | – | – | I2C2_TX | I2C2_RX | I2CI_TX | I2CI_RX |
| TIM1 | – | TIM1_CH1 | TIM1_CH2 | TIM_TX4 TIM1_TRIG TIM_COM | TIM1_UP | TIM1_CH3 | – |
| TIM2 | TIM2_CH3 | TIM2_UP | – | – | TIM2_CHI | – | TIM2_CH2 TIM2_CH4 |
| TIM3 | – | TIM3_CH3 | TIM3_CH4 TIM3_UP | – | – | TIM3_CH1 TIM3_TRIG | – |
| TIM4 | TIM4_CH1 | – | – | TIM4_CH2 | TIM4_CH3 | – | TIM4_UP |

　　DMA2 控制器从外设（TIMx[5、6、7、8]、ADC3、SPI/I2S3、UART4、DAC 通道 1、2 和 SDIO）产生的 5 个请求，请求映射如表 6-2 所示。经逻辑或输入 DMA 控制器，这意味着同时只能有一个请求有效。外设的 DMA2 请求可以通过设置相应外设寄存器中的 DMA 控制位，被独立地开启或关闭。DMA2 控制器及相关请求仅存在于大容量产品中。

表 6-2　各个通道的 DMA2 请求

| 外　设 | 通道 1 | 通道 2 | 通道 3 | 通道 4 | 通道 5 |
|---|---|---|---|---|---|
| ADC3 | – | – | – | – | ADC3 |
| SPI/I2S3 | SPI/I2S3_RX | SPI/I2S3_TX | – | – | – |
| UART4 | – | – | UART4_RX | – | UART4_TX |
| SDIO | – | – | – | SDIO | – |

| 外　设 | 通道 1 | 通道 2 | 通道 3 | 通道 4 | 通道 5 |
|---|---|---|---|---|---|
| TIM5 | TIM5_CH4 TIM5_TRIG | TIM5_CH3 TIM5_UP | – | TIM5_CH2 | TIM5_CH1 |
| TIM6/ DAC 通道 1 | – | – | TIM6_UP/ DAC 通道 1 | – | – |
| TIM7/ DAC 通道 2 | – | – | – | TIM7_UP/ DAC 通道 2 | – |
| TIM8 | TIM8_CH3 TIM8_UP | TIM8_CH4 TIM8_TRIG TIM8_COM | TIM8_CH1 | – | TIM8_CH2 |

5. DMA_InitTypeDef 结构

DMA_InitStructure 是一个 DMA 结构体，在库中已经声明，使用时需要先定义。DMA_InitTypeDef 结构声明如下：

typedef struct

{

uint32_t DMA_PeripheralBaseAddr；//DMA 对应的外设基地址

uint32_t DMA_MemoryBaseAddr；　// 定义 DMA 通道存储器地址

uint32_t DMA_DIR；　　　　// 指定外设还是存储器为源地址

uint32_t DMA_BufferSize；　　// 定义 DMA 缓存大小

uint32_t DMA_PeripheralInc；　// 外设寄存器地址变化模式

uint32_t DMA_MemoryIncl　　// 设置 DMA 内存地址变化模式

uint32_t DMA_PeripheralDataSize；// 定义外设数据宽度

uint32_t DMA_MemoryDataSize　// 定义储存器数据宽度

uint32_t DMA_Mode；　　　// 设置 DMA 传输模式

uint32_t DMA_Priority；　　// 设置优先级

uint32_t DMA_M2M；　　　//DMA 通道的 M2M 传输模式

}DMA_InitTypeDef；

6. DMA_PeripheralBaseAddr 参数

DMA_PeripheralBaseAddr 指定外设的数据所在的地址（首地址或寄存器）。例如，ADC1 的数据所在地址为 0x4001244C，USART1 的数据所在地址为 0x40013804，或者写成 &（USART1->DR）。其他外设的数据地址与此相似。

当 PSIZE='01'（16 位），不使用 PA[0] 位。操作自动地与半字地址对齐。当 PSEE='10'（32 位），不使用 PA[1:0] 位。操作自动地与字地址对齐。

7. DMA_MemoryBaseAddr 参数

DMA_MemoryBaseAddr 指定 DMA 要连接的 Memory 首地址。在程序设计中，一般不会直接给出一个数值作为地址（当然也允许这样做，如果知道具体的地址），而是采用传递一个变量的地址或一个缓冲区的首地址。例如，定义了数组 vul6AD_Value[3]，那么可以写为

DMA_InitSturcture.DMA_MemoryBaseAddr = (u32)AD_Value;

当 PSIZE='01'（16 位），不使用 MA[0] 位。操作自动地与半字地址对齐。当 PSIZE='10'（32 位），不使用 MA[1:0] 位。操作自动地与字地址对齐。

8. DMA_DIR 参数

DMA_DIR 指定数据传输方向，该位由软件设置和清除。0 为从外设读，1 为从存储器读，可以用宏定义 DMA_DIR PeripheralDST、DMA_DIR_PeripheralSRC，DMA_DIR_PeripheralDST 表示外设目标，DMA_DIR_PeripheralSRC 表示外设是数据源。

9. DMA_BufferSize 参数

DMA_BufferSize 设置数据传输数量。数据传输数量为 0 ~ 65535。这个寄存器只能在通道不工作（DMA_CCRx 的 EN=0）时写入。通道开启后该寄存器变为只读，指示剩余的待传输的字节数据。寄存器内容在每次 DMA 传输后递减。

数据传输结束后，寄存器的内容或者变为 0；或者当该通道配置为自动重加载模式时，寄存器的内容将被自动重新加载为之前配置时的数值。当寄存器的内容为 0 时，无论通道是否开启，都不会发生任何数据传输。

注意，在应用过程中传输数量可以与内存缓冲区的大小一样，也可以小于内存缓冲区的大小，但不能大于内存缓冲区的大小。

10. DMA_PeripheralInc 参数

DMA_PeripheralInc 设置 DMA 的外设递增模式，有 DMA_PeripheralInc_Enable 和 DMA_PeripheralInc_Disable 两种选择，分别代表递增模式和非递增模

式。大多外设都只有一个数据寄存器，因此一般也就选择非递增模式。当然，这里同时要看数据位数的多少。

通过设置 DMA_CCRx 寄存器中 PINC 和 MINC 标志位，外设和存储器的指针在每次传输后可以有选择地完成自动增量。当设置为增量模式时，下一个要传输的地址将是前一个地址加上增量值，增量值取决于所选的数据宽度为 1、2 或 4。第一个传输的地址存放在 DMA_CPARx /DMA_CMARx 寄存器中。

通道配置为非循环模式时，传输结束后（即传输计数变为 0）将不再产生 DMA操作。

11. DMA_MemoryInc 参数

DMA_MemoryInc 设置 DMA 的内存递增模式，可以选择 DMA_MemoryInc_Enabl 或 DMA_MemoryInc_Disable。

12. DMA_PeripheralDataSize 参数

DMA_PeripheralDataSize 设置每次操作时外设数据的位宽度。可选择的有 DMA_PeripheralDataSize_Byte、DMA_PeripheralDataSize_HalfWord、DMA_PeripheralDataSize_Word 三种，分别代表 8 位、16 位和 32 位。

13. DMA_MemoryDataSize 参数

DMA_MemoryDataSize 设置每次操作时内存数据的位宽度。可选择的参数有 DMA_MemoryDataSize_Byte、DMA_MemoryDataSize_HalfWord、DMA_MemoryData Size Word 三种，分别代表 8 位、16 位和 32 位。

14. DMA_Mode 参数

DMA_Mode 设置 DMA 的传输模式，可选择的参数有 DMA_Mode_Circular和 DMA_Mode_NormaL，分别代表循环模式和非循环模式。

循环模式用于处理循环缓冲区和连续的数据传输（如 ADC 的扫描模式）。在DMA_CCRx 寄存器中的 CIRC 位用于开启这一功能。当启动了循环模式，数据传输的数目变为 0 时，将会自动地被恢复成配置通道时设置的初值，DMA 操作将会继续进行。

15.DMA_Priority 参数

DMA_Priority 设置 DMA 的优先级别，可以分为 4 级：DMA_Priority_VeryHigh、DMA_Priority_High、DMA_Priority_Medium、DMA_Priority_Low。

优先级别的设置主要应用于 STM32 DMA 的仲裁器，仲裁器根据通道请求的优

先级来启动外设 / 存储器的访问。优先权管理分两个阶段：

（1）软件

每个通道的优先权可以在 DMA_CCRx 寄存器中设置，共有最高优先级、高优先级、中等优先级、低优先级 4 个等级。

（2）硬件

如果两个请求有相同的软件优先级，则拥有较低编号的通道比拥有较高编号的通道有较高的优先权，如通道 2 优先于通道 4。

注意，在大容量产品中，DMA1 控制器拥有高于 DMA2 控制器的优先级。

16. DMA_M2M 参数

DMA_M2M 设置 DMA 模式。DMA_M2M_Disable 设置为非存储器到存储器模式；DMA_M2M_Enable 设置为启动存储器到存储器模式。

如果是存储器到存储器模式，DMA 通道的操作可以在没有外设请求的情况下进行，这种操作就是存储器到存储器模式。

当设置了 DMA_CCRx 寄存器中的 MEM2MEM 位之后，在软件设置了 DMA_CCRx 寄存器中的 EN 位启动 DMA 通道时，DMA 传输将马上开始。当 DMA_CNDTRx 寄存器变为 0 时，DMA 传输结束。存储器到存储器模式不能与循环模式同时使用。

17. DMA_Cmd 函数

DMA_Cmd 函数使能或者失能指定的通道 x。该函数第 1 个参数是通道；第 2 个参数可选择两个参数 DISABLE 或 ENABLE，实际就是让 DMA 通道 x 配置寄存器（DMA_CCRx）（x =1……7）的第 0 位为 1 或为 0,0 表示通道不工作,1 表示通道开启。

18. ADC_DMACmd 函数

ADC_DMACmd 使能或者失能指定的 ADC 的 DMA 请求，也就是开启 ADC 的 DMA 支持。 ADC_DMACmd 函数代码如下：

```
void ADC_DMACmd(ADC_TypeDef* ADCx, FunctionalState NewState)
{
    if (NewState != DISABLE) ADCx->CR2 |= CR2_DMA_Set;
    else ADCx->CR2 &=CR2_DMA_Reset;
}
```

ADC 控制寄存器 2（ADC_CR2）位 8 是 DMA 模式的直接数据访问模式，该位由软件设置和清除。为 0 不使用 DMA 模式，为 1 使用 DMA 模式。在多于一个

ADC 的器件中，只有 ADC1 能产生 DMA 请求。

19. STM32ADCDMA 多通道采样数据错位

在 STM32ADCDMA 多通道采样的时候，常会出现数据错位的问题，如 ADC 排列顺序为 ADC_Channel_13、ADC_Channel_16、ADC_Channel_17，正确情况下 DMA 把数据传递到 AD_Value[0]、AD_Value[l]、AD_Value[l] 中。但有时候会出现把 ADC_Channel_13、ADC_Channel_16、ADC Channel_17 的数据分别放到了 ADC_Channel_16、ADC_Channel_17、ADC_Channel_13 或 ADC_Channel_17、ADC_Channel_13、ADC_Channel_16 中。出现这种问题的原因在于开启 DMA、ADC 和 ADC_DMA 的顺序问题。

解决方法是先开启 DMA、ADC，再开启 ADC_DMA，接着启动第一次 AD 转换 ADC_ SoftwareStartConvCmd。

# 6.2　DMA 在 USART 中的应用

## 6.2.1　任务转移策略的 USART DMA 发送

1. DMA 用于发送 USART 数据

USART 可以利用 DMA 连续通信。Rx 缓冲器和 Tx 缓冲器的 DMA 请求是分别产生的。使用 DMA 进行发送，可以通过设置 USART_CR3 寄存器上的 DMAT 位激活。当 TXE 位被置为 1 时，DMA 就从指定的 SRAM 区传送数据到 USART_DR 寄存器。为 USART 的发送分配一个 DMA 通道的步骤如下（x 表示通道号）：

（1）在 DMA 控制寄存器上将 USART_DR 寄存器地址配置成 DMA 传输的目的地址。在每个 TXE 事件后，数据将被传送到这个地址。

（2）在 DMA 控制寄存器上将存储器地址配置成 DMA 传输的源地址。在每个 TXE 事件后，数据将从此存储器区传送到 USART_DR 寄存器。

（3）在 DMA 控制寄存器中配置要传输的总的字节数。

（4）在 DMA 寄存器上配置通道优先级。

（5）根据应用程序的要求配置在传输完成一半还是全部完成时产生 DMA 中断。

（6）在 DMA 寄存器上激活该通道。

（7）当 DMA 控制器中指定的数据量传输完成时，DMA 控制器在该 DMA 通道的中断向量上产生中断。在中断服务程序里，软件应将 USART_CR3 寄存器的 DMA 位清零。

2. USART DMA 数据发送策略

USART 的 DMA 方式主要用于传递大的数据包，如果是很少的数据，那么用 DMA 方式并没有多大优势和必要性。

注意，如果当前已经占用了该 DMA 通道，那么就不能马上在同一个端口上采用 DMA 方式传输另一组数据，而是需要等待前一组数据完成后，才能配置下一次数据的通信，否则配置无效。

如果是使用嵌入式操作系统（或具有多任务的切换软件），就可以充分地发挥 DMA 通信方式的优势，创建一个独立任务来处理 DMA 数据传输功能。如果有多数值数据要发送，就可以创建一个队列，让独立的任务来处理该队列的数据传输。

在没有嵌入式操作系统的情况下也可以采用队列的方式来传输数据，需要在主程序中处理队列数据的发送，或在中断中处理。

3. 主程序

DMA 在 USART 中的应用测试程序中，主要完成 DMA USART 通道的初始化、串口初始化等配置工作，然后在主循环里，通过 DMA USART 通道把数据发送出去。如果希望 DMA 在调用 DMA_Send 函数之后，等待发送完成再做别的事情，那么可以通过调用 CUsart1_Dma 类的成员函数 DMA_Send_WaitEnd 来实现。

DMA 在 USART 中应用测试程序的实现代码如下：

```
#include "include/bsp.h"
#include "include/led_key.h"
#include "include/usart_DMA.h"
#include <cstring>
char* SendBuff="Usart_DMA Test!! \r\n";
int main()
{
    CBsp bsp;
    bsp.Init();
    CLed led1(LED1),led3(LED3);
    Cusart1_Dma usart1(9600);
    while(1)
```

```
    {
        led1.isOn()?led1.Off():led1.On();
        usart1.DMA_Send(SendBuff,strlen(SendBuff));
        bsp.delay(1000);
    }
    return 0;
}
```

4. CUsart_Dma 类

CUsart_Dma 类主要完成 DMA USART 通道初始化工作的封装，以及通过 DMA 方式接收数据和发送数据。使用 CUsart_Dma 类，基本上可以完成 DMA USART 通道常见的工作。

CUsart_Dma 类的声明如下：

```
#include "USART.h"
class CUsart1_Dma:public Cusart
{
public
    CUsart1_Dma(unsigned long  BaudRate=9600,uint16_t WordLength=
            USART_WordLength_8b,uint16_t StopBits=USART_StopBits_1,
            uint16_t Parity=USART_Parity_No)
    :Cusart(USART1,BaudRate,WordLength,StopBits,Parity) {}
    void  DMA_Send_Configuration(char* SendBuff,unsigned int size);
    void  DMA_Send_Start();
    bool  DMA_Send_isEnd();
    void  DMA_Send_WaitEnd();
    void  DMA_Printf(const char *fmt,...);
    void  DMA_Receive_Configuration();
    void  DMA_Receive_Start(char* m_RecvBuff,unsigned int size);
    bool DMA_Receive_isEnd();
    bool  DMA_Receive_BufferClean();
      int  DMA_Receive_getLen();
};
```

5. USART DMA 配置

USART DMA 配置在 DMA_Send_Configuration 函数中实现，主要完成如下 DMA 配置：

（1）启动 DMA 时钟。

（2）设置 DMA 源：内存地址 & 串口数据寄存器地址。

（3）方向：从内存到外设。

（4）每次传输位：8 bit。

（5）传输大小 DMA_BufferSize=SEND BUFF_size。

（6）地址自增模式：外设地址不增，内存地址自增 1。

（7）DMA 模式：一次传输，非循环。

（8）优先级：中。

DMA_Send_Configuration 函数实现代码如下：

```
void CUsart_Dma∷DMA_Send_Configuration(char* m_SendBuff,unsigned int size)
{
    RCC_AHBPeriphClockCmd(RCC_AHBPeriph_DMA1, ENABLE);
    DMA_InitTypeDe DMA_InitStructure;
    DMA_DeInit(DMA1_Channel4);
    DMA_InitStructure.DMA_PeripheralBaseAddr = USART1_DR_Base;
    DMA_InitStructure.DMA_MemoryBaseAddr = (u32) m_SendBuff;
    DMA_InitStructure.DMA_DIR = DMA_DIR_PeripheralDST;
    DMA_InitStructure.DMA_BufferSize = size;
    DMA_InitStructure.DMA_PeripheralInc = DMA_PeripheralInc_Disable;
    DMA_InitStructure.DMA_MemoryInc = DMA_MemoryInc_Enable;
    DMA_InitStructure.DMA_PeripheralDataSize =
                    DMA_PeripheralDataSiz_Byte;
    DMA_InitStructure.DMA_MemoryDataSize = DMA_MemoryDataSize_Byte;
    DMA_InitStructure.DMA_Mode = DMA_Mode_Normal;
    DMA_InitStructure.DMA_Priority= DMA_Priority_Medium;
    DMA_InitStructure.DMA_M2M = DMA_M2M_Disable;
    DMA_Init(DMA1_Channel4, &DMA_InitStructure);
```

```
}
```

6. 发送 DMA 数据

调用 RT_DMACmd 函数完成 DMA 传输前的一些准备工作，将 USART1 模块设置成 DMA 方式工作，调用 DMA_Cmd 函数开始一次 DMA 传输。发送 DMA 数据相关的函数共三个，包括数据发送函数 DMA_Send、开始发送函数 DMA_Send_Start 以及判断是否发送完成函数 DMA_Send_isEnd，实现代码如下：

```
void CUsart_Dma::DMA_Send(char* m_data,unsigned int size)
{
        DMA_Send_Configuration(m_data,size);// 发送配置子程序
        start();// 这里是开始 DMA 传输前的一些准备工作，将 USART1 模块设置成
DMA 方式工作
        DMA_Send_Start();
}
void CUsart_Dma::DMA_Send_Start()
{
  USART_DMACmd(USART1, USART_DMAReq_Tx, ENABLE);
  DMA_Cmd(DMA1_Channel4,  ENABLE);
}

bool CUsart_Dma::DMA_Send_isEnd()
{
  return (DMA_GetFlagStatus(DMA1_FLAG_TC4) == RESET);
}
```

7. DMA_Printf 函数

为了方便按字符方式发送各类数据，可以为 CUsart_Dma 类添加一个按 DMA 方式发送数据的成员函数 DMA_Printf，该函数的使用方法与 C 语言 pintf 函数完全一样，实现代码如下：

```
void CUsart1_Dma::DMA_Printf(const char *fmt,…)
{
```

```
if(USART1_isUsing==false)return ;
va_list ap ;
char string[256]
va_start(ap,fmt);
vsprintf(string,fmt,ap);
int len=0;
while (*(string+len)!=' \0')len++;
if(len>256)len-256;
DMA_Send(string,len);
va_end(ap);
}
```

## 6.2.2 任务转移策略的 USART DMA 发送

1.使用 DMA 进行接收

使用 DMA 进行接收，可以通过设置 USART_CR3 寄存器的 DMAR 位激活。只要接收到一个字节，数据就从 USART_DR 寄存器放到配置成使用 DMA 的 SRAM 区（参考 DMA 技术说明）。

为 USART 的接收分配一个 DMA 通道步骤如下（x 表示通道号）：

（1）通过 DMA 控制寄存器把 USART_DR 寄存器地址配置成传输的源地址。在每个 RXNE 事件后，此地址上的数据将传输到存储器。

（2）通过 DMA 控制寄存器把存储器地址配置成传输的目的地址。在每个 RXNE 事件后，数据将从 USART_DR 传输到此存储器区。

（3）在 DMA 控制寄存器中配置要传输的总的字节数。

（4）在 DMA 寄存器上配置通道优先级。

（5）根据应用程序的要求配置在传输完成一半还是全部完成时产生 DMA 中断。

（6）在 DMA 控制寄存器上激活该通道。

（7）当 DMA 控制器中指定的传输数据量接收完成时，DMA 控制器在该 DMA 通道的中断矢量上产生中断。在中断程序里，USART_CR3 寄存器的 DMAR 位应该被软件清零。

注意：如果 DMA 被用来接收，不要使能 RXNEIE 位。

### 2. USART DMA 数据接收策略

在把接收的任务转移给 DMA（任务转移策略）后，在 DMA 方面又有许多种具体的实现策略，如单缓冲策略、双缓冲策略（乒乓策略）、多缓冲策略以及中断策略等。

（1）单缓冲策略

单缓冲策略就是为 USART 接收提供一个接收缓冲区，这种方式程序简单、占用的内存空间少。

（2）双缓冲策略

双缓冲策略（乒乓策略）是指采用两个缓冲区来实现相同的功能，两个缓冲区轮流工作。一般情况下，在串口的数据 DMA 传输进收缓冲区的过程中，不建议对收缓冲区进行操作。但由于串口数据是不会等待的直传，所以总不能等收缓冲区满后才处理数据，因为这时候串口数据依旧是源源不断接收到新的数据。解决办法是使用双缓冲。当收缓冲区 1 满了的时候，就马上设置 DMA 的目标为接收缓冲区 2。这样就可以在主程序中对接收缓冲区 1 的数据进行处理了。当串口 DMA 写满了收缓冲区 2 时，再设置 DMA 的目标为收缓冲区 1，此时主程序改为对接收缓冲区 2 进行操作。

### 3. 主程序

主程序的功能是创建 CUsart1_Dma 类对象，波特率为 9 600，通过调用 CUsart1_Dma 类的 DMA_Receive_Start 成员函数，把 USART1 端口设置为 DMA 接收方式，在主无限循环里，判断 DMA 接收缓冲区之中已经接收到的字节数，如果大于 5，则把接收到的数据以 DMA 发送的方式发送出来，否则就发送出当前接收缓冲区中已经接收到字节数的消息。

采用任务转移策略的 USART DMA 数据接收程序如下：

```
#include "include/bsp.h"
#include "include/exti.h"
#include "include/usart_DMA.h"
#include <cstring>
#define RECVBUFF_SIZE    20
int main()
{
    CBsp bsp;
    bsp.Init();
    CLed led1(LED1),led3(LED3);
```

```
Cusart1_Dma usart1(9600);

char temp[RECVBUFF_SIZE];
char m_RecvBuff[RECVBUFF_SIZE];
usart1.DMA_Receive_Start(m_RecvBuff, RECVBUFF_SIZE];
while(1)
{
  led1.isOn()?led1.Off():led1.On();
  int len=usart1.DMA_Receive_getLen();
  if(len>5)
  {
    memcpy(temp,m_RecvBuff,len);
    usart1.DMA_Receive_BufferClean();
    usart1.DMA_Send(temp,len);
  }
  else
  {
    usart1.DMA_Printf("\r\nDMA_Reveive_getLen+%d\r\n",len);
  }
  bsp,delay(1000);
}
return 0;
}
```

4. USART1 DMA 接收配置函数

USART1 DMA 接收配置函数完成 USART1 DMA 接收配置的配置工作，配置的内容与发送配置函数大致相同（参数所指的意义相同）。USART1 DMA 接收配置函数代码如下：

```
void CUsart1_Dma::DMA_Receive_Configuration()
{
    // 启动 DMA 时钟
```

```
    RCC_AHBPeriphClockCmd(RCC_AHBPeriph_DMA1, ENABLE);
DMA_InitTypeDef  DMA_InitStructure;
/* DMA1 Channel5 (triggered by USART1 Rx event) Config */
DM1_DeInit(DMA1_Channel5);


    DMA_InitStructure.DMA_PeripheralBaseAddr = USART1_DR_Base;
    DMA_InitStructure.DMA_MemoryBaseAddr = (uint32_t)RecvBuff;
    DMA_InitStructure.DMA_DIR = DMA_DIR_PeripheralSRC;
    DMA_InitStructure.DMA_BufferSize = size_RecvBuff;
    DMA_InitStructure.DMA_PeripheralInc = DMA_MemoryInc_Disable;
    DMA_InitStructure.DMA_MemoryInc = DMA_MemoryInc_ Enable;
    DMA_InitStructure.DMA_PeripheralDataSize = DMA_PeripheralDataSize_
Byte;
    DMA_InitStructure.DMA_MemoryDataSize = DMA_MemoryDataSize_
Byte;
    DMA_InitStructure.DMA_Mode = DMA_Mode_Normal;
    DMA_InitStructure.DMA_Priority = DMA_Priority_VeryHigh;
    DMA_InitStructure.DMA_M2M = DMA_M2M_Disable;
    DMA_Init(DMA1_Channel5,&DMA_InitStructure);
}
```

5. USART1 DMA 接收启动函数

USART1 DMA 接收启动函数先是进行 DMA 传输前的一些准备工作，将 USART1 模块设置成 DMA 方式工作，然后开始一次 DMA 传输。USART1 DMA 接收启动函数代码如下：

```
void CUsart1_Dma::DMA_Receive_Start(char* m_RecvBuff,unsigned
int size)
    {
        size_RecvBuff=size;


        RecvBuff=m_RecvBuff;
```

```
    DMA_Receive_Configuration();
    start();
    USART_DMACmd(USART1, USART_DMAReq_Rx, ENABLE);
    // 开始一次 DMA 传输
    DMA_Cmd(DMA1_Channel5, ENABLE);
}
bool CUsart1_Dma::DMA_Receive_isEnd()
{
    return (DMA_GetFlagStatus(DMA1_FLAG_TC5) == RESET);// 接收
标志位
}
bool CUsart1_Dma::DMA_Reveive_BufferClean()
{
    DMA_Receive_Configuration();
    DMA_Cmd(DMA1_Channel5, ENABLE);
}
```

## 6.2.3  任务队列策略的 USART DMA 发送中断应用

1. DMA 中断

DMA 中断可以在 DMA 传输过半、传输完成和传输错误时产生中断。通过设置
寄存器的不同位来打开这些中断，如表 6-3 所示。

表 6-3  DMA 中断请求

| 中断事件 | 事件标志位 | 使能控制位 |
| --- | --- | --- |
| 传输过半 | HTIF | HTIE |
| 传输完成 | TCIF | TCIE |
| 传输错误 | TEIF | TEIE |

需要注意的是，在大容量产品中，DMA2 通道 4 和 DMA2 通道 5 的中断被映射
在同一个中断向量上，其他 DMA 通道都有自己的中断向量。

　　在多缓冲器通信的情况下，通信期间如果发生任何错误，在当前字节传输后将置起错误标志。如果中断使能位被设置，将产生中断。在单个字节接收的情况下，和RXNE 一起被置起的帧错误、溢出错误和噪声标志，有单独的错误标志中断使能位；如果设置了会在当前字节传输结束后，产生中断。

　　下面是固件库中对中断事件类型的宏定义：

```
#define DMA1_IT_GL5          ((uint32_t)0x00010000
#define DMA1_IT_TC5          ((uint32_t)0x00020000
#define DMA1_IT_HT5          ((uint32_t)0x00040000
#define DMA1_IT_TE5          ((uint32_t)0x00080000
```

　　程序说明：DMA1_IT_GL5 是全局中断，可用于清除全部中断标志，例如：

DMA_ClearITPendingBit(DMA1_IT_GL5);

### 2. USART DMA 发送中断应用策略

　　在应用程序中需要发送数据时，不是直接采用 DMA 发送，而是先把数据压入队列，然后检查 DMA 是否正在工作，如果 DMA 已经启动，那么函数立即返回，如果DMA 还未启动，那么就启动 DMA 并返回。这样就让 DMA 正常工作，当发送完组数据时，产生 DMA 中断，在中断中判断队列是否为空，如果为空，就停止 DMA 发送工作，如果不为空，就启动下一组数据的发送。

　　在主程序中，只管把数据压入队列中，不用管什么时候发送数据，也不用管如何发送数据，DMA、队列和 DMA 中断三者自动完成这些发送数据的工作。USARTDMA 发送中断应用结构如图 6-1 所示。

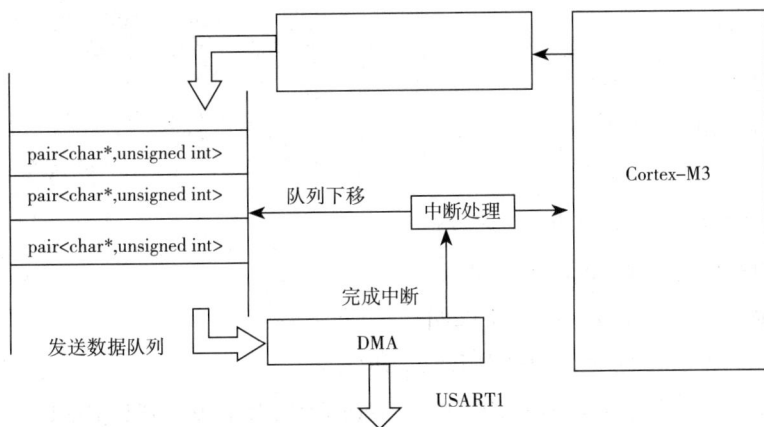

图 6-1　USART DMA 发送中断应用结构

std::queue 是 stl 里面的容器适配器，用来适配 FIFO 的数据结构。queue::push 函数实现数据压入队列，queue::pop 函数实现数据弹出队列，调用 queue::front 函数查看队列头部的元素，调用 std::queue::pop 函数让元素出队列。

3. 主程序

在 USART DMA 发送中断应用中，使用的是 USART DMA 发送中断应用策略，即需要发送数据时，不是直接采用 DMA 发送，而是先把数据压入队列，然后检查 DMA 是否正在工作，如果 DMA 已经启动，那么函数立即返回，如果 DMA 还未启动，那么就启动 DMA 然后马上返回。

USART DMA 发送中断应用主程序的实现代码如下：

```
#include "include/bsp.h"

#include "include/led_key.h"

#include "include/usart_DMA_queue.h"

#include <cstring>

// 发送缓存

char* SendBuff0="000000000000\r\n";

char* SendBuff1="111111111111111\r\n";

char* SendBuff2="222222222222222\r\n";

char* SendBuff3="333333333333333\r\n";

char* SendBuff4="444444444444444\r\n";

#define  RECVBUFF_SIZE   20// 接收数据大小

int main()

{

    CBsp bsp;

    bsp.Init();


    CLed led1(LED1),led3(LED3);

    CUsart1_Dma usart1(9600);

    char temp[RECVBUFF SIZE];

    char m_RecvBuff[RECVBUFF_SIZE];

    usart1.DMA_Receive_Start(m_RecvBuff,RECVBUFF_SIZE);

    while(1)
```

```
{
  led1.On();
  for (int i=0;i<30;i++)
  {
    usart1.DMA_Send(SendBuff0,strlen(SendBuff0));
    usart1.DMA_Send(SendBuff1,strlen(SendBuff1));
    usart1.DMA_Send(SendBuff2,strlen(SendBuff2));
    usart1.DMA_Send(SendBuff3,strlen(SendBuff3));
    usart1.DMA_Send(SendBuff4,strlen(SendBuff4));
  }
  led1.Off();
  int len=usart1.DMA_Receive_getLen();
  if(len>5)
  {
    memcpy(tempm,m_RecvBuff,len);
    usart1.DMA_Receive_BufferClean();   // 缓存清理
    usart1.DMA_Send(temp,len);
  }
  else
  {
    usart1.DMA_Printf(" \r\nDMA_Receive_getLen=%d\r\n",len);
  }
  bsp,delay(50000);
}
return 0;
}
```

4. USART DMA 发送中断配置

为使 USART DMA 发送中断应用策略能够顺利完成，需要完成下面两项工作：

（1）对 USART DMA 发送中断配置，这部分的代码在 CUsart1_Dma 类的初始化函数中完成，无须另行配置。USART DMA 发送中断配置代码如下：

```
// 发送中断配置
NVIC_InitTypeDef NVIC_InitStructure;
NVIC_InitStructure.NVIC_IRQChannel = DMA1_Channel4_IRQn;
NVIC_InitStructure.NVIC_IRQChannelPreemptionPriority = 1;
NVIC_InitStructure.NVIC_IRQChannelSubPriority = 1;
NVIC_InitStructure.NVIC_IRQChannelCmd = ENABLE;
NVIC_Init(&NVIC_InitStructure);
```

（2）定义一个数据队列，发送数据时，先把数据压入该队列。

CUsartl_Dma 类的定义如下：

```
class CUsart1_Dma:public CUsart
{
    unsigned int size_RecvBuff;
    char* RecvBuff;
    bool  issending;
public:
    queue<pair<char*,unsigned int> > q_buffer;   // 数据队列的定义
    （其他部分省略，与前一个例子相同）
};
```

中断应用策略的数据发送函数不需要直接把数据发送出去，而只需要把数据压入数据队列中，然后判断 DMA 是否已经正在工作，如果还没打开，则打开 DMA。数据发送函数如下：

```
void DMA_Send(char* m_data,unsigned int size)
{
    char* data=new char[size];
    memcpy (data,m_data,size);
    q_buffer.push(pair<char* ,unsigned int >(data,size));

    if(issending==false)
    {
        issending=true1
```

```
        DMA_Send_Start();

    }
```

5.中断处理函数

在 USART DMA 发送中断应用策略中，数据发送完成中断的实现是关键，需要暂停 USART DMA 中断，然后检测发送队列中是否有未发送的数据，如果有则把数据弹出，然后启用 USART DMA 发送功能。中断处理函数的实现代码如下：

```
extern "C"void DMA1_Channel4_IRQHandler(void)

{

    if(DMA_GetITStatus(DMA1_IT_TC4))

    {

    USART_DMACmd(USART1, USART_DMAReq_Tx, DISABLE);

    delete p_usart_data->q_buffer.front().first;

    p_usart1_data->q_buffer.pop();

    p_usart1_data->DMA_Send_Strat();

    }

    if(DMA_GetITStatus(DMA1_IT_HT4)){DMA_ClearITPendingBit (DMA1_
IT_HT4);}

    if(DMA_GetITStatus(DMA1_IT_TE4)){DMA_ClearITPendingBit (DMA1_IT_
TE4);}

    if(DMA_GetITStatus(DMA1_IT_GL4)){DMA_ClearITPendingBit (DMA1_
IT_GL4);}

    }
```

## 6.2.4　任务循环策略的 USART DMA 接收中断应用

1.任务循环策略

对于 USART 数据的接收，最常用、最有效的方式是直接中断方式或者查询方式。在接收大数据包以及高速（波特率很大）通信的时候，采用查询方式显然不行，因为来不及查询数据就漏掉了；采用中断接收也不合适，因为高速通信将不断地产生中断而影响到主程序和其他程序的运行。在这种情况下，最好的接收办法就是采用 DMA 以及中断相结合的接收方式。USART DMA 接收中断的应用结构如图 6-2 所示。

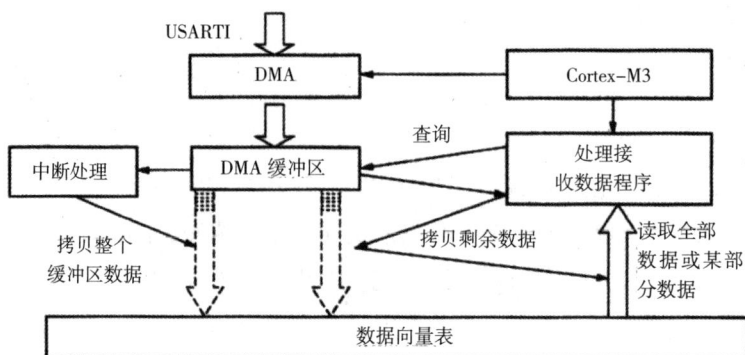

图 6-2　USART DMA 接收中断的应用结构

可以采用向量表保存数据，也可以用一个数组保存数据。用数组来保存的优点是速度快，对于特别大的数据和高速通信比较合适。采用向量表的方式，速度上比数组慢，但它是根据需要自动地、动态地分配内存空间，优点是不会像固定数组那样因为分配太少而产生内存溢出，也不像固定数据那样因为分配太大的内存空间但实际又没用到而浪费了内存空间资源。因此，向量表特别适合用于数据包长度不确定的场合。

2. 主程序

在任务循环策略的 USART DMA 接收中断应用程序中，需要完成的初始化工作与前面的例子基本相同，不同点如下：

（1）定义 USART DMA 数据接收缓冲区和为缓冲区分配内存空间。

（2）把 USART DMA 配置成接收中断方式。

（3）在主循环里，判断接收缓冲区中是否有数据，如果有则把数据拷贝出来。

（4）清除接收缓冲区。

如果不需要及时地接收数据，也可以等待缓冲区满足之后，再在中断响应函数中对数据进行处理，而无须在主循环里查询，也就是不用上面的（3）、（4）操作。

任务循环策略的 USART DMA 接收中断应用主程序实现代码如下：

```
#include"include/bsp.h"

#include"include/led_key.h"

#include<cstring>

#define RECVBUFF_SIZE 21

int main()

{
```

```
CBsp bsp;
bsp.Init();
CLed led1(LED1);//,led3(LED3);
CUsart1_Dma usart1(9600);
char temp[RECVBUFF_SIZE];
usart1.DMA_Receive_Start(m_RecvBuff,RECVBUFF_SIZE);
int i=0
while(1)
{
  led1.isOn()?led1.Off():led1.On();
  int len=usart1.DMA_Receive_getLen():
  usart1.DMA_Printf("DMA_Receive_getLen=%\r\n",len);
  int cou=len+usart1.v_buffer.size();
  if(++i>10&&cou>0)
  {
    i=0
    char* ch=new char[cou];
    if(len>0)
   usart1.v_buffer.insert(usart1.v_buffer.end(),
       usart1.RecvBuff,usart1.RecvBuff+len);
   std::copy(usart1.v_buffer.begin(),usart1.v_buffer.end(),ch);
   // 省略，这里可以加入到所接收到的数据 usart1.v_buffer 进行其他处理
   usart1.DMA_Send(ch,cou);
   usart1.DMA_Printf("\r\n");
   usart1.v_buffer.clear();
  }
  bsp.delay(2000);
}
return 0;
}
```

3. USART DMA 接收中断配置

在 USART DMA 接收中断配置函数里，需要设置中断通道、中断优先级、接收缓冲区首地址、接收缓冲区大小等，USART DMA 接收中断配置函数的实现代码如下：

```
void CUsart1_Dma::DMA_Receive_Configuration()
{
   RCC_AHBPeriphClockCmd(RCC_AHBPeriph_DMA1,ENABLE);
  NVIC_InitTypeDef NVIC_InitStructure;
  // DMA1_Channel5 中断
  NVIC_InitStructure.NVIC_IRQChannel = DMA1_Channel5_IRQn;
  // 抢占优先级 0
  NVIC_InitStructure.NVIC_IRQChannelPreemptionPriority = 0;
  NVIC_InitStructure.NVIC_IRQChannelSubPriority = 0; // 子优先级 0
  NVIC_InitStructure.NVIC_IRQChannelCmd = ENABLE;  // 使能
  NVIC_Init(&NVIC_InitStructure);
  DMA_InitTypeDef DMA_InitStructure;
  /* DMA1 Channel5 (triggered by USART1 Rx event) Config */
  DMA_DeInit(DMA1_Channel15);
  DMA_InitStructure.DMA_PeripheralBaseAddr = USART1_DR_Base;
  DMA_InitStructure.DMA_MemoryBaseAddr = (uint32_t)RecvBuff;
  DMA_InitStructure.DMA_DIR =DMA_DIR_PeripheralSRC;
  DMA_InitStructure.DMA_BufferSize = size_RecvBuff;
   DMA_InitStructure.DMA_PeripheraLInc = DMA_PeripheralInc_
Disable;
  DMA_InitStructure.DMA_MemoryInc = DMA_MemoryInc_Enable;
  DMA_InitStructure.DMA_PeripheralDataSize=
                 DMA_PeripheralDataSize_Byte;
   DMA_InitStructure.DMA_MemoryDataSize = DMA_MemoryDataSize_
Byte;
   DMA_InitStructure.DMA_Mode = DMA_Mode_Circular;   //DMA_
Mode_Normal;
```

```
DMA_InitStructure.DMA_Priority = DMA_Priority_VeryHigh;
DMA_InitStructure.DMA_M2M = DMA_M2M_Disable;
DMA_Init(DMA1_Channel5,&DMA_InitStructure);
}
```

4. USART DMA 接收中断启动

USART DMA 接收中断启动函数主要完成接收缓冲区的配置、USART DMA 接收通道配置、将 USART1 模块设置成 DMA 方式工作、开始一次 DMA 传输、允许 DMA 中断等工作。

USART DMA 接收中断启动函数代码如下：

```
void CUsart1_Dma::DMA_Receive_Start(char* m_RecvBuff,unsigned
int size)
{
    size_RecvBuff=size;
    RecvBuff=m_RecvBuff;
    DMA_Receive_Configuration();
    start();
                        // 这里是开始 DMA 传输前的一些准备工作
                        // 将 USART1 模块设置成 DMA 方式工作
    USART_DMACmd(USART1, USART_DMReq_Rx,ENABLE);
                        // 开始一次 DMA 传输!
    DMA_ITConfig(DMA1_Channel5,DMA_IT_TC,ENABLE);
    DMA_Cmd(DMA1_Channel5,ENABLE);  // 正式允许 DMA
}
```

5. USART DMA 接收中断处理

在 USART DMA 接收中断处理函数里，把缓冲区中的数据读取出来，然后清除中断标志位。USART DMA 接收中断处理函数的实现代码如下：

```
extern "C"void DMA1_Channel5_IRQHandler(void)
{
    if(DMA_GetITStatus(DMA1_IT_TC5))
    {
        p_usart1_data->v_buffer.insert(p_usart1_data->v_buffer.end(),
```

```
            p_usart1_data->RecvBuff,
            p_usart1_data->RecvBuff+p_usart1_data->size_RecvBuff);
            DMA_ClearITPendingBit(DMA1_IT_TC5);
            CLed led1(LED2);
            led1.isOn()?led1.Off():led1.On();
        }
    if(DM1_GetITStatus(DMA1_IT_HT5))
        {DMA_ClearITPendingBit(DMA1_IT_HT5);}
    if(DM1_GetITStatus(DMA1_IT_TE5))
        {DMA_ClearITPendingBit(DMA1_IT_TE5);}
    if(DM1_GetITStatus(DMA1_IT_GL5))
        {DMA_ClearITPendingBit(DMA1_IT_GL5);}
    }
```

# 第7章　定时器原理及应用

## 7.1　STM32定时器概述

大容量的STM32F103增强型系列产品包含2个高级控制定时器、4个通用定时器、2个基本定时器、1个实时时钟、2个看门狗定时器和1个系统滴答定时器（SysTick时钟）。

4个可同步运行的通用定时器（TIM2、TIM3、TIM4和TIM5)中，每个定时器都有一个16位的自动加载递增／递减计数器、1个16位的预分频器和4个独立的通道。它适用于多种场合，包括测量输入信号的脉冲长度（输入捕获），或者产生需要的输出波形（输出比较、产生PWM、单脉冲输出等）。

2个16位高级控制定时器（TIM1和TIM8)由一个可编程预分频器驱动的16位自动装载计数器组成，与通用定时器有许多共同之处，但其功能更强大，有多种用途，包含测量输入信号的脉冲宽度（输入捕获），或者产生输出波形（输出比较、产生PWM、具有带死区插入的互补PWM输出、单脉冲输出等）。

2个基本定时器（TIM6和TIM7)主要用于产生DAC触发信号，也可当做通用的16位时基计数器。

上述定时器比较如表7-1所示。

表 7-1　定时器比较

| 定时器 | 计数器分辨率 | 计数器类型 | 预分频系数 | 产生 DMA 请求 | 捕获 / 比较通道 | 互补输出 |
|---|---|---|---|---|---|---|
| TIM1 TIM8 | 16 位 | 向上、向下、向上 / 向下 | 1 ~ 65 536 之间的任意数 | 可以 | 4 | 有 |
| TIM2 TIM3 TIM4 TIM5 | 16 位 | 向上、向下、向上 / 向下 | 1 ~ 65 536 之间的任意数 | 可以 | 4 | 无 |
| TIM6 TIM7 | 16 位 | 向上 | 1 ~ 65 536 之间的任意数 | 可以 | 0 | 无 |

　　实时时钟器件是一种能提供日历、时钟、数据存储等功能的专用集成电路，常用作各种计算机系统的时钟信号源和参数设置存储电路。其具有计时准确、耗电低和体积小等特点，特别适合在各种嵌入式系统中用于记录事件发生的时间和相关信息，如通信工程、电力自动化、工业控制等自动化程度高并且无人值守的领域。

　　看门狗的作用是在微控制器受到干扰进入错误状态后，使系统在一定时间间隔内复位。因此，看门狗是保证系统长期、可靠和稳定运行的有效措施。目前，大部分的嵌入式芯片内部都集成了看门狗定时器来提高系统运行的可靠性。STM32 处理器内置了 2 个看门狗，即独立看门狗（IWDG）和窗口看门狗（WWDG），它们可用于检测和解决由软件错误引起的故障。独立看门狗基于一个 12 位的递减计数器和一个 8 位的预分频器，采用内部独立的 40 kHz 的低速时钟，即使主时钟发生故障，它也仍然有效，所以它可以运行于停机模式或待机模式。它还可以用于在发生问题时复位整个系统，或者作为一个自由定时器为应用程序提供超时管理。窗口看门狗内有一个 7 位的递减计数器，其时钟从 APB1 时钟分频后获得，通过可配置的时间窗口来检测应用程序的非正常行为。因此，独立看门狗适合作为独立于整个应用程序的看门狗，能够完全独立工作，对时间精度要求较低；窗口看门狗则是适合在精确计时窗口起作用的应用程序。

　　SysTick 时钟位于 CM3 内核中，是一个 24 位递减计数器，其设定初值并使能后，每经过 1 个系统时钟周期，计数值就减 1。计数到 0 时，SysTick 计数器自动重装初值并继续计数，同时内部的 COUNTFLAG 标志会置位，从而触发中断。在STM32 的应用中，使用 CM3 内核中的 SysTick 作为定时时钟，主要用于精确延时。

## 7.2　系统节拍定时器

系统节拍定时器 SysTick 属于 Cortex-M3 内核的组件，是一个 24 位的减计数器，常用于产生 100 Hz 的定时中断，用作嵌入式实时操作系统 MC/OS-Ⅱ的时钟节拍。

### 7.2.1　系统节拍定时器工作原理

系统节拍定时器的工作原理如图 7-1 所示。

图 7-1 表明系统节拍定时器有 4 个相关的寄存器，即 STCTRL、STRELOAD、STCURR 和 STCALIB，了解了这 4 个寄存器的内容，即可掌握系统节拍定时器的工作原理。这 4 个寄存器的内容如表 7-2 ~ 表 7-5 所示。

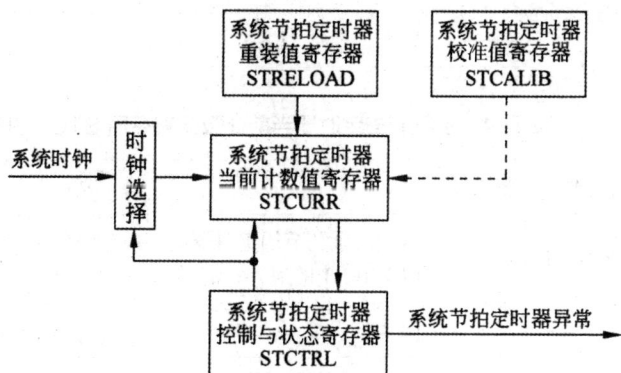

图 7-1　系统节拍定时器工作原理

表 7-2　系统节拍定时器控制与状态寄存器 STCTRL

| 位　号 | 符　号 | 复位值 | 含　义 |
|---|---|---|---|
| 0 | ENABLE | 0 | 写入 1，启动系统节拍定时器；写入 0，关闭系统节拍定时器 |
| 1 | TICKINT | 0 | 写入 1，开放系统节拍定时器定时中断；写入 0，关闭系统节拍定时器定时中断 |

155

续 表

| 位 号 | 符 号 | 复位值 | 含 义 |
|---|---|---|---|
| 2 | CLKSOURCE | 1 | 写入 1，选择系统时钟为系统节拍定时器时钟源；写入 0，选择外部时钟作为系统节拍定时器时钟源，对 STM32F103ZET6 无效 |
| 15：3 | — | — | 保留，仅能写入 0 |
| 16 | COUNTFLAG | 0 | 当系统节拍定时器减计数到 0 时，该位自动置位，读 STCTRL 寄存器时自动清零 |
| 31：17 | — | — | 保留，仅能写入 0 |

表 7-3　系统节拍定时器重装值寄存器 STRELOAD

| 位 号 | 符 号 | 复位值 | 含 义 |
|---|---|---|---|
| 23：0 | RELOAD | 0 | 系统节拍计数器计数到 0 后，下一个时钟节后将 RELOAD 的值装入 STCURR 寄存器中 |
| 31：24 | — | — | 保留，仅能写入 0 |

表 7-4　系统节拍定时器当前计数值寄存器 STCURR

| 位 号 | 符 号 | 复位值 | 含 义 |
|---|---|---|---|
| 23：0 | CURRENT | 0 | 可读出系统节拍定时器的当前定时值；写入任意值，都将清零 CURRENT 的值，并清零 STCTRL 寄存器的 COUNTFLAG 位 |
| 31：24 | — | — | 保留，仅能写入 0 |

表 7-5　系统节拍定时器校准值寄存器 STCALIB

| 位 号 | 符 号 | 复位值 | 含 义 |
|---|---|---|---|
| 23：0 | TENMS | 0x2328 | 当系统时钟为 9 MHz 时，1 ms 定时间隔的计数值，这里的 0x2328 为十进制数 9 000 |
| 29：24 | — | — | 保留，仅能写入 0 |
| 30 | SKEW | 0 | 为 0 表示 TENMS 的值是准确的；为 1 表示 TENMS 的值不准确 |

续　表

| 位　号 | 符　号 | 复位值 | 含　义 |
|---|---|---|---|
| 31 | NOREF | 0 | 为 0 表示有独立的参考时钟；为 1 表示独立参考时钟不可用 |

根据上述对系统节拍定时器的分析，可知设计一个定时频率为 100 Hz（定时周期为 10 ms）的系统时钟节拍定时器，可采用以下语句（结合表 7-2 ～ 表 7-5）：

（1）配置 STCTRL 为 (1uL << 1)|(1uL << 2)，即关闭系统节拍定时器并开放系统节拍定时器中断，同时设置系统时钟为系统节拍定时器时钟源。此时，对 STM32F103ZET6 微控制器而言，系统时钟为 72 MHz，芯片手册上明确说明系统时钟的 8 分频值用作系统节拍定时器的输入时钟信号，但实际测试发现，系统节拍定时器的输入时钟信号仍然是 72 MHz，即没有所谓的 8 分频器。

（2）向 STCURR 寄存器写入任意值，如写入 0，清除 STCURR 的值，同时清除 STCTRL 的 COUNTFLAG 标志。

（3）向 STRELOAD 寄存器写入 720000-1，即十六进制数 0x1193F。

（4）配置 STCTRL 的第 0 位为 1（其余位保持不变），启动系统节拍定时器。

系统节拍定时器相关的寄存器定义在 CMSIS 库头文件 core_cm3.h 中，程序段如下：

```
1 typedef struct
2 {
3 _ _IO uint32_t CTRL;  //Offset:0x000(R/W)SysTick Control and Status Register
4 _ _IO uint32_t LOAD:  //Offset: 0x004(R/W)SysTick Reload Value Register
5 _ _IO uint32_t VAL:  //Offset: 0x008(R/W)SysTick Current Value Register
6 _ _IO uint32_t CALIB;  //Offset: 0x00C(R/W)SysTick Calibration Register
7 } SysTick_Type;
8
9 #define SCS_BASE    (0xE000E000UL)
10 #define SysTick_BASE  (SCS_BASE + 0x0010UL)
11
12 #define SysTick    ((SysTick_Type * )SysTick_BASE
```

系统节拍定时器的 4 个寄存器 STCTRL、STRELOAD、STCURR 和 STCALIB 的地址分别为 0xE000E010、0xE000E014、0xE000E018 和 0xE000E01C。上述程序第 1 ~ 7 行自定义的结构体类型 SySTick_Type 的各个成员与系统节拍定时器的 4 个寄存器按偏移地址一一对应（基地址为 0xE000E010），因此第 12 行的 SysTick 为指向系统节拍定时器的各个寄存器的结构体指针。

在 CMSIS 库头文件 core_cm3.h 中还定义了一个初始化系统节拍定时器的函数，程序段如下：

```
1 __STATIC_INLINE uint32_t SysTick_Config(uint32_t ticks)
2 {
3 if ((ticks - 1UL) >SysTick_LOAD_RELOAD_Msk)
4 {
5 return(1UL);
6 }
7  SysTick->LOAD = (uint32_t)(ticks - 1UL);
8 NVIC_SetPriority (SysTick_IRQn.(1UL<<__NVIC_PRIO_BITS) - 1UL);

9  SysTick->VAL = 0UL;
10 SysTick->CTRL = SysTick_CTRL_CLKSOURCE_Msk|
11              SysTick_CTRL_TICKINT_Msk|
12              SysTick_CTRL_ENABLE_Msk|
13 return(0UL)
14 }
```

函数 SySTick_Config 用于初始化系统定时器 SysTick，参数 ticks 表示系统定时器的计数初值。第 1 行的 uint32_t 为自定义的无符号 32 位整型类型，_STATIC_INLINE 即 static inline，用于定义静态内敛函数。第 3 行的 SysTick_LOAD_RELOAD_Msk 为宏常量 0x00FFFFFF，这是因为系统定时器是 24 位的减计数器，最大值为 0x00FFFFFF，所以当第 3 行为真时，说明参数 ticks 的值超过了系统定时器的最大计数值，故第 5 行返回 1，表示出错。第 7 行将 ticks 计数值减去 1 的值作为初值赋给 LOAD 寄存器（系统节拍定时器重装值寄存器 STRELOAD）。第 8 行调用 CMSIS 库函数 NVIC_SetPriority 设置系统节拍定时器异常的优先级号为

15。第 9 行向 VAL 寄存器（系统节拍定时器当前计数值寄存器 STCURR）写入 0，使 LOAD 内的值装入 VAL 寄存器中。第 10 行启动系统节拍定时器，并且打开系统节拍定时器中断，其中，宏常量 SysTick_CTRL_CLKSOURCE_Msk、SysTick_CTRL_TICKINT_Msk 和 SysTick_CTRL_ENABLE_Msk 依次为（1uL << 2）、（1uL << 1）和（1uL << 0）。

根据上面的程序段可知，设计一个定时频率为 100 Hz（定时周期为 10 ms）的系统时钟节拍定时器，只需要调用语句"SysTick_Config(720000uL)"即可。

### 7.2.2　系统节拍定时器实例

系统节拍定时器异常一般用作嵌入式实时操作系统的时钟节拍，也可以用作普通的定时中断处理。这里使用系统节拍定时器实现 LED1 灯的闪烁功能，其实现步骤如下：

（1）在工程 03 的基础上，新建"工程 05"，保存在目录"D：\STM32F103ZET6 工程 \ 工程 05"下，此时的工程 05 与工程 03 完全相同。

（2）新建文件 systick.c 和 systick.h，这两个文件保存在目录 "D：\STM32F103ZET6 工程 \ 工程 05\BSP" 下。

文件 systick.c 的程序段如下：

```
1 //Filename·systick.c
2
3 #include"includes.h"
4
5 void SysTickInit(void)
6 (
7 SysTick_Config(720000uL);
8 )
9
10 void SysTick_Handler(void)
11 {
12 static int08U i = 0;
13 i + +;
14 if(i= =100)
```

```
15      LED(1,LED_ON);
16   if(i= =200)
17 {
18     i=0;
19     LED(1,LED_OFF);
20   }
21 }
```

第 5 ~ 8 行的函数 SysTickInit 调用系统函数 SySTick_Config（第 7 行），配置系统节拍定时器工作频率为 100 Hz，这个函数还将用于第二篇操作系统级别的工程中。

第 10 ~ 21 行为系统节拍定时器异常服务函数，第 10 行的函数名 SySTick_Haridler 是系统指定的，该函数名来自启动文件 startup_stm32fl0x_hd.s 中同名的标号。第 12 行定义静态变量 $i$，如果 $i$ 累加到 100（表示经过了 1 s），则点亮 LED1 灯（第 15 行）；如果 $i$ 从 100 累加到 200（表示又经过了 1 s），则熄灭 LED1 灯（第 19 行），同时把变量 $i$ 清零。

systick.h 的程序段如下：

```
1  //Filename:systick.h
2
3 #ifndef _SYSTICK_H
4 #define_SYSTICK_H
5
6 void SysTickInit(void);
7
8 #endif
```

文件 systick.h 中声明了文件 systick.c 中定义的函数 SysTickInit（第 6 行），该函数用于系统节拍定时器的初始化。

（3）修改文件 main.c、includes.h 和 bsp.c 文件。

main.c 的程序段如下：

```
1  //Filename:main.c
2
3 #include"includes.h"
```

```
4
5  int main(void)
6 {
7      BSPInit();
8
9    for(; ;)
10   (
11   )
12 }
```

在文件 main.c 中，main 函数仅在第 7 行调用 BSPInit 函数实现外设的初始化，然后进入一个空的无限循环体（第 9 ~ 11 行），因此 main 函数中不执行具体的处理工作。

includes.h 的程序段如下：

```
1  //Filename:includes.h
2
3  #include"stm32f10x.h"
4
5  #include"vartypes.h"
6  #include"bsp.h"
7  #include"led.h"
8  #include"key.h"
9  #include"exti.h"
10 #include"beep.h"
11 #include"systick.h"
```

这里添加了第 11 行，即包括了 systick.h 头文件。

bsp.c 的程序段如下：

```
1  //Filename:bsp.c
2
3  #include"includes.h"
4
```

```
5 void BSPInit(void)
6 {
7   LEDInit();
8   KEYInit();
9   EXTIKeyInit();
10  BEEPInit();
11  SysTickInit();
12 }
```

这里添加了第 11 行，即调用了系统节拍定时器初始化函数。

（4）将 systick.c 文件添加到工程管理器的 BSP 分组下。

工程 05 的工作流程如图 7-3 所示。

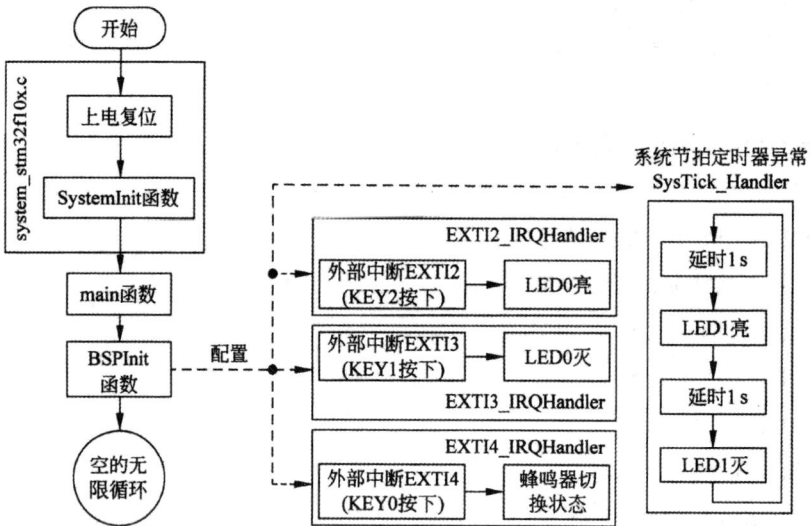

图 7-3　工程 05 的工作流程

由图 7-3 可知，在工程 05 中，主函数 main 主要完成了系统的外设初始化工作，同时，工程 05 保留了工程 03 中的全部功能，并添加了系统节拍定时器功能。由于配置了系统节拍定时器的工作频率为 100 Hz，所以定时异常每触发 100 次相当于延时准确的 1 s。通过添加静态计数变量，系统节拍定时器异常服务函数实现了每隔 1 s 使 LED1 灯状态切换一次的功能。

# 7.3　看门狗实验

## 7.3.1　STM32 系列 IWDG 特点

（1）自由运行的递减计数器。

（2）时钟由独立的 RC 振荡器提供（可在停止和待机模式下工作）。

（3）看门狗被激活后，在计数器至 0x000 时产生复位。

## 7.3.2　与 IWDG 相关的寄存器

在键寄存器（IWDG_KR)中写入 0xCCCC，开始启用独立看门狗，此时计数器开始从其复位值 0xFFF 递减计数。当计数器计数到末尾 0x000 时，会产生一个复位信号（IWDG_ RESET）。无论何时，只要在键寄存器 IWDG_KR 中写入 0xAAAA，IWDG_RLR 中的值就会被重新加载到计算器，从而避免产生看门狗复位。

图 7-4 为独立看门狗（IWDG) 框图。

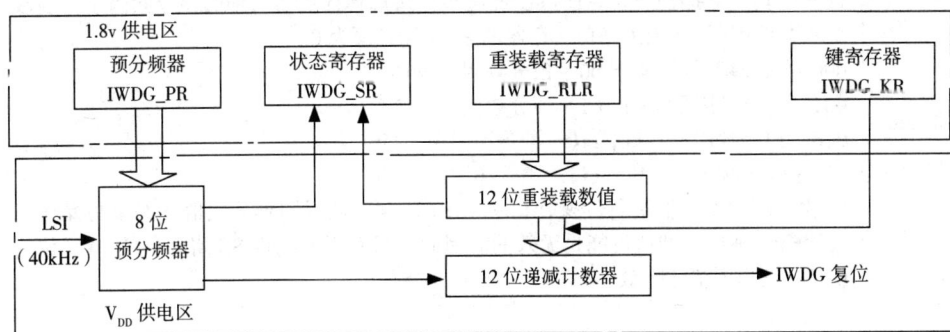

图 7-4　独立看门狗（IWDG) 框图

1.键寄存器（IWDG_KR）

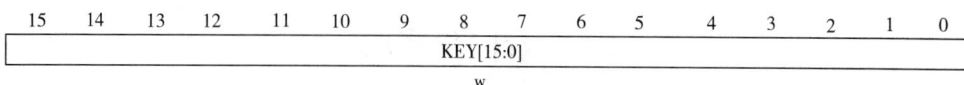

| 15 | 14 | 13 | 12 | 11 | 10 | 9 | 8 | 7 | 6 | 5 | 4 | 3 | 2 | 1 | 0 |
|---|---|---|---|---|---|---|---|---|---|---|---|---|---|---|---|
| | | | | | | | KEY[15:0] | | | | | | | | |

w

| 位 15 : 0 | KEY[15:0]：键值 (Key value)（只写寄存器，读出值为 0x0000) |
| | 软件必须以一定的间隔写入 0xAAAA，否则，当计数器为 0 时，看门狗会产生复位 |
| | 写入 0x5555 表示允许访问 IWDG_PR 和 IWDG_RLR 寄存器 |
| | 写入 0xCCCC，启动看门狗工作（若选择了硬件看门狗，则不受此命令字限制） |

2.预分频寄存器（IWDG_PR）

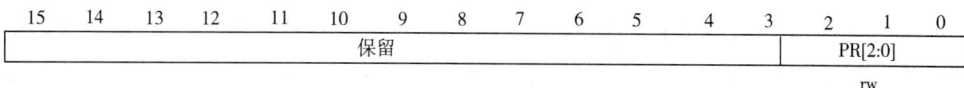

| 15 | 14 | 13 | 12 | 11 | 10 | 9 | 8 | 7 | 6 | 5 | 4 | 3 | 2 | 1 | 0 |
|---|---|---|---|---|---|---|---|---|---|---|---|---|---|---|---|
| | | | | 保留 | | | | | | | | | PR[2:0] | | |

rw

| 位 15:3 | 保留，始终读为 0 |
| 位 2:0 | PR[2:0]：预分频因子（Prescaler divider）<br>这些位具有写保护设置。通过设置这些位来选择计数器时钟的预分频因子。要改变预分频因子，IWDG_SR 寄存器的 PVU 位必须为 0<br>000：预分频因子 =4；100：预分频因子 =64<br>001：预分频因子 =8；101：预分频因子 =128<br>010：预分频因子 =16；110：预分频因子 =256<br>011：预分频因子 =32；111：预分频因子 =256<br>注意：对此寄存器进行读操作，将从 VDD 电压域返回预分频值。如果写操作正在进行，则读回的值可能是无效的。因此，只有当 IWDG_SR 寄存器的 PVU 位为 0 时，读出的值才有效 |

3.重装载寄存器（IWDG_RLR）

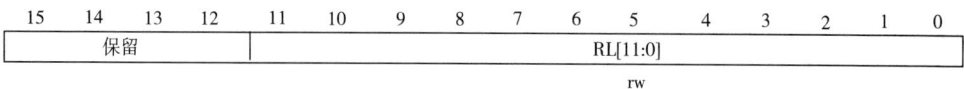

| 15 | 14 | 13 | 12 | 11 | 10 | 9 | 8 | 7 | 6 | 5 | 4 | 3 | 2 | 1 | 0 |
|---|---|---|---|---|---|---|---|---|---|---|---|---|---|---|---|
| | 保留 | | | | | | | RL[11:0] | | | | | | | |

rw

| 位 15:12 | 保留，始终读为 0 |

续　表

| 位 11:0 | RL[11:0] : 看门狗计数器重装载值（Watchdog counter reload value）<br>这些位具有写保护功能，用于定义看门狗计数器的重装载值，每当向 IWDG_KR 寄存器写入 0xAAAA 时，重装载值会被传送到计数器中。随后计数器从这个值开始递减计数<br>看门狗超时周期可通过此重装载值和时钟预分频值来计算<br>只有当 IWDG_SR 寄存器中的 RVU 位为 0 时，才能对此寄存器进行修改<br>注：对此寄存器进行读操作，将从 VDD 电压域返回预分频值。如果写操作正在进行，则读回的值可能是无效的。因此，只有当 IWDG_SR 寄存器的 RVU 位为 0 时，读出的值才有效 |
|---|---|

4. 状态寄存器（IWDG_SR）

| 15 | 14 | 13 | 12 | 11 | 10 | 9 | 8 | 7 | 6 | 5 | 4 | 3 | 2 | 1 | 0 |
|----|----|----|----|----|----|---|---|---|---|---|---|---|---|-----|-----|
| | | | | | 保留 | | | | | | | | | RVU | PVU |
| | | | | | | | | | | | | | | r | r |

| 位 15:2 | 保留，始终读为 0 |
|---|---|
| 位 1 | RVU : 看门狗计数器重装载值更新（Watchdog counter reload value update）。<br>此位由硬件置 "1" 用来指示重装载值的更新正在进行中。当在 VDD 域中的重装载更新结束后，此位由硬件清 "0"（最多需 5 个 40 kHz 的 RC 周期）。重装载值只有在 RVU 位被清 "0" 后才可更新 |
| 位 0 | PVU : 看门狗预分频值更新（Watchdog prescaler value update）<br>此位由硬件置 "1" 用来指示预分频值的更新正在进行中。当在 VDD 域中的预分频值更新结束后，此位由硬件清 "0"（最多需 5 个 40kHz 的 RC 周期）。预分频值只有在 PVU 位被清 "0" 后才可更新 |

### 7.3.3　独立看门狗程序

```
#include"stm32f10x.h"

#include"stm32lib.h"

#include"api.h"

/****************************************************************
```

** 函数信息: void IWDGInit（void）

** 功能描述：独立看门狗初始化函数，此处设置为 1 秒喂狗一次，否则复位

** 输入参数：无

** 输出参数：无

** 调用提示：

```
***************************************************************************/
void IWDGInit(void)
{
IWDG_WriteAccessCmd(IWDG_WriteAccess_Enable);  // 允许看门狗寄存
器写入功能
IWDG_SetPrescaler(IWDG_Prescaler_32);  // 看 门 狗 时 钟 分 频 设 置，
40K/32=1250Hz(0.8ms)
IWDG_SetReload(1250);                    // 喂狗时间 0.8ms*1250=1s，注意不
能大于 0xFFF(4095)
IWDG_ReloadCounter();                    // 重启计数器，即喂狗
IWDG_Enable();                  // 使能看门
/***************************************************************************
```

** 函数信息：int main(void)        //WAN.CG//2011.1.8

** 功能描述：开机后，ARMLED 闪动，蜂鸣器响一声，如果按下任意一个按键并且不松开，就打断了喂狗时序，如果持续超过一秒钟不松口按键，看门狗就会复位程序

** 输入参数：

** 输出参数：

** 调用提示：

```
***************************************************************************/
int main(void)
{
int32u i;

SystemInit();                // 系统初始化，初始化系统时钟
GPIOInit();                  //GPIO 初始化，凡是实验用到的都要初始化
TIM2Init();                  //TIM2 初始化，LED 灯闪烁需要 TIM2
```

```
    IWDGInit();                      // 初始化并打开看门狗
    Buzzer_Time=5;                   // 蜂鸣器鸣响
    for(i=0;i<50000;i + +);


    while(1)
    {
        IWDG_ReloadCounter();                // 喂狗

    if(! GPIO_ReadInputDataBit(GPIOC,GPIO_Pin_8))  // 如果 KEY1 键按下
        {
            while(! GPIO_ReadInputDataBit(GPIOC,GPIO_Pin_8));  // 等待
按键松开

        }

    if(! GPIO_ReadInputDataBit(GPIOC,GPIO_Pin_9))  // 如果 KEY2 键按下
        {
            while(! GPIO_ReadInputDataBit(GPIOC,GPIO_Pin_9));  // 等待按键
松开
        }
        if(! GPIO_ReadInputDataBit(GPIOC,GPIO_Pin_10))  // 如 果 KEY3 键
按下
        {
            while(! GPIO_ReadInputDataBit(GPIOC,GPIO_Pin_10));  // 等待按
键松开


        }
        if(! GPIO_ReadInputDataBit(GPIOC,GPIO_Pin_11))  // 如 果 KEY4 键
按下
        {
            while(! GPIO_ReadInputDataBit(GPIOC,GPIO_Pin_11));  // 等待按
```

键松开

 |

  if(! GPIO_ReadInputDataBit(GPIOC,GPIO_Pin_12)) // 如 果 KEY5 键

按下

 |

   while(! GPIO_ReadInputDataBit(GPIOC,GPIO_Pin_12)); // 等待按

键松开

 |

  for(i=0;i<10000;i + +);      // 延时程序


 |

# 7.4　通用定时器

 STM32F103ZET6 具有 8 个定时器，其中 TIM1 和 TIM8 为高级控制定时器，TIM2 ~ TIM5 为通用定时器，TIM6 和 TIM7 为基本定时器。相较传统 80C51 单片机的定时器，STM32F103ZET6 的定时器功能更加完善和复杂。

## 7.4.1　通用定时器

 STM32F103ZET6 微控制器具有 4 个通用定时器 TIM2 ~ TIM5，它们的结构和工作原理相同。这里以通用定时器 TIM2 为例介绍通用定时器的工作原理，TIM2 的结构如图 7-5 所示。

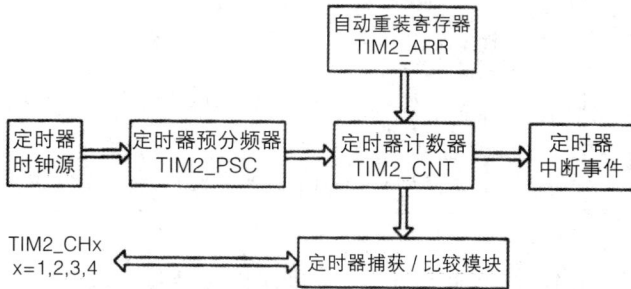

图 7-5　通用定时器 TIM2 结构

由图 7-5 可知，定时器 TIM2 具有 4 个通道，可实现对外部输入脉冲信号的捕获（计数）和比较输出，相关的寄存器有 TIM2 捕获与比较寄存器 TIM2_CCR1 ～ 4、TIM2 捕获与比较模式寄存器 TIM2_CCMR1 ～ 2 和 TIM2 捕获与比较有效寄存器 TIM2_CCER 等。本节重点介绍通用定时器的定时计数功能。

1.TIM2 控制寄存器 TIM2_CR1（偏移地址为 0x0，复位值为 0x0）

TIM2_CR1 寄存器是一个 16 位的可读 / 可写寄存器，如表 7-6 所示。

表 7-6　T1M2_CR1 寄存器

| 位　号 | 名　称 | 属　性 | 含　义 |
|---|---|---|---|
| 15:10 | | | 保留 |
| 9：8 | CKD[1：0] | 可读 / 可写 | 定时捕获 / 比较模块中的采样时钟间的倍数值。为 0 表示相等；为 1 表示 2 分频；为 2 表示 4 分频；为 3 保留 |
| 7 | ARPE | 可读 / 可写 | 为 0，自动重装无缓存；为 1，自动重装带缓存 |
| 6：5 | CMS | 可读 / 可写 | 为 0 表示单边计数；为 1 表示双边计数模式 1，输出比较中断仅当减计数时触发；为 2 表示双边计数模式 2，输出比较中断仅当加计数时触发；为 3 表示双边计数模式 3，输出比较中断在加计数和减计数时均触发 |
| 4 | DIR | 可读 / 可写 | 若 CMS=00b，则 DIR 为 0 表示加计数，为 1 表示减计数 |
| 3 | OPM | 可读 / 可写 | 为 0 表示单拍计数方式；为 1 表示循环计数 |
| 2 | URS | 可读 / 可写 | 为 0 表示计数溢出和 T1M2_EGR 寄存器的第 0 位（ UG 位 ）置位等事件均产生中断；为 1 表示仅有计数溢出时才产生中断 |

续　表

| 位　号 | 名　称 | 属　性 | 含　义 |
|---|---|---|---|
| 1 | UDIS | 可读 / 可写 | 为 0 表示定时器更新事件（UEV）有效；为 1 表示 UEV 无效 |
| 0 | CEN | 可读 / 可写 | 为 0，关闭定时器；为 1，打开定时器 |

如果定时器 TIM2 采用加计数方式，则可以保持其复位值，只需要配置其第 0 位为 1 打开定时器 TIM2。

2. TIM2 定时器计数器 TIM2_CNT（偏移地址为 0x24，复位值为 0x0）

TIM2_CNT 寄存器是一个 16 位的可读 / 可写寄存器，保存了定时器的当前计数值。

3. TIM2 定时器预分频器寄存器 TIM2_PSC（偏移地址为 0x28，复位值为 0x0）

TIM2_PSC 寄存器是一个 16 位的可读 / 可写寄存器，TIM2 计数器的计数频率 = 定时器时钟源频率 /（TIM2_PSC+1）。如果采用 72 MHz 系统时钟作为 TIM2 时钟源，设置 TIM2_PSC=7200-1，则 TIM2 计数器计数频率为 10 kHz。

4. TIM2 自动重装寄存器 TIM2_ARR（偏移地址为 0x2C，复位值为 0x0）

如果 TIM2 设为加计数方式，则计数值从 0 计数到 TIM2_ARR 的值时溢出而产生中断。如果计数频率为 10 kHz，设定 TIM2_ARR 为 100-1，则 TIM2 定时中断的频率为 100 Hz。

5. TIM2 定时器状态寄存器 TIM2_SR（偏移地址为 0x10，复位值为 0x0）

TIM2_SR 寄存器的第 0 位为 UIF 位，当发生定时中断时，UIF 位自动置 1，向其写入 0 可清零该位。

6. TIM2 定时器有效寄存器 TIM2_DIER（偏移地址为 0x0C，复位值为 0x0）

TIM2_DIER 寄存器的第 0 位为 UIE 位，写入 1 开放定时器更新中断，写入 0 关闭定时器更新中断。

关于定时器的捕获 / 比较功能以及 DMA 控制器相关的内容，请参考 STM32F103 手册。

### 7.4.2　通用定时器寄存器类型实例

本小节使用通用定时器 TIM2 实现 LED1 灯每隔 1 s 闪烁一次的功能，具体实现步骤如下：

170

（1）在工程03的基础上，新建"工程10"，保存在目录"D:\STM32F103ZET6工程\工程10"下。此时的工程10与工程03完全相同。

（2）修改 main.c 文件。

（3）新建文件 tim2.c 和 tim2.h，保存在目录"D:\STM32F103ZET6 工程\工程10\ BSP"下。

文件 tim2.c 的程序段如下：

```
1 //Filename: tim2.c
2
3 #include"includes.h"
4
5 void TIM2Init(void)
6 {
7   RCC->APB1ENR|=(1ul<<0);
8   TIM2->ARR= 100-1
9   TIM2->PSC= 7200-1
10  TIM2->DIER |= (1uL,<<0);
11  TIM2->CR1 |= (1uL,<<0);
12
13  NVIC_EnableIRQ(TIM2_IRQn);
14 }
15
16 void TIM2_IRQHandler(void)
17 {
18 static Int08U i=0;
19 i + +;
20 if(i = =100)
21      LED(1,LED_ON);
22  if(i = =200)
23 {
24   i=0;
25   LED(1,LED_OFF);
```

```
26 }
27 TIM2->SR & = ~ (1 uL<<0);
28 NVIC_ClearPendingIRQ(TIM2_IRQn);
29 }
```

第 5 ~ 14 行为 TIM2 初始化函数。第 7 行打开 TIM2 定时器的时钟源；第 8 行设置 TIM2 重装计数值为 99；第 9 行设置 TIM2 预分频值为 7 199；第 10 行打开定时器刷新中断；第 11 行启动定时器 TIM2。

第 16 ~ 29 行为定时器 TIM2 中断服务函数。由于定时器中断触发的频率为 100 Hz，故 100 次中断的时间间隔为 1 s，通过静态计数变量 $i$ 实现 LED1 灯每隔 1 s 闪烁一次的处理。

文件 tim2.h 的程序段如下：

```
1  //Filename:tim2.h
2
3  #ifnder _TIM2_H
4  #define _TIM2_H
5
6  void TIM2Init(void);
7
8  #endif
```

文件 tim2.h 中声明了文件 tim2.c 中定义的函数 TIM2Init。

（4）在 includes.h 文件的末尾添加 # include "tim2.h" 语句，即包括头文件 tim2.h。

（5）修改 bsp.c 文件，程序段如下：

```
1  //Filename: bsp.c
2
3  #include"includes.h"
4
5  void BSPInit(void)
6  {
7    LEDInit();
8    KEYInit();
```

9　EXTIKeyInit();

10　BEEPInit();

11　TIM2Init();

12　}

这里调用 TIM2Init 函数对 TIM2 进行初始化。

（6）将文件 tim2.c 添加到工程管理器的 BSP 分组下。

# 第8章 串口通信

　　STM32F103ZET6 微控制器具有 5 个串口，其中 USART1 ~ 3 是带有同步串
行通信能力的同步异步串行口，而 UART4 ~ 5 是标准的异步串行通信口。本章以
STM32F103ZET6 微控制器的 USART2 为例，介绍其片内串口外设的工作原理，并
借助实例详细介绍串口通信的程序设计方法，包括串口发送数据和基于串口接收中断
服务函数接收数据的方法。

## 8.1　串口通信工作原理

　　串口通信是指数据的各位按串行的方式沿一根总线进行通信的方式，RS-232 标
准的 UART 串口通信是典型的异步双工串行通信，通信方式如图 8-1 所示。

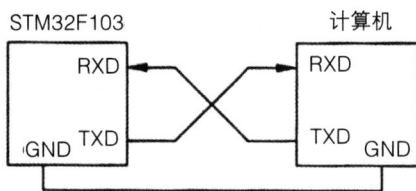

**图 8-1　UART 异步串行通信**

　　UART 串口通信需要三个引脚，即 TXD 和 RXD、GND，TXD 为串口数据发
送端，RXD 为串口数据接收端，GND 为接地信号。STM32F103 微控制器的串口与
计算机的串口按如图 8-1 所示的方式相连，串行数据传输没有同步时钟，需要双方
按相同的位传输速率异步传输，这个速率称为波特率，常用的波特率有 4 800 bps、
9 600 bps 和 115 200 bps 等。UART 串口通信的数据包以帧为单位，常用的帧结
构为 1 位起始位 + 8 位数据位 + 1 位奇偶校验位（可选）+1 位停止位，如图 8-2 所示。

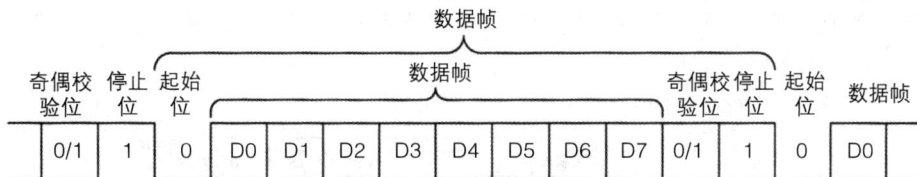

**图 8-2　串口通信数据格式**

奇偶校验方式分为奇校验和偶校验两种，是一种简单的数据误码检验方法。奇校验是指每帧数据中，包括数据位和奇偶校验位在内的全部 9 个位中"1"的个数必须为奇数；偶校验为每帧数据中，包括数据位和奇偶校验位在内的全部 9 个位中"1"的个数必须为偶数。例如，发送数据 00110101b，采用奇校验时，奇偶校验位必须为 1，这样才能满足奇校验条件。如果对方收到数据位和奇偶校验位后，发现"1"的个数为奇数，则认为数据传输正确；否则，认为数据传输出现误码。

# 8.2　STM32F103 的串行通信模块

STM32F103 提供了功能强大的串行通信模块，可为与大量串行外部设备的数据交换提供强大支持，特性如下：

（1）支持全双工异步通信以及同步单向通信和半双工单线通信。同步方式下由发送方提供同步脉冲。

（2）采用 NRZ 编码格式。

（3）分数波特率发生器支持可编程波特率，最高频率可达 4.5 Mbit/s。

（4）可为局部互联网络 LIN、智能卡协议（Smart Card）、红外数据传输（IrDA）提供底层支持。

（5）支持与标准 Modem 的连接接口，包括 CTS/RTS 等互锁机制的支持。

（6）允许多处理器通信。

（7）可用多缓冲器配置的 DMA 方式，方便了高速通信的实现。

## 8.2.1　基本结构和连接

STM32F103X 的 USART 模块内部结构如图 8-3 所示，主要内部部件包括用于

175

发送、接收的缓冲寄存器（TDR 和 RDR）和移位寄存器、用于产生驱动脉冲的分频控制（CTPR 等）以及若干状态寄存器和控制寄存器（如中断请求、速率控制等）。

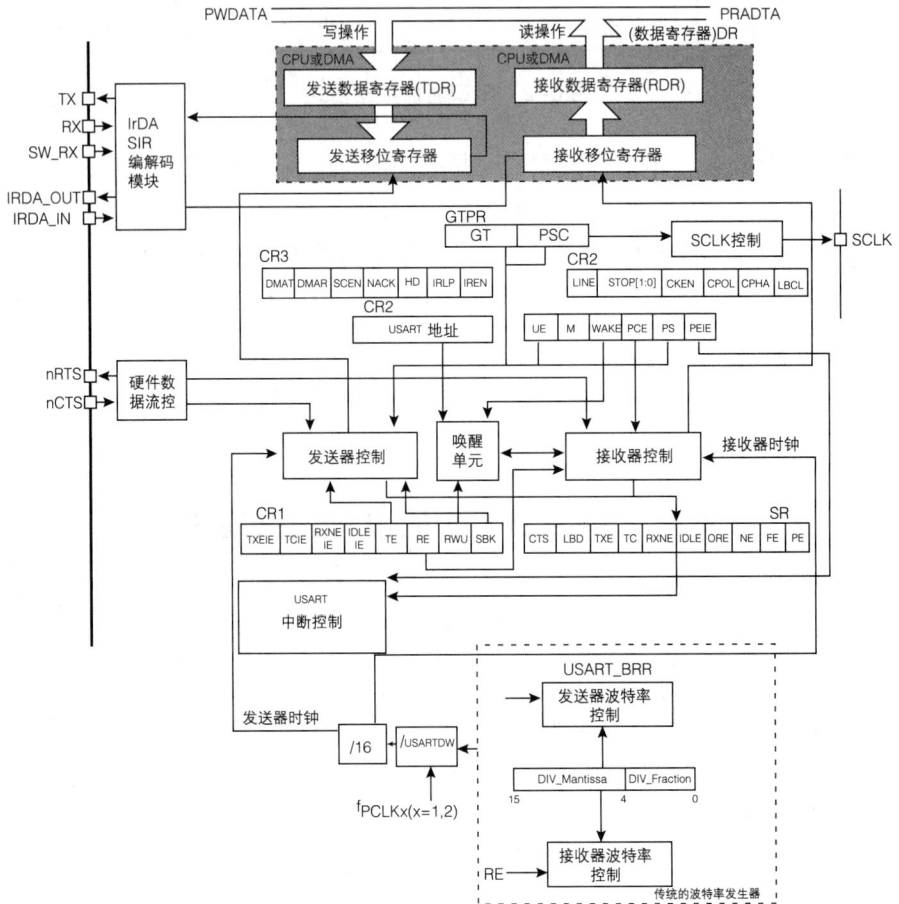

图 8-3　STM32F103 的 USART 模块内部结构图

由图 8-3 可以看出，USART 的对外主要联络线如下：

RX：接收数据输入。

TX：发送数据输出。当发送功能被禁止时，TX 引脚可被作为普通 GIO 使用；当发送使能且无待传数据时，TX 保持高电平。

USARTDIV 的实际分频系数与 Mantissa 和 Fraction 配置字的关系如下：

USARTDIV=DIV_Mantissa+（DIV_Fraction/16）

USART 模块的用途非常广泛，除了加装驱动器后实现 RS-232/RS-485 通信，也可以在进一步加入协议解析软件和相关驱动模块后实现 UN 总线、IrDA 通信、SD 卡读写等操作，甚至用于多 MCU 架构系统中实现两个 MCU 的互联。

## 8.2.2　单字节传输

发送方程序通过向发送寄存器（TDR）写入待传字节启动传输，并在 USART 内部移位寄存器和时钟脉冲的驱动下转换为串行比特流输送到 TX 线上；接收方则从接收寄存器（RDR）获取收到的数据，RX 线上收到的比特流首先进入 USART 内部移位寄存器中，待收到一个完整字节后才会转移到 RDR。

图 8-4 是 USART 模块传输一个字节数据的示意图。

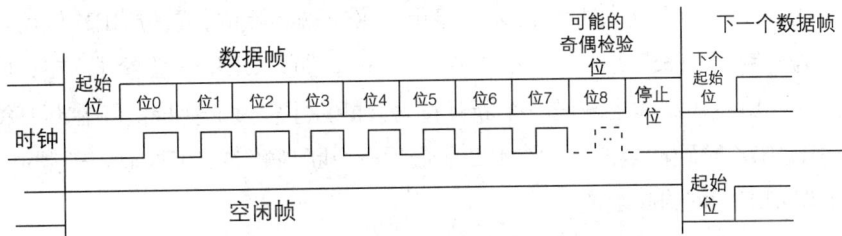

**图 8-4　异步串行通信中常见的单字节传输时序示意**

通常情况下 TX 线上保持高电平，TX 端将电平拉低时提示 RX 端准备开始发送数据（开始位），然后从低位开始逐个发送字节中的每一位以及校验位（如果有的话）。发送完毕后，恢复高电平提示本字节发送结束（停止位）。开始位和停止位的比特数（本质上也就是表示开始的高电平和表示停止的低电平持续的时间）可配置。如果要发送多个字节，则以上过程周而复始循环执行即可。

与传输有关的主要状态位如下：

（1）TXE：发送数据寄存器空。当 TDR 寄存器中的数据被硬件转移到移位寄存器的时候，该位被硬件置位。如果 USART_CR1 寄存器中的 TXEIE 为 1，则产生中断。对 USART_DR 的写操作将该位清零。该位为 1 表示数据已经从发送缓冲寄存器转移到移位寄存器。

（2）TC：发送完成标记。当前字节帧发送完成后，由硬件将该位置位。如果 USART_CR1 中的 TCIE 为 1，则产生中断。由软件序列清除该位（先对 USART_SR 进行读操作，然后对 USART_DR 进行写操作即可）。注意：TC 位也可以通过对其他件写 0 来清除，但此清零方式只在多缓冲器通信模式下推荐使用。

（3）RXNE：读数据寄存器非空。当 RDR 移位寄存器中的数据被转移到 USART_DR 寄存器中，该位被硬件置位。如果 USART_CR1 寄存器中的 RXNEIE 为 1，则中断产生。对 USART_DR 的读操作可以将该位清零。

发送方可以通过读取 TXE 标记的值判断当前是否可安全地将下一个字节发送到缓冲寄存器中，或在 TXE 中断中执行写动作；接收方可以通过读取 RXNE 标记判断数据是否已经准备好被读取。

STM32F103 的 USART 进一步引入了空闲符号和断开符号的概念。

空闲符号被视为完全由 1 组成的一个完整的数据帧，后面跟着包含了数据的下一帧的开始位。置位 TE 将使 USART 在第一个数据帧前发送一空闲帧。

断开符号被视为在一个帧周期内全部收到 0（包括停止位期间，也是 0）。在断开帧结束时，发送器再插入 1 个或 2 个停止位来应答起始位。置位 SBK 位可发送一个断开符号。断开帧长度取决于 M 位（图 8-5）。如果 SBK 位被置 1，在完成当前数据发送后，将在 TX 线上发送一个断开符号。断开字符发送完成时（在断开符号的停止位时），SBK 被硬件复位。USART 在最后一个断开帧的结束处插入一逻辑"1"，以保证能识别下一帧的起始位。

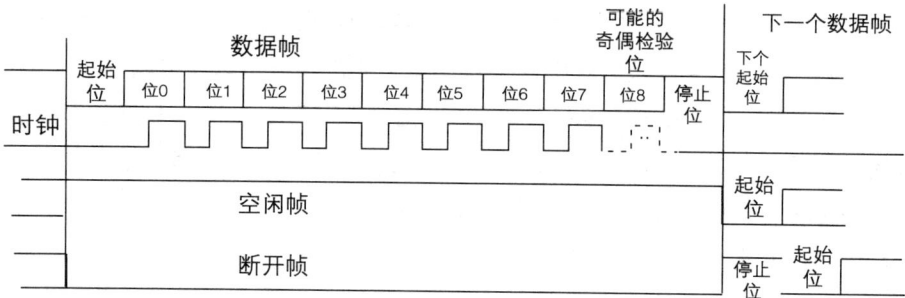

图 8-5　STM32F 传输一个字节的时序

在最基本的串行字节数据流传输中，断开符号和空闲符号从原理上来看是不必要的，但是这种独立的断开功能和空闲功能设计增加了灵活性，特别是使 STM32F103 的 USART 模块可以仅做简单配置，适应了 SD 卡传输等要求。

### 8.2.3　分频设置和波特率选择

一切数字电路的工作都需要时钟脉冲的驱动才能工作，USART 也不例外。在基于 USART 的异步传输模式中，发送和接收的速度受波特率配置寄存器的控制。所谓分频设置就是根据系统主时钟设置和 USART 传输所需要的驱动时钟频率，计算分频系数并写入相关控制寄存器的过程。波特率和 USART 的时钟输入信号频率的关系如下：

$$\text{Baud}_{\text{rx}} = \text{Baud}_{\text{tx}} = \frac{f_{\text{ck}}}{16 \times \text{USARTDIV}}$$

因此，可通过向 USART_BRR（波特率寄存器）写入分频设置选择波特率。这里的 $f_{ck}$ 是 MCU 给外设的时钟，USARTDIV 是一个无符号的定点数。这 12 位的值设置在 USART_BRR 寄存器。

如何根据波特率寄存器（USART_BRR）计算 USARTDIV 呢？按 STM32F103 参考手册说明，BRR 寄存器的第 4 ~ 15 位（共 12 位）定义了 USART 分频器除法因子（UASRTDIV）的整数部分，记为 DIV_Mantissa；0 ~ 3 位定义了 USART 分频器除法因子的小数部分，记为 DIV_Fraction。

例 1：如果 DIV_Mantissa=27d，DIV_Fraction=12d，于是

Mantissa（USARTDIV）=27d；

Fraction（USARTDIV）=12/16=0.75d；

所以，USARTDIV=27.75d。

例 2：要求 USARTDIV=25.62d，就有

DIV_Fraction=16*0.62d=9.92d，近似等于 10d，转换成 16 进制就是 0×0A；

DIV_Mantissa=mantissa（25.620d）=25d，转换成 16 进制就是 0×19。

例 3：要求 USARTDIV=50.99d，就有

DIV_Fraction=16*0.99d=15.84d，近似等于 16d，即 16 进制中的 0×10；

DIV_Mantissa=mantissa（50.990d）=50d，即 16 进制中的 0×32。

注意：更新波特率寄存器 USART_BRR 后，波特率计数器中的值也立刻随之更新。所以，在通信正在进行时不应改变 USART_BRR 中的值。

在 STM32 中，时钟频率 $f_{ck}$ 对不同的 USART 是不同的，由于硬件设计的影响，USART1 的时钟输入来自系统的 PCLK2，最高可达 72 MHz，USART2 及其他 USART 的时钟输入来自 PCLK1，最高 36 MHz。传输率、波特率寄存器设置与错误概率的关系如表 8-1 所示。

表 8-1 传输率、波特率寄存器设置与错误概率的关系

| 波特率 | | $f_{PCLK}$ =36 MHz | | | $f_{PCLK}$ =72 MHz | | |
|---|---|---|---|---|---|---|---|
| 序号 | kbps | 实际 | 置于波特率寄存器中的值 | 误差（%） | 实际 | 置于波特率寄存器中的值 | 误差（%） |
| 1 | 2.4 | 2.400 | 937.5 | 0% | 2.4 | 1875 | 0% |
| 2 | 9.6 | 9.600 | 234.375 | 0% | 9.6 | 468.75 | 0% |
| 3 | 19.2 | 19.2 | 117.187 5 | 0% | 19.2 | 234.375 | 0% |
| 4 | 57.6 | 57.6 | 39.062 5 | 0% | 57.6 | 78.125 | 0% |
| 5 | 115.2 | 115.384 | 19.5 | 0.15% | 115.2 | 39.0625 | 0% |
| 6 | 230.4 | 230.769 | 9.75 | 0.16% | 230.769 | 19.5 | 0.16% |
| 7 | 460.8 | 461.538 | 4.875 | 0.16% | 461.538 | 9.75 | 0.16% |
| 8 | 921.6 | 923.076 | 2.437 5 | 0.16% | 923.076 | 4.875 | 0.16% |
| 9 | 2 250 | 2 250 | 1 | 0% | 2 250 | 2 | 0% |
| 10 | 4 500 | 不可能 | 不可能 | 不可能 | 4 500 | 1 | 0% |

表 8-1 中，误差（%）=（计算的波特率 − 希望的波特率）/ 希望的波特率。

注意：尽管 USART 的数据传输过程需要时钟脉冲的驱动才能运行，但是在异步传输模式下，串行线上除了传输数据和必要的控制信号之外，时钟脉冲并不在线上传输。

## 8.2.4 基于 RTS 和 CTS 硬件握手协议的流控过程

在实际中，尽管相同波特率设置保证了同一字节的每个 bit 在接收时不会发生错位和错误，但是在连续收发多个字节数据时，由于发送方和接收方处理数据的速度很可能不匹配，仍然有必要进一步设法协调 TX/RX 两端的发送速率，这可以通过流量软件或硬件握手协议来实现，这也就是所谓的流量控制。STM32 提供了基于 RTS/CTS 机制的硬件流控，利用 nCTS 清除发送信号和 nRTS 请求发送信号可以控制两个设备间的串行数据流。图 8-6 表明在这个模式里如何连接两个设备。

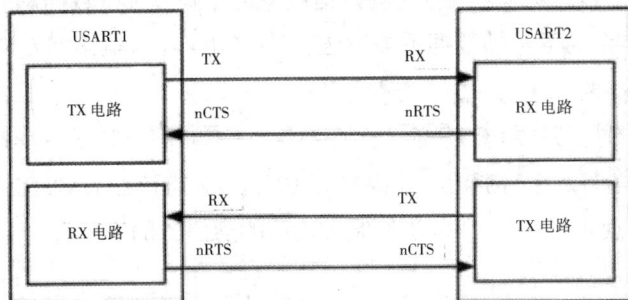

**图 8-6　双工通信中的硬件流量控制**

由上述硬件连接可知，当接收方处理完毕时，可通过 nRTS 向 TX 端的 nCTS 发送一个信号（对 STM32F103，接收方以低电平提示发送方空闲）提示接收方已经处理完毕，可以发送并接收后续数据了。而发送方在发送之前则会先检查 nCTS 是否为低，不为低则不发送。但这些设置和检查仅在 TX/RX 都启用流控使能时如此，如图 8-6 所示。对 STM32F103，全双工通信中收发两个通道的流控可通过 USART_CR3 寄存器的 RTSE 和 CTSE 两个位分别使能。通过将 UASRT_CR3 中的 RTSE 和 CTSE 置位，可以分别独立地使能 RTS 流控制和 CTS 流控制。

1.RTS 流控制

如果 RTS 流控制被使能（RTSE=1），只要 USART 接收器准备好接收新的数据，nRTS 就变成有效（接低电平）。当接收寄存器内有数据到达时，nRTS 被释放，由此表明希望在当前帧结束时停止数据传输。图 8-7 展示了一个启用 RTS 流控制的通信的例子。

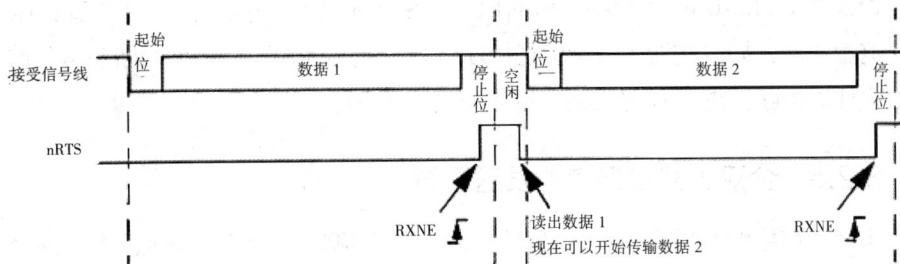

**图 8-7　RTS 流控**

2.CTS 流控制

如果 CTS 流控制被使能（CTSE=1），发送器在发送下一帧前检查 nCTS 输入。

如果 nCTS 有效（被拉成低电平），则数据被发送（假设那个数据是准备发送的，也就是 TXE=0），否则下一帧数据不被发送。若 nCTS 在传输期间变成无效，当前的传输完成后停止发送。

当 CTSE=1 时，只要 nCTS 输入一变换状态，CTSIF 状态位就自动被硬件设置，表明接收器是否准备好进行通信。如果 USART_CT3 寄存器的 CTSIE 位被设置，中断产生。图 8-8 展示了一个 CTS 流控制被启用的通信的例子。

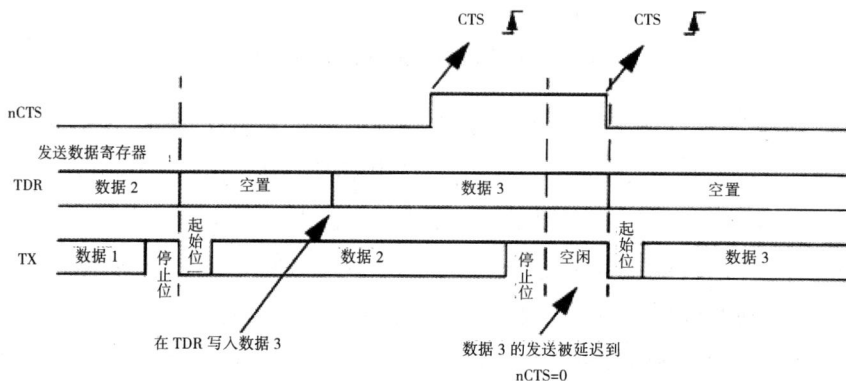

**图 8-8　CTS 流控**

为了进一步方便 USART 硬件与软件之间的协调联络，特别是支持相应驱动软件的开发，STM32F103 的 USART 硬件提供了丰富的中断请求条件。

在发送阶段，发送完毕、CTS 标记以及发送寄存器空等都可以触发中断。

在接收阶段，线路空闲、接收寄存器非空、校验错误等都可以触发中断。

但是在 STM103F 系列中，所有以上中断源最终都被关联到一个相同的中断向量，这意味着，如果使能了多个上述中断请求，就必须在 USART 中断服务程序内部利用软件对中断源进行判别以决定后续相应处理方法。

### 8.2.5　全双工异步通信的发送配置

串行通信中的常见配置参数包括分频设置（影响到波特率和数据传输速率）、停止位的有无和个数、奇偶校验位的有无等。只要发送方和接收方配置相同，一般都可正确通信。以停止位为例，停止位的个数事实上决定的是发送完一个字节的数据后表示停止状态的电平持续时间，如图 8-9 所示。

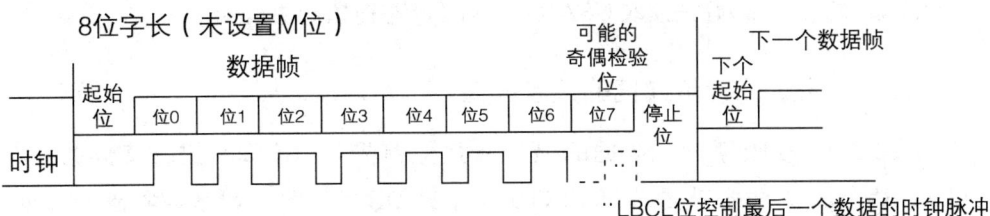

(a)1个停止位

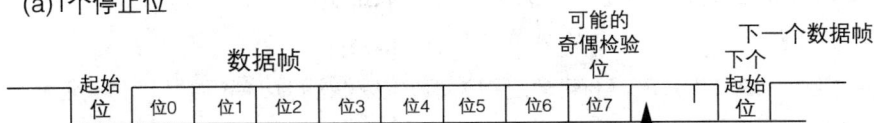

(b)1½个停止位

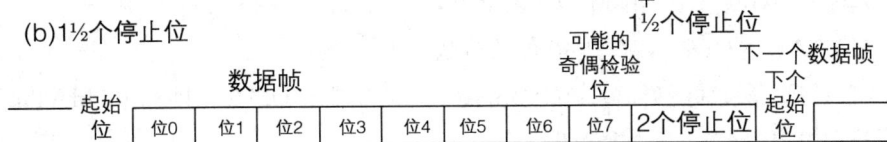

(c)2个停止位

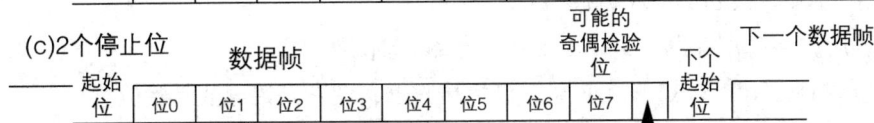

(d)½个停止位

图 8-9 配置停止位

配置步骤如下：

（1）通过在 USART_CR1 寄存器上置位 UE 位来激活 USART。

（2）编程 USART_CR1 的 M 位来定义字长。

（3）在 USART_CR2 中编程停止位的位数。

（4）如果采用多缓冲器通信，配置 USART_CR3 中的 DMA 使能位（DMAT）。按多缓冲器通信中的描述配置 DMA 寄存器。

（5）设置 USART_CR1 中的 TE 位，发送一个空闲帧作为第一次数据发送。

（6）利用 USART_BRR 寄存器选择要求的波特率。

（7）把要发送的数据写进 USART_DR 寄存器（此动作清除 TXE 位）。在只有一个缓冲器的情况下，对每个待发送的数据重复步骤（7）。

注意：在数据传输期间不可复位 TE 位，否则将会破坏 TX 引脚上的待传数据。因为波特率停止计数将导致当前正在传输的数据丢失。TE 位被激活后将发送一个空闲帧。由于 CPU 运行指令的速度远快于 USART 数据传输的速度，所以在程序中对

USART 操作之前，最好先读取 USART 当前的状态再执行决策。

## 8.2.6　全双工异步通信的接收配置

在 USART 接收期间，数据的最低有效位首先从 RX 脚移进。读数据寄存器 USART_DR 本质上就是读 USART 内部的 RDR 寄存器，可获取收到的数据。USART_CR1 的 M 位可选择接收 8 位还是 9 位的数据字。

配置步骤如下：

（1）通过在 USART_CR1 寄存器上置位 UE 位来激活 USART。

（2）编程 USART_CR1 的 M 位定义字长。

（3）在 USART_CR2 中编写停止位的位数。

（4）如果需要多缓冲器通信，选择 USART2_CR3 中的 DMA 使能位（DMAT），按多缓冲器通信要求配置 DMA 寄存器。

（5）利用波特率寄存器 USART_BRR 选择希望的波特率。

（6）设置 USART_CR1 的 RE 位，激活接收器，使它开始寻找起始位。

当字符被接收到时，可以出现以下情况，需要在软件中进行甄别处理：

（1）RXNE 位被置位。它表明移位寄存器的内容被转移到 RDR。换句话说，数据已经被接收并可以被读出（包括与之有关的错误标志）。

（2）如果 RXNEIE 位被设置，产生中断。

（3）在接收期间如果检测到帧错误、噪声或溢出错误，错误标志将被置起。

（4）在多缓冲器通信时，RXNE 在每个字节接收后被置起，并由 DMA 对数据寄存器的读操作清零。

（5）在单缓冲器模式里，由软件读 USART_DR 寄存器完成对 RXNE 位清除。RXNE 标志也可以通过对它写 0 来清除。RXNE 位必须在下一字符接收结束前清零，以避免溢出错误。

注意在接收数据时，RE 位不应该被复位。如果 RE 位在接收时被清零，当前字节的接收丢失。此外，接收器收到一个断开帧（断开符号）时，USART 会像处理帧错误一样处理它。如果检测到空闲帧，则和接收到普通数据帧一样，但如果 HDLEIE 位被设置，将产生一个中断。

如果 RXNE 还没有被复位，又接收到一个字符，则发生溢出错误。数据只有当 RXNE 位清零后才能从移位寄存器转移到 RDR 寄存器。RXNE 标记是在接收到每个字节后被置位的。所以，如果下一个数据已收到或先前 DMA 请求还没被服务时，

RXNE 标志仍是置起的，溢出错误就会产生。当溢出错误产生时：

（1）ORE 位被置位。

（2）RDR 内容将不会丢失。读 USART_DR 寄存器仍能得到先前的数据。

（3）移位寄存器中以前的内容将被覆盖。随后接收到的数据都将丢失。

（4）如果 RXNEIE 位被设置或 EIE 和 DMAR 位都被设置，中断产生。

（5）顺序执行对 USART_SR 和 USART_DR 寄存器的读操作，可复位 ORE 位。

当 ORE 位被置位时，表明至少有 1 个数据已经丢失。有两种可能性：如果 RXNE=1，上一个有效数据还在接收寄存器 RDR 上，可以被读出；如果 RXNE=0，这意味着上一个有效数据已经被读走，RDR 已经没有东西可读。当上一个有效数据在 RDR 中被读取的同时，又接收到新的（也就是丢失的）数据，RDR 没有东西可以读的情况可能发生；在读序列期间（在 USART_SR 寄存器读访问和 USART_DR 读访问之间）接收到新的数据，此种情况也可能发生。

### 8.2.7　关于传输错误

由于干扰的存在，比特流在传输过程中不可避免地会发生错误。

1.噪声错误

噪声错误是由干扰引起的传输比特翻转导致的错误。USART 硬件采用过采样技术可以在一定程度上减少由于噪声导致的数据错误，但不能完全避免。当在接收帧中检测到噪声时：

（1）NE 在 RXNE 位的上升沿被置起。

（2）无效数据从移位寄存器移送到 USART_DR 寄存器。

（3）在单个字节通信情况下，没有中断产生。然而，NE 位和 RXNE 位同时置起，后者自己产生中断。在多缓冲器通信情况下，如果 USART_CR3 寄存器中 EIE 位被置位，产生中断。

按顺序执行对 USART_SR 和 USART_DR 寄存器的读操作，可复位 NE 位。

2.帧错误

帧错误即传输时序错误。例如，由于传输双方没有正确同步或大量连续噪声干扰，接收方未能在预期的时间内辨识到停止位。当帧错误被检测到时：

（1）FE 位被硬件置起。

（2）无效数据从移位寄存器传送到 USART_DR 寄存器。

（3）在单个字节通信情况下，没有中断产生。然而，FE 位和 RXNE 位同时置位，后者自己产生中断。在多缓冲器通信情况下，如果 USART_CR3 寄存器中 EIE 位被置位，将产生中断。

按顺序执行对 USART_SR 和 USART_DR 寄存器的读操作，可复位 FE 位。

由于在发生错误时，无效数据仍会被传送到 USART_DR 寄存器，且未必一定触发中断，而连续读写又会掩盖掉错误标记，所以软件有责任检查相关状态标记，确认 USART_DR 寄存器中的当前数据是否正确。

### 8.2.8　多处理器通信

由于系统复杂性的提高，在同一个系统中甚至同一块线路板上安装多块 MCU 的应用也普遍出现，所以需要妥善解决好板级集成中多 MCU 的通信问题。

通过 USART 可以实现多处理器通信（将几个 USART 连在一个网络里）。例如，可以以某个 USART 设备为主，它的 TX 输出和其他 USART 从设备的 RX 输入相连接；USART 将设备各自的 TX 输出逻辑地连在一起，并且和主设备的 RX 输入相连接。

在多处理器配置中，我们通常希望通过地址字节标识每个处理器，并且只有被寻址的接收者才能激活并接收随后的数据，这样就可以减少由未被寻址的接收器的参与带来的多余的 USART 服务开销，而未被寻址的设备则进入静默模式。STM32F103 的 USART 模块提供了静默模式的支持、地址的辨识、空闲总线检测、空闲（IDLE）帧等机制支持多处理器通信。

### 8.2.9　校验控制

奇偶控制（发送时生成一个奇偶位，接收时进行奇偶校验）可以通过设置 USART_CR1 寄存器上的 PCE 位而激活。根据 M 位定义的帧长度，可能的 USART 帧格式如表 8-2 所示。

表 8-2　帧格式

| M 位 | PCE 位 | USART 帧 |
|:---:|:---:|:---:|
| 0 | 0 | ｜起始位｜8 位数据｜停止位｜ |
| 0 | 1 | ｜起始位｜7 位数据｜奇偶检验位｜停止位｜ |
| 1 | 0 | ｜起始位｜9 位数据｜停止位｜ |

| M 位 | PCE 位 | USART 帧 |
|---|---|---|
| 1 | 1 | 1 起始位 \| 8 位数据 \| 奇偶检验位 \| 停止位 \| |

### 8.2.10　LIN 模式

局域互联网络 LIN（Local Interconnect Network）是一种低成本的串行通信网络，常用于汽车中的分布式电子系统控制，为现有汽车网络（如 CAN 总线）提供辅助功能，在不需要 CAN 总线的带宽和多功能的场合可以考虑采用。

### 8.2.11　USART 同步模式

在 USART_CR2 寄存器上写 CLKEN 位选择同步模式，在同步模式下，通信由主设备控制，主设备会通过 SCLK 引脚发出脉冲，以驱动从设备工作。从设备可以是一个标准的 SPI 从设备，也可以是一个智能卡，智能卡模式通过设置 USART_CR3 寄存器的 SCEN 位选择。

### 8.2.12　单线半双工通信

单线半双工模式是指借助一个通道实现双向通信，但在任何时刻都只允许一个方向的传输，也就是说，要么发送，要么接收，不能像全双工那样在发送的同时也可以接收。该模式通过设置 USART_CR3 寄存器的 HDSEL（HALF DUPLEX SEL）位选择。当 HDSEL 写 1 时，RX 不再被使用，且当没有数据传输时，TX 总是被释放。因此，它在空闲状态或接收状态时表现为一个标准 I/O 口。这就意味着该 I/O 在不被 USART 驱动时，必须配置成悬空输入（或开漏输出高）。

在这个模式里，USART_CR2 寄存器的 LINEN 位和 CLKEN 位以及 USART_CR3 寄存器的 SCEN 位和 IREN 位必须保持清零状态。半双工和全双工通信是用 USART_CR3 寄存器的控制位"HALF DUPLEX SEL"选择的。在单线半双工模式下，当 TE 位被设置时，只要数据写到数据寄存器上，发送就继续，因此软件必须承担起协调发送方和接收方、避免冲突的责任。

### 8.2.13　智能卡

智能卡模式通过设置 USART_CR3 寄存器的 SCEN 位选择。在智能卡模式下，下列位必须保持清零：

（1）USART_CR2 寄存器的 LINEN 位。

（2）USART_CR3寄存器的HDSEL位和IREN位。此外，CLKEN位可以被设置，给智能卡提供时钟。智能卡接口设计成 ISO 7816-3 标准所定义的那样支持异步协议的智能卡。

USART 应该被设置为 8 位数据位加校验位。此时，USART_CR1 寄存器 M=1，PCE=1，并且满足下列条件之一：①接收时 0.5 个停止位，即 USART_CR2 寄存器的 STOP=01；②发送时 1.5 个停止位，即 USART_CR2 寄存器的 STOP=11。

图 8-10 给出的例子说明了在有校验错误和没校验错误两种情况下数据线上的信号。

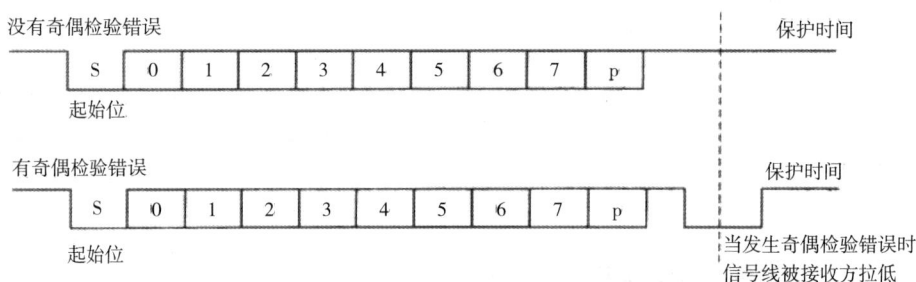

图 8-10　ISO7816-3 异步协议

USART 可以通过 SCLK 输出为智能卡提供时钟。但在智能卡模式下，SCLK 不和通信直接关联，而是先通过一个 5 位预分频器简单地用内部的外设输入时钟来驱动智能卡的时钟。分频率在预分频寄存器 USART_GTPR 中配置。SCLK 频率可以从 $f_{ck}$ /2 到 $f_{ck}$ /62，这里的 $f_{ck}$ 是外设输入时钟。

## 8.2.14　中断请求

中断机制是协调软硬件运行的重要手段。USART 的驱动程序除了可以采用查询方式，即定期或循环查询 USART 各状态寄存器的状态以决定下一步是否执行发送接收或转成相应错误处理外，也可以设置使能中断触发条件，在中断中执行相应处理操作。STM32F103 的 USART 支持下列类型中断，如表 8-3 所示。

表 8-3　USART 中断请求

| 中断事件 | 事件标志 | 使能位 |
|---|---|---|
| 发送数据寄存器空 | TXE | TXEIE |
| CTS 标志 | CTS | CTSIE |
| 发送完成 | TC | TCIE |
| 接收数据就绪可读 | TXNE | TXEIE |
| 检测到数据溢出 | ORE | |
| 检测到空闲线路 | IDLE | IDLEIE |
| 奇偶检验错 | PE | PEIE |
| 断开标志 | LBD | LBDIE |
| 噪声标志，多缓冲通信中的溢出错误和帧错误 | NE 或 ORT 或 FE | EIE |

以上中断可以被分成两类：

（1）发送期间：发送完成中断、清除发送中断、发送数据寄存器空中断。

（2）接收期间：空闲总线检测中断、溢出错误中断、接收数据寄存器非空中断、校验错误中断、LIN 断开符号检测中断、噪声中断（仅在多缓冲器通信时）和帧错误中断（仅在多缓冲器通信时）。

但要注意，STM32 的 USART 在设计上把所有中断事件连接到同一个中断向量上，因此中断服务程序有责任查询各中断标记位以区分中断源，然后再执行相应处理操作。这种设计在一定程度上简化了硬件处理中断请求的过程，也避免了不同优先级的多个中断在协调时引发的不确定性结果，使整个工作状态更加可控。

# 8.3　USART 寄存器描述

## 8.3.1　状态寄存器

状态寄存器（USART_SR）描述如表 8-4 所示。

表 8-4　状态寄存器（USART_SR）

| 位 | 名　称 | 说　明 |
|---|---|---|
| 31:10 | | 保留。硬件强制为 0 |
| 9 | CTS | CTS 标志。如果 CTSE 位置位，当 nCTS 输入变化状态时，该位被硬件置位，由软件将其清零。如果 USART_CR3 中的 CTSIE 为 1，产生中断<br>0:nCTS 状态线上没有变化；1:nCTS 状态线上发生变化 |
| 8 | LBD | LIN break 检测标志（状态标志）<br>0：没有检测到 LIN break；1：检测到 LIN break<br>注意：若 LBDIE=1，当 LBD 为 1 时要产生中断 |
| 7 | TXE | 发送数据寄存器空。当 TDR 寄存器中的数据被硬件转移到移位寄存器的时候，该位被硬件置位。如果 USART_CR1 寄存器中的 TXEIE 为 1，则产生中断。对 USART_DR 的写操作将该位清零<br>0：数据还没有被转移到移位寄存器；1：数据已经被转移到移位寄存器<br>注意：单缓冲器传输中使用该位 |
| 6 | TC | 发送完成。当包含有数据的一帧发送完成后，由硬件将该位置位。如果 USART_CR1 中的 TCIE 为 1，产生中断。由软件序列清除该位（先对 USART_SR 进行读操作，然后对 USART_DR 进行写操作）<br>0：发送还未完成；1：发送完成 |
| 5 | RXNE | 读数据寄存器非空。当 RDR 移位寄存器中的数据被转移到 USART_DR 寄存器中，该位被硬件置位。如果 USART_CR1 寄存器中的 RXNEIE 为 1，中断产生。对 USART_DR 的读操作可以将该位清零<br>0：数据没有收到；1：收到数据，可以读出 |
| 4 | IDLE | 监测到 IDLE 总线。当检测到空闲总线时，该位被硬件置位。如果 USART_CR1 中的 IDLEIE 为 1，产生中断。由软件序列清除该位（先读 USART_SR，然后读 USART_DR)<br>0：没有检测到空闲总线；1：检测到空闲总线<br>注意：IDLE 位不会再次被置高，直到 RXNE 位被置起（例如，又检测到一次空闲总线） |
| 3 | ORE | 过载错误。当 RXNE 还是 1 的时候，当前被接收在移位寄存器中的数据要往 RDR 寄存器中传送时，硬件将该位置位。如果 USART_CR1 中的 RXNEIE 为 1，产生中断。由软件序列将其清零（先读 USART_SR，然后读 USART_CR)<br>0：没有过载错误；1：检测到过载错误<br>注意：该位被置位时，RDR 寄存器中的值不会丢失，但是移位寄存器中的数据会被覆盖。如果 EIE 位被设置，在多缓冲器通信模式下，ORE 标志置位会产生中断 |

续　表

| 位 | 名　称 | 说　明 |
|---|---|---|
| 2 | NE | 噪声错误标志。在接收到的帧检测到噪声时，由硬件对该位置位，由软件序列对其清零（先读 USART_SR，再读 USART_DR）<br>0：没有检测到噪声；1：检测到噪声<br>注意：该位不会产生中断，因为它和 RXNE 一起出现，后者自己会在 RXNE 标志置位时产生中断。如果 EIE 位被设置，并且工作在多缓冲区通信模式下，则 NE 置位会产生中断 |
| 1 | FE | 帧错误。当检测到同步错位，过多的噪声或者检测到 break 符，该位被硬件置位，由软件序列将其清零（先读 USART_SR，再读 USART_DR）<br>0：没有检测到帧错误；1：检测到帧错误或者 break 符<br>注意：该位不会产生中断，因为它和 RXNE 一起出现，后者自己会在 RXNE 标志置位时产生中断。如果当前传输的数据既产生了帧错误，又产生了过载错误，还是会继续该数据的传输，并且只有 ORE 位会被置位。如果 EIE 位被置位，在多缓冲区通信模式下，随着 FE 标志被置位，中断产生 |
| 0 | PE | 校验错误。在接收模式下，如果出现校验错误，硬件对该位置位，由软件序列对其清零（依次读 USART_SR 和 USART_DR）。如果 USART_CR1 中的 PEIE 为 1，产生中断<br>0：没有校验错误；1：有校验错误 |

## 8.3.2　数据寄存器

数据寄存器（USART_DR）描述如表 8-5 所示。

表 8-5　数据寄存器（USART_DR）

| 位 | 名　称 | 说　明 |
|---|---|---|
| 31:9 | | 保留。硬件强制为 0 |
| 8:0 | DR[8 : 0] | 数据值。包含发送或接收的数据。由于它是由两个寄存器组成的，一个给发送用（TDR），一个给接收用（RDR），该寄存器兼具读和写的功能。TDR 寄存器提供了内部总线和输出移位寄存器之间的并行接口。RDR 寄存器提供了输入移位寄存器和内部总线之间的并行接口<br>当使能校验位（USART_CR1 中 PCE 位被置位）进行发送时，写到 MSB 的值（根据数据的长度不同，MSB 是第 7 位或者第 8 位）会被后来的校验位取代<br>当使能校验位进行接收时，读到的 MSB 位是接收到的校验位 |

191

### 8.3.3 波特率寄存器

注意：如果 TE 或 RE 被分别禁止，波特率计数器停止计数。

波特率寄存器（USART_BRR）描述如表 8-6 所示。

表 8-6　波特比率寄存器（USART_BRR）

| 位 | 名　称 | 说　明 |
|---|---|---|
| 31:16 | | 保留。硬件强制为 0 |
| 15:4 | DIV_Mantissa[11:0] | DIV 的整数部分。这 12 位定义了 USART 分频器除法因子（USARTDIV) 的整数部分 |
| 3:0 | DIV_Fraction[3:0] | DIV 的小数部分。这 4 位定义了 USART 分频器除法因子（USARTDIV) 的小数部分 |

### 8.3.4 控制寄存器 1（USART_CR1）（表 8-7）

控制寄存器 1（USART_CR1）描述如表 8-7 所示。

表 8-7　控制寄存器 1（USART_CR1）

| 位 | 名　称 | 说　明 |
|---|---|---|
| 31:14 | | 保留，硬件强制为 0 |
| 13 | UE | USART 使能。当该位被清零，USART 的分频器和输出在当前字节传输完成后停止工作，以减少功耗。该位的置位和清零是由软件操作的<br>0:USART 分频器和输出被禁止 ;1: USART 模块使能 |
| 12 | M | 字长。该位定义了数据字的长度，由软件对其置位和清零操作<br>0 : 1 个起始位，8 个数据位，w 个停止位 ; 1 : 1 个起始位，9 个数据位，一个停止位<br>注意 : 在数据传输过程中（发送或者接收时），不能修改这个位 |
| 11 | WAKE | 唤醒的方法。该位决定了把 USART 唤醒的方法，由软件对该位置位或者清零<br>0 : 被空闲总线唤醒 ;1 : 被地址标记唤醒 |

| 位 | 名 称 | 说 明 |
|---|---|---|
| 10 | PCE | 检验控制使能。用该位来选择是否进行硬件校验控制（对于发送来说就是校验位的产生；对于接收来说就是校验位的检测）。当使能了该位，在发送数据的 MSB（如果 M=1，MSB 就是第 9 位；如果 M=0，MSB 就是第 8 位）插入校验位；对接收到的数据检查其校验位。软件对它置位或者清零。一旦该位被置位，当前字节传输完成后，校验控制才生效<br>0：校验控制被禁止；1：校验控制被使能 |
| 9 | PS | 校验选择。该位用来选择当校验控制使能后，是采用偶校验还是奇校验。软件对它置位或者清零。当前字节传输完成后，该选择生效<br>0：偶校验；1：奇校验 |
| 8 | PEIE | PE 中断使能。软件对该位置位或者清零<br>0：中断被禁止；1：当 USART_SR 中的 PE 为 1 时，产生 USART 中断 |
| 7 | TXEIE | 发送缓冲区空中断使能。由软件对该位置位或者清零<br>0：中断被禁止；1：当 USART_SR 中的 TXE 为 1 时，产生 USART 中断 |
| 6 | TCIE | 发送完成中断使能。由软件对该位置位或者清零<br>0：中断被禁止；1：当 USART_SR 中的 TC 为 1 时，产生 USART 中断 |
| 5 | RXNEIE | 接收缓冲区非空中断使能。由软件对该位置位或者清零<br>0：中断被禁止；1：当 USART_SR 中的 ORE 或者 RXNE 为 1 时，产生 USART 中断 |
| 4 | IDLEIE | IDLE 中断使能。由软件对该位置位或者清零<br>0：中断被禁止；1：当 USART_SR 中的 IDLE 为 1 时，产生 USART 中断 |
| 3 | TE | 发送使能。该位使能发送器，由软件对该位置位或者清零<br>0：发送被禁止；1：发送被使能<br>注意：在数据传输过程中，除了在智能卡模式下，如果 TE 位上有个 0 脉冲（即 0 之后来一个 1），会在当前数据字传输完成后，发送一个"前导符"（空闲总线）<br>当 TE 被设置后，在真正发送开始之前，有一个比特时间的延迟 |
| 2 | RE | 接收使能软件对该位置位或者清零<br>0：接收被禁止；1：接收被使能，开始搜寻 RX 引脚上的起始位 |

| 位 | 名　称 | 说　明 |
|---|---|---|
| 1 | RWU | 接收唤醒。该位用来决定是否把 USART 置于静默模式，由软件对该位置位或者清零。当唤醒序列到来时，硬件也会将其清零<br>0：接收器处于正常工作模式；1：接收器处于静默模式<br>注意：在把 USART 置于静默模式（设置 RWU 位）之前，USART 要已经先接收了一个数据字节。否则，在静默模式下，不能被空闲总线检测唤醒。<br>当配置成地址标记检测唤醒（WAKE 位为 1），在 RXNE 位被置位时，不能用软件来修改 RWU 位 |
| 0 | SBK | 发送断开帧。使用该位来发送断开字符，由软件可以对该位置位或者清零。在断开帧的停止位时，由硬件将该位复位<br>0：没有发送断开字符；1：将要发送断开字符 |

### 8.3.5　控制寄存器 2（USART_CR2）（表 8-8）

控制寄存器 2（USART_CR2）描述如表 8-8 所示。

表 8-8　控制寄存器 2（USART_CR2）

| 位 | 名　称 | 说　明 |
|---|---|---|
| 31:15 | | 保留，硬件强制为 0 |
| 14 | LINEN | LIN 模式使能。软件对该位置位或者清零<br>0：LIN 模式被禁止；1：LIN 模式被使能<br>LIN 模式可以用 USART_CR1 寄存器中的 SBK 位发送 LIN 同步断开符，以及检测 L-IN 同步断开符 |
| 13:12 | STOP | 停止。用来设置停止位的位数<br>00：1 个停止位；01：0.5 个停止位；10：2 个停止位；11：1.5 个停止位 |
| 11 | CLKEN | 时钟使能。该位用来使能 SCLK 引脚<br>0：SCLK 引脚被禁止；1：SCLK 引脚被使能 |
| 10 | CPOL | 时钟极性。用户可以用该位来选择同步模式下 SCLK 引脚上时钟输出的极性。和 CPHA 位一起配合来产生用户希望的时钟 / 数据的采样关系<br>0：总线空闲时 SCLK 引脚上保持低电平；1：总线空闲时 SCLK 引脚上保持高电平 |

续　表

| 位 | 名　称 | 说　明 |
|---|---|---|
| 9 | CPHA | 时钟相位，用户可以用该位选择同步模式下 SCLK 引脚上时钟输出的相位。和 CPOL 位一起配合来产生用户希望的时钟 / 数据的采样关系<br>0：在时钟第一个边沿进行数据捕获；1：在时钟第二个边沿进行数据捕获 |
| 8 | LBCL | 最后一位时钟脉冲，使用该位来控制在同步模式下是否在 SCLK 引脚上输出最后发送的那个数据字节（MSB）对应的时钟脉冲<br>0：最后一位数据的时钟脉冲不从 SCLK 输出；1：最后一位数据的时钟脉冲会从 SCLK 输出<br>注意：最后一个数据位就是第 8 个或者第 9 个发送的位（根据 USART_CR1 寄存器中的 M 位所定义的 8 或者 9 位数据帧格式） |
| 7 | | 保留，硬件强制为 0 |
| 6 | LBDIE | LIN 断开符检测中断使能。断开符中断掩码（使用断开分隔符来检测断开符）<br>0：中断被禁止；1：只要 USART_SR 寄存器中的 LBD 为 1，就产生中断 |
| 5 | LBDL | LIN break 检测长度。该位用来选择是 11 位还是 10 位的 break 检测<br>0：10 位的断开符检测；1：11 位的断开符检测 |
| 4 | | 保留位，硬件强制为 0 |
| 3:0 | ADD[3：0] | USART 结点的地址。该位域给出这个 USART 结点的地址<br>这是在多处理器通信下的静默模式中使用的，使用地址标记来唤醒某个 USART 设备 |

注：在发送被使能后不能修改这三个位：CPOL、CPHA、LBCL。

## 8.3.6　控制寄存器 3

控制寄存器 3（USART_CR3）描述如表 8-9 所示。

表 8-9　控制寄存器 3（USART_CR3）

| 位 | 名　称 | 说　明 |
|---|---|---|
| 31:11 | | 保留位，硬件强制为 0 |
| 10 | CTSIE | CTS 中断使能<br>0：中断被禁止；1：只要 USART_SR 寄存器中的 CTS 为 1，就产生中断 |

续　表

| 位 | 名　称 | 说　明 |
|---|---|---|
| 9 | CTSE | CTS 使能<br>0:CTS 硬件流控制被禁止;1:CTS 模式使能,只有 nCTS 输入信号有效(拉成低电平)时才能发送数据。如果在数据传输的过程中,nCTS 信号变成无效,那么发完这个数据后,传输就会停止。如果在 nCTS 为无效的时候,往数据寄存器里写了数据,那么这个数据要等到 nCTS 有效的时候才会被发送出去 |
| 8 | RTSE | RTS 使能<br>0:RTS 硬件流控制被禁止;1:RTS 中断使能,只有接收缓冲区内有空闲的空间时,才请求下一个数据。当前数据发送完成后,发送操作就需要暂停下来。如果可以接收数据了,将 nRTS 输出置为有效(拉至低电平) |
| 7 | DMAT | DMA 使能发。送由软件对该位清零或者置位<br>1:使能发送时的 DMA 模式;0:禁止发送时的 DMA 模式 |
| 6 | DMAR | DMA 使能接收,由软件对该位清零或者置位<br>1:使能接收时的 DMA 模式;0:禁止接收时的 DMA 模式 |
| 5 | SCEN | 智能卡模式使能,该位用来使能智能卡模式<br>0:智能卡模式使能;1:智能卡模式被禁止 |
| 4 | NACK | 智能卡 NACK 使能<br>0:校验错误出现时,不发送 NACK;1:校验错误出现时,发送 NACK |
| 3 | HDSEL | 半双工选择。该位用来选择单线半双工模式<br>0:不选择半双工模式;1:选择半双工模式 |
| 2 | IRLP | 红外低功耗。该位用来选择普通模式还是低功耗红外模式<br>0:通常模式;1:低功耗模式 |
| 1 | IREN | 红外模式使能,由软件对该位清零或者置位<br>0:红外模式被禁止;1:红外模式使能 |
| 0 | EIE | 错误中断使能。在多缓冲区通信模式下,当有帧错误、过载或者噪声错误时 (USART_SR 中的 FE=1,或者 ORE=1,或者 NE=1),产生中断<br>0: 中断被禁止;1:只要 USART_CR3 中的 DMAR=1,并且 USART_SR 中的 FE=1,或者 ORE=1,或者 NE=1,产生中断 |

## 8.3.7　保护时间和预分频寄存器

保护时间和预分频寄存器（USART_GTPR）描述如表 8-10 所示。

表 8-10　保护时间和预分频寄存器（USART_GTPR）

| 位 | 名　称 | 说　明 |
|---|---|---|
| 31:16 | | 保留，硬件强制为 0 |
| 15:8 | GT[7：0] | 保护时间值。该位域规定了以波特时钟为单位的保护时间的值。在智能卡模式下，需要这个功能。当保护时间过去后，发送完成标志才被置起 |
| 7:0 | PSC[7：0] | 预分频器值<br>（1）在红外低功耗模式下，PSC[7：0]= 红外低功耗波特率。对系统时钟分频以到达低功耗模式下的频率，源时钟被寄存器中的值（仅有 8 位有效）分频<br>00000001: 对源时钟 1 分频；00000010: 对源时钟 2 分频；……<br>（2）在红外的通常模式下：PSC 只能设置为 0000001<br>（3）在智能卡模式下，PSC[4：0]: 预分频值。对系统时钟进行分频，为智能卡提供时钟<br>寄存器中给出的值（5 个有效位）乘以 2 后，作为对源时钟的分频因子<br>00001: 对源时钟进行 2 分频<br>00010: 对源时钟进行 4 分频<br>00011: 对源时钟进行 6 分频<br>注意：位 [7：5] 在智能卡模式下没有意义 |

# 8.4　USART 通用串口程序设计入门

## 8.4.1　USART 通用串口程序设计

要了解 USART 通信的实现方法，最简单的方法就是写一个简单的程序，让 STM32 开发板每间隔一两秒钟发出一个字符的数据，接收端口用电脑以及串口调试程序接收和检测。如果 PC 机能正常接收到数据，那么至少说明程序中的串口配置正确、串口线路通畅（至少 STM32 到电脑方向通畅）、系统工作正常。在保证正确发送数据之后，再添加数据接收功能，并且把接收到的数据直接马上送到，这样就可以很方便地检测 STM32 串口的数据接收功能。

1. 创建 USART 项目

启动 Obtain_Studio，依次选择 "ARM 项目" → "STM32 项目" → "stm32_C++KEY_LED 模板" 模板向导创建一个名为 "stm32_C++USART" 的 USART 新项目。

2. 添加和编写 USART 驱动程序

在项目的 src/include 目录下，添加一个头文件"USART.h"用于编写 USART 驱动程序的代码。

3. 编写 USART 应用程序

在 main.cpp 文件中添加头文件包括命令"#include ""include/usart.h"，并在 main 函数中添加调用 USART 驱动程序的代码，以实现串口通信功能。

main 函数代码如下：

```
int main()
{
    bsp.Init();
    CUsart  usart1(USART1,9600);
    usart1.start();
    while(1)
    {
      bsp.delay(2000);
      int a=88;
      printf( "a=%d" .a);
}
    return 0;
}
```

4. 编译与测试

编译完成，下载到 STM32 板上后运行，然后在 PC 端打开串口调试程序监测，可接收到"a=88"，代表 USART 数据发送程序设计正确并运行成功。

### 8.4.2  USART 数据接收程序设计

1.USART 数据接收程序

在 USART 数据发送程序的基础上加入 USART 数据接收功能，数据接收的方法很简单，调用 CUsart 类的 getchar 函数即可读取串口所接收到的数据。getchar 函数采用循环的方式检测是否有数据，如果没有，将继续检测，因此这是一种阻塞方式的接收，即在没有接收到数据时一直在等待，不会执行到下一条语句。如果接收到一个数据，将返回该数据，并把数据通过同一串口发送出去。添加了 USART 数据接

收功能的程序代码如下:

```
int main()
{
    bsp.Init();
    CUsart  usart1(USART1,9600);
    usart1.start();
    while(1)
    {
      int a= usart1.getChar();
      printf("a=%d".a);
    }
     return 0;
}
```

2.CUsart 类默认参数

CUsart 类的构造函数带有默认参数,后面不写出来的参数都将采用默认参数,CUsart 类的构造函数原型如下:

```
CUsart(USART_TypeDef*  USARTx=USART1,unsigned long
BaudRate=9600,uint16_t  WordLength=USART_WordLength_8b,uint16_t
StopBits=USART_StopBits_1,uint16_t Parity=USART_Parity_No);
```

（1）串口号默认为 USARTU。

（2）波特率默认为 9600。

（3）数据宽度默认为 8 位（USART_WordLength_8b）。

（4）停止位默认为 1 位（USART_StopBits_l）。

（5）奇偶效验默认为无（USART_Parity_No）。

上述程序有"CUsart usart1(USART1, 9600);"这样一行,其中 USART1 和 9600 都与默认参数相同,因此也可以不写,直接定义为"CUsart usart1 ; "。按照构造函数的规则,只能往后默认,而不能在后面不默认的情况下默认前面的参数。使用默认参数可以写成以下形式:

CUsart usart1;

CUsart usart1(USART1);

CUsart usart1(USART1,9600);

CUsart usart1(USART1,9600,USART_WordLength_8b);

CUsart usart1(USART1,9600,USART_WordLength_8b, USART_StopBits_1);

如果要写完整的参数，还可以写成如下形式：

CUsart usart1(USART1,9600,USART_WordLength_8b, USART_StopBits_1,USART_Parity_NO)

如果需要配置的参数与上面不同，则修改相应位置的数据即可。

3. USART 通信其他参数的设置

（1）串口号可选择项：USART1、USART2、USART3、UART4、UART5。

（2）波特率可选择项：9600、19200、38400、57600、115200。

（3）数据宽度可选择项：USART_WordLength_8b、USART_WordLength_9b。

（4）停止位可选择项：USART_StopBits_1、USART_StopBits_0_5、USART_StopBits_2、USART_StopBits_1_5。

（5）奇偶校验可选择项：USART_Parity_No、USART_Parity_Even、USART_Parity_Odd。

上述选择项的宏定义如下：

```
#define USART_WordLength_8b        ((uint16_t)0x0000)
#define USART_WordLength_9b        ((uint16_t)0x1000)
#define USART_StopBits_1          ((uint16_t)0x0000)
#define USART_StopBits_0_5        ((uint16_t)0x1000)
#define USART_StopBits_2          ((uint16_t)0x2000)
#define USART_StopBits_1_5        ((uint16_t)0x3000)
#define USART_Parity_No           ((uint16_t)0x0000)
#define USART_Parity_Even         ((uint16_t)0x0400)
#define USART_Parity_Odd          ((uint16_t)0x0600)
```

## 8.5　中断方式的数据接收

STM32 USART 通信的接收分为查询接收、中断接收、DMA 接收三种方式，这里介绍中断接收方式。

### 8.5.1　中断方式的数据接收程序设计

中断方式的数据接收程序以 USART 数据发送程序为基础，加入中断方式的数据接收功能。中断方式数据接收的实现步骤如下：

（1）编写中断响应函数。中断响应函数是用户自己定义的一个函数，函数名可以由用户任意取（只要符合函数名的命名规则），但函数的形参必须按"void 函数名（int ch）"这样一种格式，其中参数 ch 就是本次中断串口接收到的字符内容。

下面将实现一个简单的中断响应函数，在函数里直接把接收到的字符发送出去。在中断响应测试函数 test3 中，采用了 C++ 流的方式输出，在驱动程序里，把流输出转换成串口 1 输出。代码如下：

```
void test3(int  ch)
{
  cout<<" ch=" <<ch<<" ;" ;
}
```

（2）在 main 函数中调用 CUsart 类的 setCallback 函数来设置中断回调函数。回调函数名为 test3。 main 函数里发送 "a=88" 的功能依然保留，因此在程序运行时，每 2 s 钟发送一次 "a=88"，在接收到数据时，会产生中断并发回所接收到的数据。

```
int main()
{
    bsp.Init();
    CUsart  usart1(USART1,9600);
    usart1.setCallback(test3);
    usart1.start();
    while(1)
```

```
    {
        bsp.delay(2000);
        int   a=88
        printf("a=%d".a);
    }
    return 0;
}
```

程序说明：setCallback 的参数是传递函数 test3 的地址，而不是调用函数 test3，因此要写成"usart1.setCallback（test3）；"，而不能写成"usart1.setCallback（test3（ ））；"

### 8.5.2　多个串口驱动对象的协同工作

CUsart 类可以创建多个不同通信端口的对象，例如：

CUsart usart1(USART1,9600);

CUsart usart1(USART2,115200);

CUsart usart1(USART3,2400);

CUsart 类还可以为同一个通信端口创建多个对象，例如：

CUsart usart1(USART1,9600);

usart1.setCallback(test3);

CUsart usart2(USART1,115200);

usart2.setCallback(test4);

对于同一个通信端口的多个对象，在某一个时刻只允许开通一个端口，某个端口用完后应该把使用权释放出来，让其他端口有机会使用。程序代码如下：

```
void  test3(int ch)
{
    cout<<" test3 ch=" <<ch<<" ;" ;
}
    void test4(int ch)
{
    cout<<" test4 ch=" <<ch<<" ;" ;
}
```

```cpp
int main()
{
    bsp.Init();
    CLed led1(LED1);
    CUsart usart1(USART1,9600);
    usart1.setCallback(test3);
    CUsart usart2(USART1,115200);
    usart2.setCallback(test4);
    bool b=false;
    while(1)
    {
        b=!b;
        bsp.delay(2000);
        led1.isOn()?led1.Off():led1.On();
        if(b)
        {
            usrat2.stop();
            usart1.start();
            int a=88;
            printf("a=%d",a);
        }
        else
        {
            usrat1.stop();
            usart2.start();
            int a=33;
            printf("b=%d",a);
        }
    }
    return 0;
}
```

程序说明：创建了 usart1 和 usart2 两个 CUsart 类对象，波特率和接收中断响应函数不同。在应用时，通过调用成员函数 start 启用端口，通过调用 stop 成员函数停止端口的使用。另外，可以通过调用成员函数 isUsing 来判断是否已经有其他对象在使用端口。

# 第9章 模/数转换器 ADC

## 9.1 STM32 的 ADC 简介

### 9.1.1 STM32 的 ADC 转换器

STM32 的 ADC 是一种 12 位逐次逼近型（SAR）模拟数字转换器。STM32 ADC 内部结构如图 9-1 所示，它有 18 个通道，可测量 16 个外部和 2 个内部信号源。各通道的 A/C 转换可以单次、连续、扫描或间断模式执行。ADC 的结果可以左对齐或右对齐的方式存储在 16 位数据寄存器中。模拟看门狗特性允许应用程序检测输入电压是否超出用户定义的高 / 低阀值。

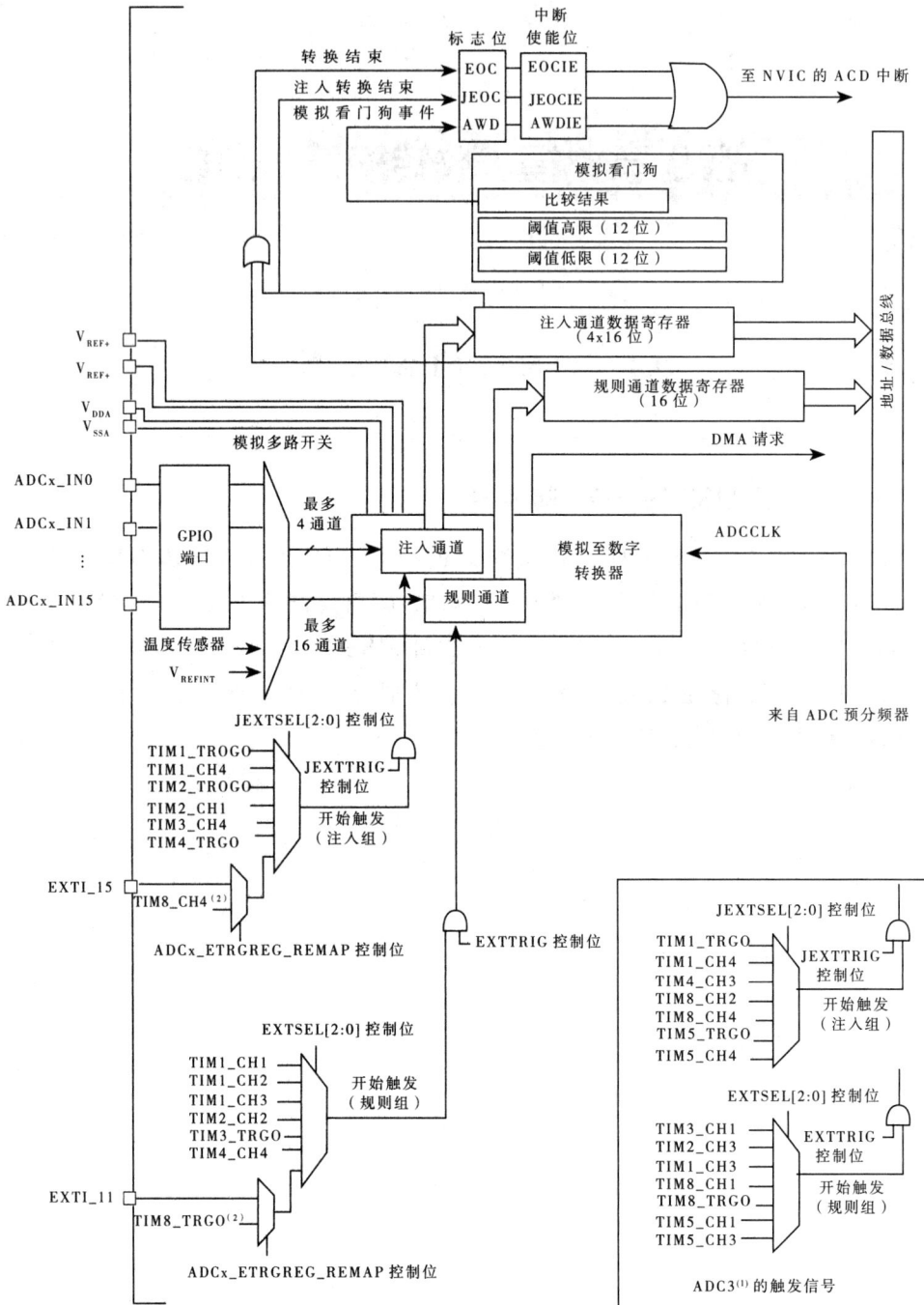

图 9-1　STM32 ADC 内部结构

STM32 ADC 主要特征如下：

（1）12 位分辨率。

（2）转换结束、注入转换结束和发生模拟看门狗事件时产生中断。

（3）单次和连续转换模式。

（4）从通道 0 到通道 n 的自动扫描模式。

（5）自校准。

（6）带内嵌数据一致的数据对齐。

（7）各通道采样间隔可分别编程。

（8）规则转换和注入转换均有外部触发选项。

（9）间断模式执行。

（10）双重模式（带 2 个或以上 ADC 的器件）。

（11）ADC 转换时间。

① STM32F103X X 增强型：ADC 时钟为 56 MHz 时为 1 μs（ADC 时钟为 72 MHz 时为 1.17 μs。

② STM32F101X X 基本型：ADC 时钟为 28 MHz 时为 1 μs（ADC 时钟为 36 MHz 时为 1.55 μs）。

③ STM32F102XXUSB 型：ADC 时钟为 48 MHz 时为 1.21 μs。

（12）ADC 供电要求：2.4 ~ 3.6 V。

（13）ADC 输入范围：$V_{REF-} \leqslant V_{IN} \leqslant V_{REF+}$。

（14）规则通道转换期间有 DMA 请求产生。

ADC 引脚功能如表 9-1 所示。

表 9-1　ADC 引脚功能

| 名　称 | 信号类型 | 注　解 |
| --- | --- | --- |
| $V_{REF+}$ | 输入，模拟参考正极 | ADC 使用的高端/正极参考电压,2.4 V $\leqslant V_{REF+} \leqslant$ VDDA |
| $V_{DDA}$ | 输入，模拟电源 | 等效于 $V_{DD}$ 的模拟电源且: 2.4 V $\leqslant V_{DDA} \leqslant V_{DD}$(3.6V) |
| $V_{REF-}$ | 输入，模拟参考负极 | ADC 低端 / 负极参考电压, $V_{REF-} = V_{SSA}$ |
| $V_{SSA}$ | 输入，模拟电源地 | 等效于 $V_{SS}$ 的模拟电源地 |
| ADCx_IN[15:0] | 模拟输入信号 | 16 个模拟输入通道 |

注 : $V_{DDA}$ 和 $V_{SSA}$ 分别连接到 $V_{DD}$ 和 $V_{SS}$。

### 9.1.2 SAR ADC 工作原理

SAR ADC 的主要优点是低功耗、高分辨率、高精度、输出数据不存在延时以及小尺寸。SAR 结构的主要局限是采样速率较低。SAR ADC 的结构如图 9-2 所示。它由采样 / 保持电路 (Track/Hold)、比较器（Comparator)、DAC（数字模拟转换器）、寄存器（N-bit 寄存器）和移位寄存器（SAR Logic) 组成。

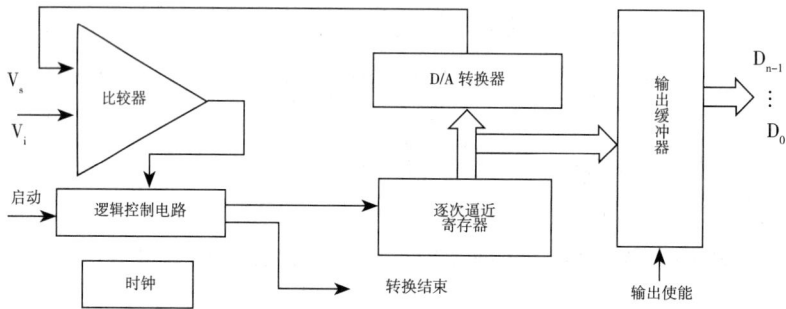

图 9-2 SAR ADC 结构图

SAR ADC 的主要工作过程如下：

（1）模拟输入电压（$V_i$) 由采样 / 保持电路保持，寄存器（SAR) 各位清 0。

（2）为了实现二进制搜索算法，当第一个时钟脉冲到来时，SAR 最高位置 1，$N$ 位寄存器首先设置在数字中间刻度（100…00)。这样，数字模拟转换器（DAC) 输出（$V_s$) 被设置为 $V_{REF}/2$。比较器判断 $V_i$ 是小于还是大于 $V_s$。如果 $V_i > V_s$，则比较器输出逻辑高电平或 1，$N$ 位寄存器的 MSB 保持 1。反之，比较器输出逻辑低电平，N 位寄存器清为 0。

（3）第二个时钟脉冲到来时，SAR 次高位置为 1，将寄存器中新的数字量送至 D/A 转换器，输出的 $V_s$ 再与 $V_i$ 比较，若 $V_s < V_i$，则保留该位的 1，否则次高位清为 0。

（4）重复上述步骤，这个过程一直持续到最低有效位（LSB）。最后，寄存器中的内容即为输入模拟值转换成的数字量。

### 9.1.3 STM32 ADC 固件库函数

STM32 ADC 固件库函数在文件 stm32f10x_dac.h 中声明，函数功能如表 9-2 所示。

表 9-2 固件库函数

| 函数名 | 描 述 |
|---|---|
| ADC_DeInit | 将外设 ADCx 的全部寄存器重设为缺省值 |
| ADC_Init | 根据 ADC_InitStruct 初始化外设 ADCx 的寄存器 |
| ADC_StructInit | 把 ADC_InitStruct 中每一个参数按缺省值填入 |
| ADC_Cmd | 使能或失能 ADC |
| ADC_DMACmd | 使能或者失能 ADC 的 DMA 请求 |
| ADC_ITConfig | 使能或者失能 ADC 的中断 |
| ADC_ResetCalibration | 重置 ADC 的校准寄存器 |
| ADC_GetResetCalibrationStatus | 获取 ADC 重置校准寄存器的状态 |
| ADC_StarCalibration | 开始校准程序 |
| ADC_GetCalibrationStatus | 获取校准状态 |
| ADC_SoftwareStartConvCmd | 使能或者失能 ADC 的软件转换启动功能 |
| ADC_GetSoftwareStartConvStatus | 获取 ADC 软件转换启动状态 |
| ADC_DiscModeChannelCountConfig | 对 ADC 规则组通道配置间断模式 |
| ADC_DiscModeCmd | 使能或者失能 ADC 规则组通道的间断模式 |
| ADC_RegularChannelConfig | 设置规则组通道，设置转化顺序和采样时间 |
| ADC_ExternalTrigConvConfig | 使能或者失能 ADCx 的经外部触发启动转换功能 |
| ADC_GetConversionValue | 返回最近一次 ADCx 规则组的转换结果 |
| ADC_GetDuelModeConversionValue | 返回最近一次双 ADC 模式下的转换结果 |
| ADC_AutoInjectedConvCmd | 使能或失能 ACD 在规则转化后自动开始注入组转换 |
| ADC_InjectedDiscModeCmd | 使能或失能 ACD 在注入组间断模式 |
| ADC_ExternalTrigInjectedConvConfig | 配置 ADCx 外部触发启动注入组转换功能 |
| ADC_ExternalTrigInjectedConvCmd | 使能或失能 ADCx 经外部触发启动注入组转换功能 |
| ADC_SoftwareStartinjectedConvCmd | 使能或失能 ADCx 软件启动注入组转换功能 |
| ADC_GetSoftwareStartinjectedConvStatus | 获取指定 ADC 的软件启动注入组转换状态 |

续　表

| 函数名 | 描　述 |
| --- | --- |
| ADC_InjectedChannleConfig | 设置指定 ADC 的注入组通道，设置转化顺序和采样时间 |
| ADC_InjectedSequencerLengthConfig | 设置注入组通道的转换序列长度 |
| ADC_SetinjectedOffset | 设置注入组通道的转换偏移值 |
| ADC_GetInjectedConversionValue | 返回 ADC 指定注入通道的转换结果 |
| ADC_AnalogWatchdogCmd | 使能或失能指定模拟看门狗 |
| ADC_AnalogWatchdogThresholdsConfig | 设置模拟看门狗的高 / 低阈值 |
| ADC_AnalogWatchdogSingleChannelConfig | 对单个 ADC 通道设置模拟看门狗 |
| ADC_TampSensorVrefintCmd | 使能或失能温度传感器和内部参考电压通道 |
| ADC_GetFlagStatus | 检查指定 ADC 标志位置 1 与否 |
| ADC_ ClearFlag | 清除 ADCx 的待处理标志位 |
| ADC_GetITStatus | 检查 ADC 中断是否发生 |
| ADC_clearITPendingBit | 清除 ADCx 的中断待处理位 |

### 9.1.4　STM32 ADC 初始化过程

STM32 ADC 的初始化过程如图 9-3 所示，主要分为 GPIO 初始化、ADC 初始化、ADC 自动校准三个步骤。

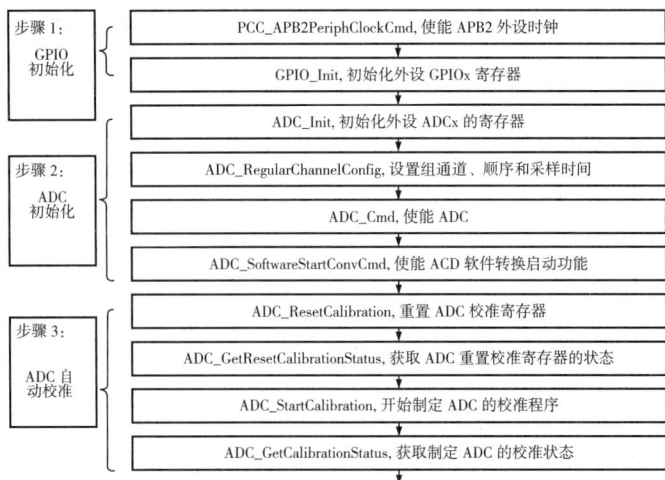

图 9-3　STM32 ADC 初始化过程

## 9.2 ADC 与数字信号处理系统设计

### 9.2.1 数字信号处理系统设计

1. 模拟信号处理系统与数字信号处理系统的比较

在信号处理方面，可采用模拟信号处理系统实现，也可以采用数字信号处理系统实现，如图 9-4 所示。模拟信号处理系统的性能主要取决于温度、噪声等环境因素，数字信号处理系统则基本上不受环境的影响。一个模拟信号处理系统一旦制造出来，其功能和特性（如带宽、频率范围）就基本固定，不容易进一步扩展功能和提高性能，而以 DSP 等器件为核心的数字信号处理系统可以通过对其重新编程来改变其功能和特性。

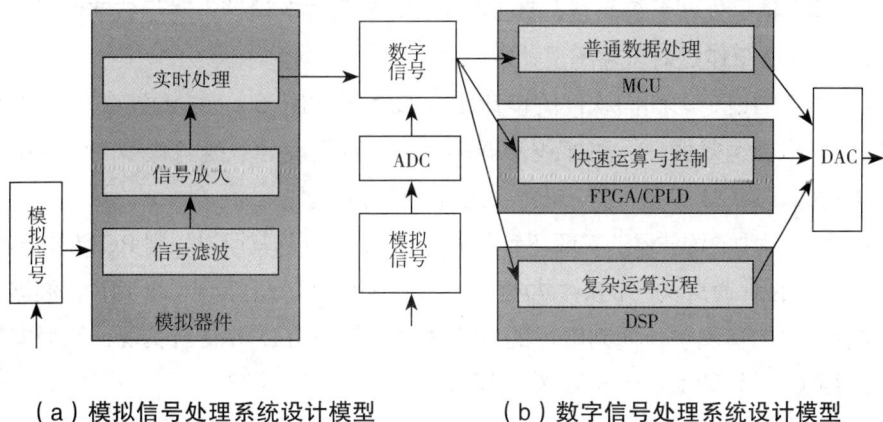

（a）模拟信号处理系统设计模型　　　（b）数字信号处理系统设计模型

图 9-4　信号处理系统设计模型

模拟信号处理系统与数字信号处理系统两种设计模型的区别如表 9-2 所示。

表 9-3　信号处理方式的比较

| 因　素 | 模拟方式 | 数字方式 |
|---|---|---|
| 设计的灵活性 | 修改硬件设计或调整硬件参数 | 改变软件设置（易于通过编程实现） |
| 精度 | 元器件精度 | ADC 的位数和计算机字长、算法 |
| 可靠性和可重复性 | 易受环境温度、湿度、噪声、电磁场等干扰 | 不受环境温度、湿度等影响 |
| 大规模集成度 | 虽然已有一些模拟集成电路，但品种较少、集成度不高、价格很高 | 数字处理芯片体积小、功能强、速率快，功耗低、使用方便、性价比高 |
| 实时性 | 除了电路引入的延时外，实时性高 | 由计算机的处理速度决定 |
| 信号处理范围 | 可以处理微波、毫米波乃至光波信号 | 按照奈奎斯特准则的要求，受 S/H、ADC 和处理速度的限制 |

2. 面向硬件的设计与面向软件的设计的比较

对于模拟信号处理系统而言，其主要工作是对硬件的设计；对于数字信号处理系统而言，其主要工作是对软件的设计。

面向硬件的设计与面向软件的设计比较如表 9-4 所示。面向硬件的设计主要以模拟器件、组合逻辑器件、时序逻辑器件为核心进行设计；面向软件的设计主要以 DSP、FPGA、MCU 等各种数字器件为核心进行设计。

在信号处理中的滤波器的实现环节，面向硬件的设计通常可以采用 RC 滤波器实现，而面向软件的设计通常以一个软件滤波函数实现（如 FPGA 上实现一个 FIR 滤波器）。

在触发器的实现中，面向硬件的设计通常可以采用 D 触发器实现，而面向软件的设计通常以一个 Verilog HDL 软件模块实现。

表 9-4　面向硬件的设计与面向软件的设计比较

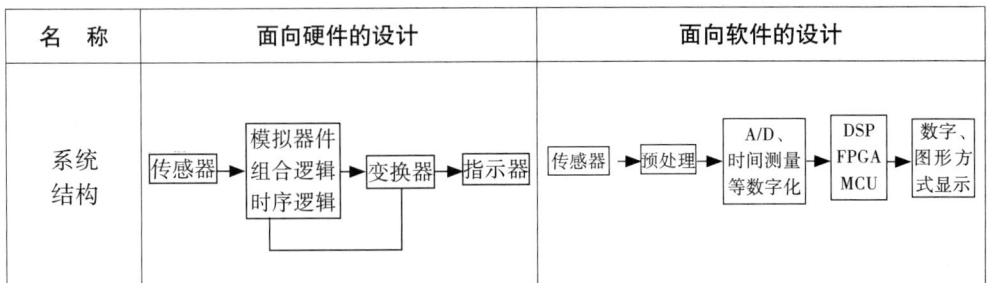

| 名　称 | 面向硬件的设计 | 面向软件的设计 |
|---|---|---|
| 系统结构 | 传感器 → 模拟器件 组合逻辑 时序逻辑 → 变换器 → 指示器 | 传感器 → 预处理 → A/D、时间测量等数字化 → DSP FPGA MCU → 数字、图形方式显示 |

续 表

| 名　称 | 面向硬件的设计 | 面向软件的设计 |
|---|---|---|
| 信号处理中滤波器的实现 |  | void Filte(short* x,int f,short* y<br>,int N,int M<br>{<br>　int i,j,sum;<br>for(j=0;j<M;j++)(<br>　sum=0; |
| 触发器的实现 |  | module mydff(input d,clk,nrst, output reg q);<br>　always @(posedge clk or negedge nrst)<br>　　begin<br>　　　　if( ∼ nrst) q=0; |

3.面向数据运算和面向数据流转的比较

在数字信号处理系统中，核心部件可以是 DSP、FPGA 或者是 MCU。DSP 嵌入式系统面向的是数据运算，而普通 MCU 嵌入式系统面向的是数据流转。DSP 嵌入式系统在通信方面的应用非常广泛，如调制解调、自适应均衡、数据加密、数据压缩、回波抵消、多路复用、传真、扩频通信、纠错编码、可视电话、个人通信系统、移动通信、个人数字助手（PDA）等。另外，在二维和三维图形处理、图像压缩与传输、图像增强、动画与数字地图、机器人视觉、模式识别、工作站等图像处理方面也有所应用。

面向信号处理和数据运算的 DSP 嵌入式系统如图 9-5 所示，主要由抗混叠滤波器、模数转换器（ADC）、DSP 处理器、数模转换器（DAC）以及平滑滤波器组成，可完成信号的滤波、分析等功能。

图 9-5　典型的 DSP 嵌入式系统

面向控制和数据流转的 ARM 嵌入式系统如图 9-6 所示，由 ARM 处理器（或其他 MCU）、LCD、KEY、通信接口以及传感器等组成，可实现信号的测量以及现场控制功能。

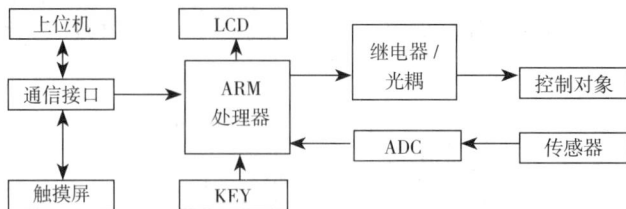

图 9-6 典型的 ARM 嵌入式系统

DSP 嵌入式系统面向的是信号的处理，而普通嵌入式系统面向的是过程的控制，即前一个重点是"信号"，后一个重点是"流程"。DSP 嵌入式系统常用于代替模拟系统，实现以前模拟电路实现的功能，如数字滤波、自适应滤波、快速傅里叶变换、希尔伯特变换、小波变换、相关运算、频谱分析、卷积、模式匹配、加窗、波形产生等。

4. 面向高速控制和面向低速控制的比较

DSP 嵌入式系统面向的是高速控制，常用于电动机变频控制、矢量控制、PID 控制等对实时性要求高的场合。而普通 MCU 嵌入式系统面向的是低速控制，常用于实时性要求不高，但对人机交互功能和网络通信功能要求高的场合，如手机、GPS 接收机等。

在面向高速控制的 DSP 嵌入式系统中，比较典型的是三相交流电动机的变频控制系统，如图 9-7 所示。

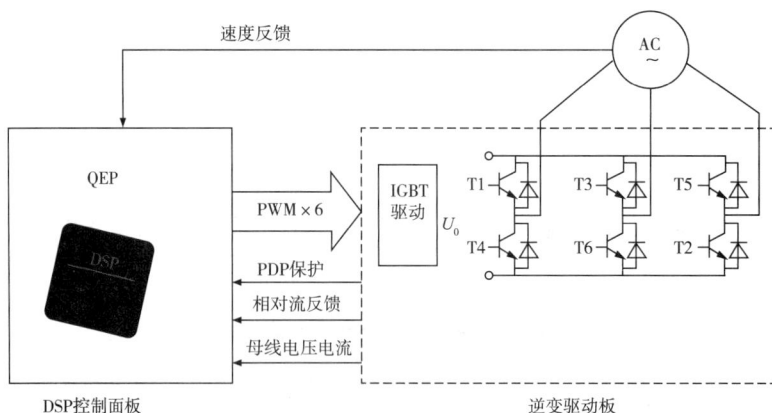

图 9-7 三相交流电动机变频控制

为了适应数字信号处理的需要（如 FFT、卷积等），现在的 DSP 都内置硬件乘法 / 累加器，大都能在半个指令周期内完成乘法 / 累加运算，已达到每秒数千万次乃至数十亿次定点运算或浮点运算的速度。而且，DSP 大多在指令系统中带有"循环寻址"（Circular addressing）及"位倒序"（bit-reversed）指令和其他特殊指令，使运算时的寻址、排序及计算速度大大提高。单片 DSP 进行 1 024 点复数 FFT 所得时间已降到微秒量级甚至更小。

### 9.2.2　STM32 简单的 ADC 应用实例

在 STM32 应用系统中，以 ADC 为基础可以实现许多简单实用的功能，包括电压、电流、电阻测量系统，以及各种传感器测量系统。

1. 基于 ADC 的多按键连接方法

在通用 IO 较少，而又需要较多按键时，可以考虑使用空余的 ADC 接口作为按键输入口（每个按键都是一个中断源），连接方式如图 9-8 所示。

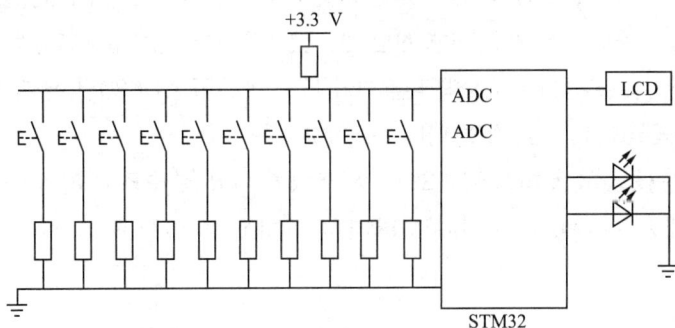

图 9-8　基于 ADC 的多按键连接

10 个分压电阻可以选择 10 k 及以上，每个电阻间的阻值差比较明显，上拉电阻可以选择 10 个电阻的中间值。例如，电阻可以选择常见的 10 k、15 k、20 k、33 k、47 k、56 k、68 k、82 k、100 k、150 k 作为分压。上拉电阻可以选择 47 k 等。

2. 基于 ADC 的液位控制方法

利用 ADC 接口可以测量两个触点间是否被水淹没，这种测量方式比直接比较高低电平的方式更加准确，根据测量结果可以实现一个简单的液位控制系统。基于 ADC 的液位控制方法如图 9-9 所示。

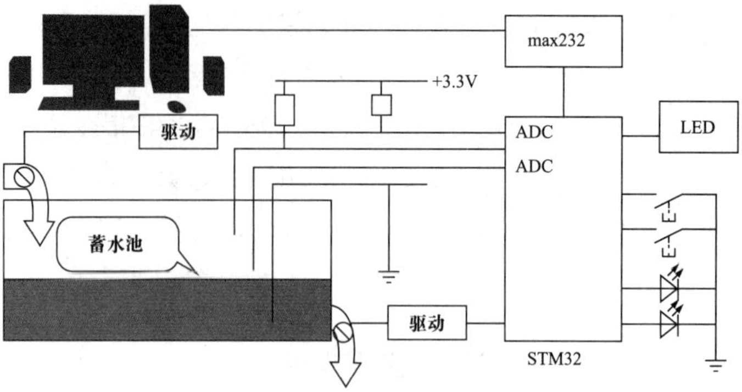

图 9-9　基于 ADC 的液位控制方法连接图

　　注意，蓄水池到 STM32 之间的测量连接线选择带屏蔽的电缆，并且距离不要太远，否则可能会串入强干扰，如市电、雷电等。

　　3. 基于 ADC 的水位测量

　　在液位控制方法中只能判断两个触点间是否被水淹没，而不能测量水位高度值。测量水位的方法很多，最常用的一种方法就是采用空气压力传感器测量。水的深度与压力成正比，因此只要测量出水的压力，就可以推算出水位的高度。例如，通过 MPX10DP 压力传感器将水位数据转换成电压，然后用 AD620 进行信号调理，最后将调理后的电压信号传送到 ARM 的 ADC4 端。

　　AD620 是仪表放大器，AD620 放大倍数 $G$ 与 $R$ 的关系为 $R=49.4\ \mathrm{k}\Omega/(G-1)$；取 $G=200$，那么 $R=248\ \Omega$。水位变送器电路图如图 9-10 所示。

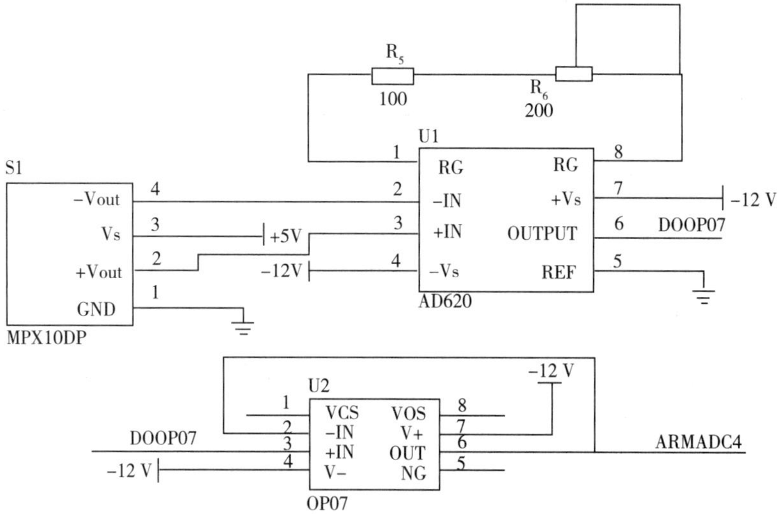

图 9-10　水位变送器电路图

216

MPX10DP 通过 2、4 脚传送出来的电压数据分别送到 AD620 的 3、2 进行放大，放大后的数据通过 OP07 跟随器出来，最后把该信号送到 STM32 的 ADC 输入引脚，根据测量的 ADC 数据值可以推算出水位的高度。

# 9.3 STM32 ADC 入门实例

## 9.3.1 STM32 ADC 入门测试程序

1.程序设计

STM32 ADC 入门实例主程序中配置了三个通道的 ADC，其中 ADC_Channel_0 通道用于外部 ADC 输入测量，ADC_Channel_16 通道用于芯片内部温度测量，ADC_Channel_17 通道用于内部标准电压的测量。接着，在主循环里，按 ADC 数值、温度值、电压值三种不同方式读取数据，并把数据通过串口发送出来。

STM32 ADC 入门实例主程序的实现代码如下：

```
#include" include/bsp.h"
#include" include/led_key.h"
#include" include/adc.h"
#include" include/usart.h"
static CBsp bsp;
CUsart usart1（USART1,9600）;
CLed led1（LED1）,led2（LED2）,led3（LED3）;
int main（）
{
  bsp.Init（）;
  usart1.start（）;
  CAdc adc1(ADC_Channel_0);
  CAdc adc2(ADC_Channel_16);
  CAadc adc3(ADC_Channel_17);
  while(1)
  {
```

```
                led1.isOn()?led.Off():led1.On();
                printf("adc1 数值 =%d \r\n",adc1.getValue());
                bsp.delay(10000);
                printf("adc2 温度 =%3.2f \r\n",adc2.GetTemp());
                bsp.delay(10000);
                printf("adc1 数值 =%3.3f \r\n",adc3.GetVolt());
                bsp.delay(10000);
        }
        return 0 ;
}
```

2.通道的宏定义

STM32 有 16 个多路通道，通道对应的端口引脚以及通道宏定义如表 9-5 所示。可以把转换分成两组：规则组和注入组。在任意多个通道上以任意顺序进行的一系列转换构成成组转换。例如，可以如下顺序完成转换：通道 3、通道 8、通道 2、通道 2、通道 0、通道 2、通道 2、通道 15。

表 9-5　通道对应的端口引脚以及通道宏定义

| 通　　道 | ADC1 | ADC2 | ADC3 | 通道宏定义 |
|---|---|---|---|---|
| 通道 0 | PA0 | PA0 | PA0 | ADC_Channel_0 |
| 通道 1 | PA1 | PA1 | PA1 | ADC_Channel_l |
| 通道 2 | PA2 | PA2 | PA2 | ADC_Channel_2 |
| 通道 3 | PA3 | PA3 | PA3 | ADC_Channel_3 |
| 通道 4 | PA4 | PA4 | PF6 | ADC_Channel_4 |
| 通道 5 | PA5 | PA5 | PF7 | ADC_Channel_5 |
| 通道 6 | PA6 | PA6 | PF8 | ADC_Channel_6 |
| 通道 7 | PA7 | PA7 | PF9 | ADC_Channel_7 |
| 通道 8 | PB0 | PB0 | PF10 | ADC_Channel_8 |
| 通道 9 | PB1 | PB1 |  | ADC_Channel_9 |
| 通道 10 | PC0 | PC0 | PC0 | ADC_Channel_l0 |

续　表

| 通　道 | ADC1 | ADC2 | ADC3 | 通道宏定义 |
|---|---|---|---|---|
| 通道 11 | PC1 | PC1 | PC1 | ADC_Channel_11 |
| 通道 12 | PC2 | PC2 | PC2 | ADC_Channel_12 |
| 通道 13 | PC3 | PC3 | PC3 | ADC_Channel_13 |
| 通道 14 | PC4 | PC4 | | ADC_Channel_14 |
| 通道 15 | PC5 | PC5 | | ADC_Channel_15 |
| 通道 16 | 传温度传感器 | | | ADC_Channel_16 |
| 通道 17 | 内部参考电压 | | | ADC_Channel_17 |

注：1.ADC1 的模拟输入通道 16 和通道 17 在芯片内部分别连到了温度传感器和 $V_{REFINT}$。

2.ADC2 的模拟输入通道 16 和通道 17 在芯片内部连到了 $V_{ss}$。

3.ADC3 模拟输入通道 14、15、16、17 与 $V_{ss}$ 相连。

规则组由 16 个转换组成。规则通道和它们的转换顺序在 ADC_SQRx 寄存器中选择。规则组中转换的总数写入 ADC_SQR1 寄存器的 L[3:0] 位中。

注入组由 4 个转换组成。注入通道和它们的转换顺序在 ADC_JSQR 寄存器中选择。注入组里的转换总数目必须写入 ADC_JSQR 寄存器的 L[1:0] 位中。

如果 ADC_SQRx 或 ADC_JSQR 寄存器在转换期间被更改，当前的转换被清除，一个新的启动脉冲将发送到 ADC 以转换新选择的组。

### 9.3.2　STM32 ADC 程序分析

1. CAdc 类

CAdc 类采用了如下工作方式：

（1）ADC1 和 ADC2 独立工作。

（2）单通道。

（3）非连续模式。

（4）转换由软件而不是外部触发启动。

（5）右对齐。

CAdc 类的工作方式是在每次调用成员函数 getValue 读取数据时进行一次 ADC 转换，函数会等待这一次转换完成后才返回一个数值，并且会停止转换，直到下一次调用读取函数之时才会再次启动 ADC 转换功能。

要读取多个数据，就要多次调用 getValue 函数。如果要读取多个通道的数据，那就为每个通道创建一个 CAdc 类的对象，然后调用对象的 getValue 函数来读取某个通道的数据。CAdc 类适合在实时性要求不是很高以及采用查询方式读取 ADC 数据的场合中应用。

CAdc 类的声明如下：

```
class Cadc
{
    ADC_TypeDef* ADCx ;                    // 哪个 ADC, 包括 ADC1,2 和 3
    uint8_t ADC_Channel ;                  // 哪个通道
    uint8_t ADC_SampleTime ;               // 采样时间
    ADC_InitTypeDef  ADC_InitStructure ;
public :
    CAdc(ADC_TypeDef* m_ADCx, uint8_t m_ADC_Channel, uint8_t m_ADC_SampleTime)
        : ADCx(m_ADCx), ADC_Channel(m_ADC_Channel), ADC_SampleTime(m_ADC_SampleTime)
    {adc_cofig();}
        CAdc(uint8_t m_ADC_Channel, uint8_t m_ADC_SampleTime) : ADCx(ADC1), ADC_Channel
    (m_ADC_Channel), ADC_SampleTime(m_ADC_SampleTime) {adc_config();}
        CAdc (uint8_t m_ADC_Channel) : ADCx(ADC1), ADC_Channel(m_ADC_Channel), ADC_SampleTime
    (ADC_SampleTime_239Cycles5) {adc_config(); }
    void adc_config();
    void ADCCLKConfig (uint32_t m_RCC_PCLK) {RCC_ADCCLKConfig(m_RCC_PCLK);}
    uint16_t  getValue();
    double  GetTemp(vu32 advalue);          // 读取采用值
    double  GetVolt(vu32 advalue);          // 读取采用后的电压值
    double  GetTemp(){return GetTemp(getValue());}
    double  GetVolt(){return GetTemp(getValue());}
```

```
    void  delay（vu32 time）；                 // 延时子函数
};
```

2. 读取 ADC 转换结果

读取 ADC 转换结果的方式有很多种，包括直接查询、中断读取以及 DMA 方式读取等。直接查询的优点一是简单；二是在需要它时才让它进行转换，无需做无用的转换；三是可以灵活地变换要读取的通道号。缺点一是需要等待一次转换的完成，速度慢一些；二是等待的时间也会消耗处理器时间，浪费处理器运算资源。

读取 ADC 转换数值函数的实现代码如下：

```
uint16_t CAdc：：getValue()
{
    ADC_RegularChannelConfig(ADCx,ADC_Channel, 1,ADC_SampleTime);
    // 将 ADCx 信道 1 的转换通道 1 的采样时间设置为 ADC_SampleTime 个周期
    ADC_SoftwareStartConvCmd(ADCx,ENABLE); // 使能软件转换启动功能
    // 检查指定 ADC 标志位置 1 与否 ADC_FLAG_EOC 转换结束标志位
     while(ADC_GetFlagStatus(ADCx, ADC_FLAG_EOC)==RESET);
     return ADC_GetConversionValue(ADCx);   // 返回 ADCx 转换出的值
}
```

3. ADC 的配置

ADC 配置主要有两个工作：一是通道的配置；二是 ADC 自动校准。通道的配置包括 ADC 模式、扫描模式、触发方式、数据对齐方式、扫描通道数等。另外，还需要进行采样时间的配置。ADC 的配置函数的实现代码如下：

```
Void CAdc：：adc_config()
{
    //（省略 GPIO 的初始化部分）
    ADC_InitStructure.ADC_Mode=ADC_Mode_Independent;    // 独立模式
    ADC_InitStructure.ADC_ScanConMode=DISABLE;        // 失能连续多通道模式
    ADC_InitStructure.ADC_ContinuousConvMode=DISABLE；    // 失能连续转换
    ADC_InitStructure.ADC_ExternalTrigConv=ADC_ExternalTrigConv_None;
    ADC_InitStructure.ADC_DataAlign=ADC_DataAlign_Right; // 右对齐
    ADC_InitStructure.ADC_NbrOfChannel=1；                // 扫描通道数
    ADC_Init(ADCx, δ ADC_InitStructure);              // 用上面的参数初始化 ADCx
```

221

```
        ADC_RegularChannelConfig(ADCx,ADC_Channel,1,ADC_SampleTime);
    // 将 ADCx 信道 1 的转换通道 1 的采样时间设置为 ADC_SampleTime 个周期
        ADC_Cmd(ADCx,ENABLE);                              // 使能 ADC
        ADC_SoftwareStartConvCmd(ADCx,ENABLE)          // 使能软件转换启
动功能
        // 下面是 ADC 自动校准，开机后需执行一次，保证精度
        //EnableADC1resetcalibarationregister
        ADC_ResetCalibration(ADCx);                    // 重置 ADCx 校准寄存器
        //ChecktheendofADC1resetcalibrationregister
        while(ADC_GetResetCalibrationStatus(ADCx));  // 得到重置校准寄存器状态
        //StartADC1calibaration
        ADC_StartCalibration(ADCx);                    // 开始校准 ADCx
        //ChecktheendofADC1resetcalibration
        while (ADC_GetCalibrationStatus(ADCx);          // 得到校准寄存器状态
        //ADC 自动校准结束 --------------
    }
```

4.扫描模式

ADC_ScanConvMode 规定了模数转换工作在扫描模式（多通道）还是单次模式（单通道）。可以设置这个参数为 ENABLE 或者 DISABLE。

此模式用来扫描一组模拟通道。扫描模式可通过设置 ADC_CR1 寄存器的 SCAN 位来选择。一旦这个位被设置，ADC 就会扫描被 ADC_SQRX 寄存器（对规则通道）或 ADC_JSQR（对注入通道）选中的所有通道。

在每个组的每个通道上执行单次转换。在每个转换结束时，同一组的下一个通道被自动转换。如果设置了 CONT 位，转换不会在选择组的最后一个通道上停止，而是再次从选择组的第一个通道继续转换。

如果设置了 DMA 位，在每次 EOC 后，DMA 控制器会把规则组通道的转换数据传输到 SRAM 中。而注入通道转换的数据总是存储在 ADC_JDRx 寄存器中。

5.工作模式

ADC_ContinuousConvMode 规定了模数转换工作是否是连续模式。

（1）单次转换模式

ADC 只执行一次转换。该模式既可通过设置 ADC_CR2 寄存器的 ADON 位启

动（只适用于规则通道），又可通过外部触发启动（适用规则通道或注入通道），这时 CONT 位为 0。一旦选择通道的转换完成会出现下列情况：

① 如果一个规则通道被转换，则转换数据被储存在 16 位 ADC_DR 寄存器中；EOC（转换结束）标志被设置；如果设置了 EOCIE，则产生中断。

② 如果一个注入通道被转换，则转换数据被储存在 16 位的 ADC_DRJ1 寄存器中；JEOC（注入转换结束）标志被设置；如果设置了 JEOCIE 位，则产生中断；然后 ADC 停止。

（2）连续转换模式

当前面 ADC 转换一结束马上就启动另一次转换。此模式可通过外部触发启动或通过设置 ADC_CR2 寄存器上的 ADON 位启动，此时 CONT 位是 1。每个转换后会出现下列情况：

① 如果一个规则通道被转换，则转换数据被储存在 16 位的 ADC_DR 寄存器中；EOC（转换结束）标志被设置；如果设置了 EOCIE，则产生中断。

② 如果一个注入通道被转换，则转换数据被储存在 16 位的 ADC_DRJ1 寄存器中；JEOC（注入转换结束）标志被设置；如果设置了 JEOCIE 位，则产生中断。

6. ADC 的转换触发方式

ADC_ExternalTrigConv 定义了使用外部触发来启动规则通道的模数转换，转换可以由外部事件触发。如果设置了 EXTTRIG 控制位，则外部事件就能够触发转换。EXTSEL[2:0] 和 JEXTSEL[2:0] 控制位允许应用程序选择 8 个可能的事件中的某一个可以触发规则和注入组的采样。当外部触发信号被选为 ADC 规则或注入转换时，只有它的上升沿可以启动转换。上面各选项的意义如表 9-6 所示。

表 9-6　ADC_ExternalTrigConv 选项的意义

| ADC1 和 ADC2 用于规则通道的外部触发 | | | ADC1 和 ADC2 用于注入通道的外部触发 | | |
|---|---|---|---|---|---|
| 触发源 | 类型 EXTSEL[2:0] | | 触发源 | 连接类型 JEXTSEL[2:0] | |
| 定时器 1 的 CC1 输出 | 片上定时器的内部信号 | 000 | 定时器 1 的 TRGO 输出 | 片上定时器的内部信号 | 000 |
| 定时器 1 的 CC2 输出 | | 001 | 定时器 1 的 CC4 输出 | | 001 |
| 定时器 1 的 CC3 输出 | | 010 | 定时器 2 的 TRGO 输出 | | 010 |
| 定时器 2 的 CC2 输出 | | 011 | 定时器 2 的 CC1 输出 | | 011 |
| 定时器 3 的 TRGO 输出 | | 100 | 定时器 3 的 CC4 输出 | | 100 |
| 定时器 4 的 CC4 输出 | | 101 | 定时器 4 的 TRGO 输出 | | 101 |
| EXTI 线 11 | 外部引脚 | 110 | EXTI 线 15 | 外部引脚 | 110 |
| SWSTART | 软件控制 | 111 | JSWSTART | 软件控制 | 111 |

ADC_ExternalTrigConv 可选项有:

#define ADC_ExternalTrigConv_T1_CC1((uint32_t)0x00000000)//ForADClandADC2

#define ADC_ExternalTrigConv_T1_CC2((uint32_t)0x00020000)//ForADClandADC2

#define ADC_ExternalTrigConv_T2_CC2((uint32_t)0x00060000)//ForADClandADC2

#define ADC_ExternalTrigConv_T3_TRGO((uint32_t)0x00080000)//ForADClandADC2

#define ADC_ExternalTrigConv_T4_CC4((uint32_t)0x000A0000)//ForADClandADC2

#defineADC_ExternalTrigConv_Ext_IT11_TIM8_TRGO((uint32_t)0x000C0000)//ForADClandADC2

#defineADC_ExternalTrigConv_T1_CC3((uint32_t)0x00040000)//ForADC1,ADC2andADC3

#defineADC_ExternalTrigConv_None((uint32_t)0x000E0000)//

ForADC1,ADC2andADC3

　　#define ADC_ExternalTrigConv_T3_CC1((uint32_t)0x00000000)//
ForADC3only

　　#define ADC_ExternalTrigConv_T2_CC3((uint32_t)0x00020000)//
ForADC3only

　　#define ADC_ExternalTrigConv_T8_CC1((uint32_t)0x00060000)//
ForADC3only

　　#define ADC_ExternalTrigConv_T8 TRGO((uint32_t)0x00080000)//
ForADC3only

　　#define ADC_ExternalTrigConv_T5_CC1((uint32_t)0x000A0000)//
ForADC3only

　　#define ADC_ExternalTrigConv_T5_CC3((uint32_t)0x000C0000)//
ForADC3only

　　TIM8_TRGO 事件只存在于大容量产品,对于规则通道,选中 EXTI 线路 11
和 TIM8_TRGO 作为外部触发事件,可以通过设置 ADC1 和 ADC2 的 ADC1_
ETRGREG_REMAP 位和 ADC2_ETRGREG_REMAP 位实现。

　　TIM8 CC4 事件只存在于大容量产品,对于规则通道,选中 EXTI 线路 15
和 TIM8_CC4 作为外部触发事件,可以通过设置 ADC1 和 ADC2 的 ADC1_
ENTRGINJ_REMAP 位和 ADC2_ ENTRGINJ_REMAP 位实现。

　　软件触发事件可以通过对寄存器 ADC_CR2 的 SWSTART 或 JSWSTART 位置
1 产生。规则组的转换可以被注入触发打断。

　　7. ADC 数据对齐方式

　　DC_DataAlign 规定了 ADC 数据左对齐还是右对齐。ADC_CR2 寄存器中的
ALIGN 位选择转换后数据储存的对齐方式,如图 9-11 所示。注入组通道转换的数
据值已经减去了在 ADC_JOFRx 寄存器中定义的偏移量,因此结果可以是一个负值。
SEXT 位是扩展的符号值。对于规则组通道,不需要减去偏移值,因此只有 12 个位
有效。

注入组

| SEXT | SEXT | SEXT | SEXT | D11 | D10 | D9 | D8 | D7 | D6 | D5 | D4 | D3 | D2 | D1 | D0 |
|------|------|------|------|-----|-----|----|----|----|----|----|----|----|----|----|----|

规则组

| 0 | 0 | 0 | 0 | D11 | D10 | D9 | D8 | D7 | D6 | D5 | D4 | D3 | D2 | D1 | D0 |
|---|---|---|---|-----|-----|----|----|----|----|----|----|----|----|----|----|

（a）数据右对齐

注入组

| SEXT | D11 | D10 | D9 | D8 | D7 | D6 | D5 | D4 | D3 | D2 | D1 | D0 | 0 | 0 | 0 |
|------|-----|-----|----|----|----|----|----|----|----|----|----|----|---|---|---|

规则组

| D11 | D10 | D9 | D8 | D7 | D6 | D5 | D4 | D3 | D2 | D1 | D0 | 0 | 0 | 0 | 0 |
|-----|-----|----|----|----|----|----|----|----|----|----|----|---|---|---|---|

（b）数据左对齐

**图 9-11 数据对齐方式**

8. ADC 采样时间

ADC_RegularChannelConfig 设置指定 ADC 的规则组通道，设置它们的转化顺序和采样时间。第 1 个参数是选择哪个 ADC，第 2 个参数是选择哪一个通道，第 3 个参数是通道转换时进行的先后顺序号，第 5 个参数是可选择的转换时间。

时间可选项定义如下：

#define ADC_SampleTime_1Cycles5 ((uint8_t)0x00)

#define ADC_SampleTime_7Cycles5 ((uint8_t)0x01)

#define ADC_SampleTime_13Cycles5 ((uint8_t)0x02)

#define ADC_SampleTime_28Cycles5 ((uint8_t)0x03)

#define ADC_SampleTime_41Cycles5 ((uint8_t)0x04)

#define ADC_SampleTime_55Cycles5 ((uint8_t)0x05)

#define ADC_SampleTime_71Cycles5 ((uint8_t)0x06)

#define ADC_SampleTime_239Cycles5 ((uint8_t)0x07)

STM32 提供编程的通道采样时间。ADC 使用若干个 ADC_CLK 周期对输入电压采样，采样周期数目可以通过 ADC_SMPR1 和 ADC_SMPR2 寄存器中的 SMP[2:0] 位更改。每个通道可以不同的时间采样。总转换时间的计算如下：

Tconv= 采样时间 + 12.5 个周期

例如，当 ADCCLK=14 MHz 时 1.5 周期的采样时间为 1.5 周期：

Tconv=1.5+ 12.5 = 14 周期 =1 μs

SMPx[2:0]：选择通道 X 的采样时间。这些位用于独立地选择每个通道的采样时间。在采样周期中通道选择位必须保持不变。可选择的值有 000 为 1.5 周期、100 为 41.5 周期、001 为 7.5 周期、101 为 55.5 周期、010 为 13.5 周期、110 为 71.5 周期、011 为 28.5 周期、111 为 239.5 周期。

9. ADC 使能

ADC_Init 函数根据 ADC_InitStruct 中指定的参数初始化外设 ADC1 的寄存器。

10. ADC 开关控制

通过设置 ADC_CR1 寄存器的 ADON 位可给 ADC 上电。当第一次设置 ADON 位时，它将 ADC 从断电状态下唤醒。ADC 上电延迟一段时间后，再次设置 ADON 位时开始进行转换。通过清除 ADON 位可以停止转换，并将 ADC 置于断电模式。在这个模式中，ADC 几乎不耗电。

ADC 开关控制可以调用固件中 ADC_Cmd 函数来完成，ADC_Cmd 函数只能在其他 ADC 设置函数后被调用，以完成 ADC 的使能。ADC_Cmd 设置的是 ADC 的 ADON 位。

11. ADC 校准

ADC 有一个内置自校准模式。校准可大幅度减小因内部电容器组的变化而造成的准精度误差。在校准期间，每个电容器上都会计算出一个误差修正码（数字值），用于消除在随后的转换中每个电容器上产生的误差。通过设置 ADC_CR2 寄存器的 CAL 位启动校准。一旦校准结束，CAL 位被硬件复位，可以开始正常转换。校准阶段结束后，校准码储存在 ADC_DR 中（图 9-12）。

注意，建议在每次上电后执行校准；启动校准前，ADC 必须处于关电状态（ADON='0'）超过至少两个 ADC 时钟周期。

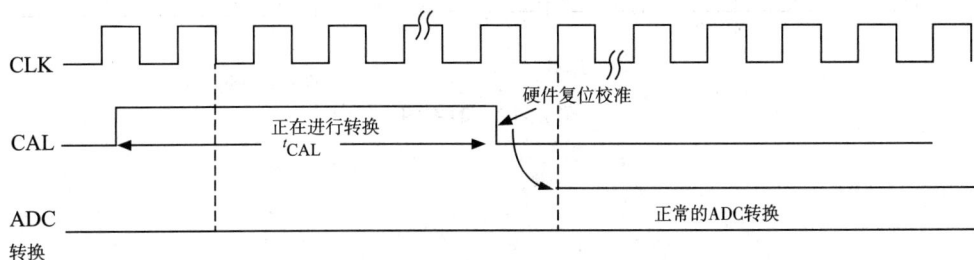

图 9-12　ADC 校准时序图

ADC 校准的步骤如下：

（1）重置指定的 ADC 的校准寄存器，如 ADC_ResetCalibration(ADC1)。

（2）获取 ADC 重置校准寄存器的状态，如 while(ADC_GetResetCalibration Status(ADC1))。

（3）开始指定 ADC 的校准状态，如 ADC_StartCalibration(ADC1)。

（4）获取指定 ADC 的校准程序，如 while(ADC_GetCalibrationStatus(ADC1))。

12. ADC 转换开始

ADC 有软件和硬件两大触发类型，其中硬件类型在前面已经介绍过。如果 ADC 是由软件触发，那么调用一次 ADC_Cmd 就能使 ADC 开始工作。如果 ADC 是由硬件触发，那么调用 ADC_Cmd 以后，还要等待硬件触发信号到达，ADC 才会开始转换。

可调用 ADC_SoftwareStartConvCmd 函数来触发 ADC 转换开始，如果是硬件触发，那就等定时器或外部信号来触发再开始转换。

13. ADC 转换过程与时序图

ADC 在开始精确转换前需要一个稳定时间 $t_{STAB}$。在开始 ADC 转换和 14 个时钟周期后，EOC 标志被设置，16 位 ADC 数据寄存器包含转换的结果。ADC 转换过程如图 9-13 所示。

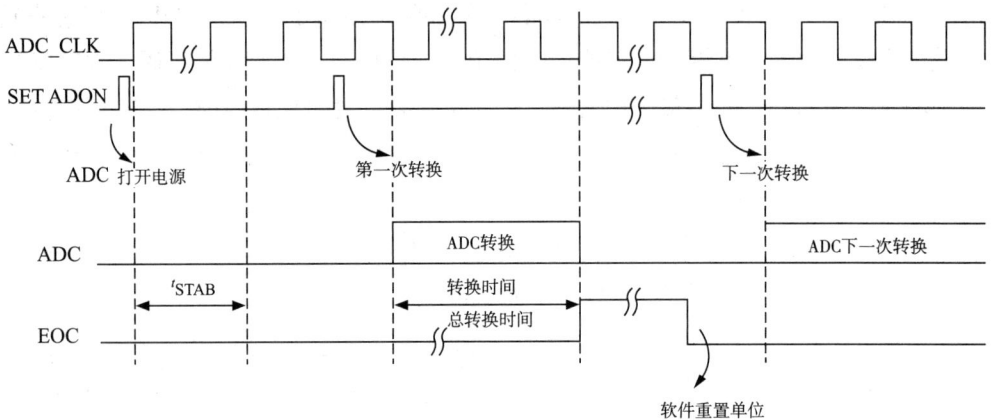

图 9-13　时序图

### 9.3.3　STM32 内部温度测量

1. STM32 内部温度传感器

温度传感器可以用来测量器件周围的温度（TA）。温度传感器在内部和 ADCx_IN16 输入通道相连接，此通道把传感器输出的电压转换成数字值。温度传感器模拟输入推荐采样时间是 17.1 μs。

当没有被使用时，传感器可以置于关电模式。必须设置 TSVREFE 位激活内部通道：ADCx_IN16（温度传感器）和 ADCx_IN17（VREFINT）的转换。

STM32 内部温度传感器支持的温度范围：−40 ~ 125 ℃，精确度：±1.5 ℃。温度传感器特性如表 9-7 所示。

表 9-7　温度传感器特性

| 符　号 | 参　数 | 最小值 | 典型值 | 最大值 | 单　位 |
|---|---|---|---|---|---|
| TL[①] | VSENSE 相对于温度的线性度 | | ±1 | ±2 | ℃ |
| Avg_Slope[①] | 平均斜率 | 4.0 | 4.3 | 4.6 | mV/℃ |
| V25[①] | 在 25 ℃时的电压 | 1.34 | 1.43 | 1.52 | V |
| tSTART[②] | 建立时间 | 4 | | 10 | μs |
| TS_temp[①②] | 当读取温度时，ADC 采样时间 | | | 17.1 | μ |

注：① 综合评估保证，不在生产中测试。
② 由设计保证，不在生产中测试。

温度传感器使用步骤如下：

（1）选择 ADCx_IN16 输入通道。

（2）选择采样时间大于 2.2 μs。

（3）设置 ADC 控制寄存器 2（ADC_CR2）的 TSVREFE 位，以唤醒关电模式下的温度传感器。

（4）通过设置 ADON 位启动 ADC 转换（或用外部触发）。

（5）读 ADC 数据寄存器上的 VSENSE 数据结果。

温度的计算公式如下：

$$温度(℃) = \{(V25 - VSENSE) / Avg\_Slope\} + 25$$

式中，V25 是温度传感器在 25 ℃时的输出电压，典型值 1.43 V；Avg_Slope 是温度传感器输出电压和温度的关联参数，典型值 4.3 mV/℃。

2. CAdc 类中温度函数

CAdc 类中包括了两个温度读取函数和两个电压读取函数，代码如下：

```
double GetTemp()                    // 温度传感器读取转换结果
{
    return GetTemp（getValue（））;
}
double  GetVolt（）                 // 读取 AD 转换结果
{
    return GetVolt(getValue());
}
double CAdc::GetVolt(vu32 advalue)     // 转换成电压值子函数
{
    double volt=（double）advalue;
    volt=（volt*3.3）/4096;
    return volt;
}
double CAdc：：GetTemp（vu32 advalue）// 转换成温度值子函数
{
    double volt=（double）advalue;
     volt=（volt*3.3）/4096;
    double Current_Temp=(1.43-volt)/0.0043+25.00;
    return Current_Temp;
}
```

## 9.4   STM32 双 ADC 模式

有两个或以上 ADC 的器件可以使用双 ADC 模式。在双 ADC 模式里，根据 ADC1_CR1 寄存器中 DUALMOD[2:0] 位所选的模式，转换的启动可以是 ADC1 主和 ADC2 从的交替触发或同时触发。

注意，在双 ADC 模式里，当转换配置成由外部事件触发时，用户必须将其设置成仅触发主 ADC，从 ADC 设置成软件触发，这样可以防止意外的触发从转换。但是，主和从 ADC 的外部触发必须同时被激活。

共有六种可能的模式：

（1）同时注入模式。

（2）同时规则模式。

（3）快速交替模式。

（4）慢速交替模式。

（5）交替触发模式。

（6）独立模式。

还有可以用下列方式组合使用上面的模式：

（1）同时注入模式 + 同时规则模式。

（2）同时规则模式 + 交替触发模式。

（3）同时注入模式 + 交替模式。

在双 ADC 模式里，为了从主数据寄存器上读取从转换数据，DMA 位必须被使能，即使并不用它来传输规则通道数据。

# 9.5　STM32 ADC 注入方式实例

在注入方式中，注入通道有独立的保存转换结果的寄存器，这样读取转换数据更加方便。在 STM32 ADC 注入方式例子的主程序中，通过一个数组来定义所选择的通道，可以是一个、两个、三个或四个通道，然后对注入通道初始化。在主循环里，分别读取各通道的转换结果，并通过串口输出，可以在上位机中监测这些数据。每个注入通道都有独立保存转换结果的寄存器，因此无需在读取时等待转换的完成，而是可以直接读取数据马上返回。

采用注入方式的测试主程序代码如下：

```
#include "include/bsp.h"
#include "include/led_key.h"                    //GPIO 外设设置
#include "include/ADC_Injected.h"               //ADC 设置
#include "include/usart.h"                      // 串口设置
```

```
static CBsp bsp;
CUsart usart1(USART1,9600);                    // 串口波特率设置
CLed led1 (LED1),led2(LED2),led3,(LED3);
int main ()
{
    bsp.Init();                        // 系统初始化
    usart1.start();                    // 串口初始化
    unit8_t m_ADC_Channel[3]={ADC_Channel_ll,
        ADC_Channel_12,ADC_Channel_13};        // 通道选择
CAdc_Injected adc_inj(m_ADC_Channel,3);        // 通道数目
while(1)
{
    led1.isOn()?ledl.OFF():ledl.On();          // 灯的亮灭
    printf( "Channel_11=%d \r\n" ,
        adc_inj.getValue(ADC_InjectedChannel_1));
                                // 显示通道1转换采样结果
    bsp.delay(5000);
printf( "Channel_12=%d \r\n" ,
        adc_inj.getValue(ADC_InjectedChannel_2));
    bsp.delay(5000);
printf( "Channel_13=%d \r\n" ,
        adc_inj.getValue(ADC_InjectedChannel_3));
    bsp.delay(5000);
    }
    return 0;
}
```

ADC 注入类实现对 STM32 ADC 注入通道功能的封装，为了对多个注入通道进行统一的管理，也为了对多个注入通道进行配置，ADC 注入类中采用通道指针的方式来指定多个通道，可以是一个通道数组的首地址（也相当于通道指针）。在 ADC 注入类中，完成了注入通道的配置、数据读取与数据处理三个方面的功能。

ADC 注入类实现代码如下：

```cpp
class CAdc_Injected
{
    ADC_TypeDef* ADCx;              // 哪个 ADC，包括 ADC1,2 和 3
    uint8_t* ADC_Channel;          // 哪个通道
    uint8_t  ADC_SampleTime;       // 采样时间
    uint8_t  Rank;                 // 总通道数

public:
     CAdc_Injected(ADC_TypeDef* m_ADCx,uint8_t* m_ADC_
Channel,uint8_t
     m_ADC_SampleTime,uint8_t m_Rank):ADCx(m_ADCx),ADC_
Channel
     (m_ADC_Channel),ADC_SampleTime(m_ADC_SampleTime),Rank(m_
Rank)
    {adc_config();}
   CAdc_Injected(uint8_t* m_ADC_Channel,uint8_t m_ADC_SampleTime,
     uint8_t m_Rank):ADCx(ADC1),ADC_Channel(m_ADC_Channel),
     ADC_SampleTime(m_ADC_SampleTime),Rank(m_Rank)
    {adc_config();}
   CAdc_Injected(uint8_t* m_ADC_Channel,uint8_t m_m_Rank
    : ADCx(ADC1),ADC_Channel(m_ADC_Channel)
    ,ADC_SampleTime(ADC_SampleTime_239Cycles5),Rank(m_Rank)
     {adc_config();}
   void adc_config();
   void ADCCLKConfig(uint32_t m_RCC_PCLK)
     { RCC_ADCCLKConfig(m_RCC_PCLK);}
   u16 GetTemp(u16 advalue);
   u16 GetVolt(u16 advalue);
   void ADC_Channel_config();
   uint16_t getValue( uint8_t ADC_InjChannel)
```

```
    {
     uint16_t ADC_Inject_PowerV
        =ADC_GetInjectedConversionValue(ADCx,ADC_InjChannel);
      return ADC_Inject_PowerV;
     }
  };
```

程序说明：读取数据成员函数 getValue 的实现中并没有等待转换的过程，直接调用 ADC_GetInjectedConversionValue 函数的返回值，该函数也没有等待过程。

该固件函数的源程序如下：

unit16_t ADC_GetInjectedConversionValue(ADC_TypeDef*ADCx,uint8_t ADC_InjectedChannel)

```
  {
  __IO unit32_t tmp =0;
  /*Check the parameters */
  assert_param(IS_ADC_ALL_PERIPH(ADCx));
  assert_param(IS_ADC_INJECTED_CHANNEL(ADC_InjectedChannel));
  tmp=(uint32_t)ADCx;
  tmp+=ADC_InjectedCannel+JDR_Offset;
  /* Returns  the  selected injected channel conversion date value  */
  return(uint16_t)(*(__IO uint32_t*)  tmp );
  }
```

（1）ADC 注入类端口配置函数

ADC 注入类端口配置函数完成 ADC 所使用的 GPIO 端口和对应引脚的配置工作。该函数是一个通用的端口配置函数，它可以根据所使用的 ADC 通道自动选择相应的 GPIO 口进行配置。

ADC 注入类端口配置函数实现代码如下：

```
void CAdc_Injected::ADC_Channel_config()
  {
    GPIO_InitTypeDef GPIO_InitStructure;
```

```
   for(int i=0 ; <Rank;i++)
{
uint8_t mADC_Channel=ADC_Channel[i];              // 哪个通道
if(ADCx==ADCl||ADCx==ADC2)
{
if(m_ADC_Channel<=7)                          // 开通 PA 的 0 ~ 7 口
{
RCC_APB2PeriphClockCmd(RCC_APB2PPeriph_GPIOA,ENABLE);
                                 // 使能由 APB2 时钟控制的外设中的 PA
端口
    GPIO_InitStructure.GPIO_Pin  =(uint16_t)1<<m_ADC_Channel; //IO 端
口的第几位
    GPIO_InitStructure.GPIO_Mode =GPTO_Mode_AIN; // 端口模式为模拟输
入方式
    GPIO_Init（GPIOA,&GPIO_InitStructure）；    // 默认速度为两兆
    }
    eles if (m_ADC_Channel<=9)                // 开通 PB 的 0 ~ 9 口
    {
RCC_APB2PeriphClockCmd(RCC_APB2Periph_GPIOB,ENABLE);
GPIO_InitStructure.GPIO_Pin  =(uint16_t)l<<(m_ADC_Chnnel-8);
GPIO_InitStructure.GPIO_Mode =GPTO_Mode_AIN;
GPIO_Init（GPIOB,&GPIO_InitStructure）；    // 默认速度为两兆
    }
    eles if (m_ADC_Channel<=15)               // 开通 PB 的 0 ~ 15 口
    {
RCC_APB2PeriphClockCmd(RCC_APB2Periph_GPIOB,ENABLE);
GPIO_InitStructure.GPIO_Pin  =(uint16_t)l<<(m_ADC_Chnnel-10;
GPIO_InitStructure.GPIO_Mode =GPTO_Mode_AIN;
GPIO_Init（GPIOC,&GPIO_InitStructure）；    // 默认速度为两兆
    }
    eles if (m_ADC_Channel<=15)
```

```
{
eles if (ADC_Channel==16||ADC_Channel==17)
}
//ADC 内置温度传感器使能（要使用片内温度传感器，切记要开启它）
ADC_TempSensorVrefintCmd(ENABLE);
}
}
eles
{
    if (m_ADC_Channel<=3)
{
RCC_APB2PeriphClockCmd(RCC_APB2Periph_GPIOA,ENABBLE);
GPIO_InitStructure.GPIO_Pin =(uint16_t)l<<(m_ADC_Chnnel;
GPIO_InitStructure.GPIO_Mode =GPTO_Mode_AIN;
GPIO_Init（GPIOA,&GPIO_InitStructure）；    // 默认速度为两兆
}
eles if (m_ADC_Channel<=15)              {
RCC_APB2PeriphClockCmd(RCC_APB2Periph_GPIOA,ENABBLE);
GPIO_InitStructure.GPIO_Pin =(uint16_t)l<<(m_ADC_Chnnel-4);
GPIO_InitStructure.GPIO_Mode =GPTO_Mode_AIN;
GPIO_Init（GPIOF,&GPIO_InitStructure）；    // 默认速度为两兆
}
eles if (m_ADC_Channel<=15)              {
RCC_APB2PeriphClockCmd(RCC_APB2Periph_GPIOA,ENABBLE);
GPIO_InitStructure.GPIO_Pin =(uint16_t)l<<(m_ADC_Chnnel-10);
GPIO_InitStructure.GPIO_Mode =GPTO_Mode_AIN;
GPIO_Init（GPIOC,&GPIO_InitStructure）；    // 默认速度为两兆
}
}
ADC_InjectedSequencerLengthConfig(ADCl,Rank);
```
（2）ADC 注入类通道配置函数

　　在 ADC 注入类通道配置函数里，主要实现 ADC 模式、多通道模式、扫描模式等，这些配置与 ADC 配置基本一致，只是在这里 ADC 应该配置成多通道模式、连续转换的方式，同时进行 ADC 通道转换的校准工作。

　　注意，ADC 注入类通道配置函数调用了 ADC_InjectedDiscModeCmd 函数来使能注入组间断模式，还调用了 ADC_AutoInjectedConvCmd 函数来使能指定 ADC 在规则组转化后自动开始注入组转换。

　　ADC 注入类通道配置函数的实现代码如下：

```
void  CAdc_Injected::adc_config()
{
ADC_InitTypeDef ADC_InitStructure;
    if(ADCx==ADC1)RCC_APB2PeriphCIockCmd(RCC_APB2Periph_
ADC1,ENABLE);
    else if(ADCx==ADC2)RCC_APB2PeriphCIockCmd(RCC_APB2Periph_
ADC2,ENABLE);
    else if(ADCx==ADC3)RCC_APB2PeriphCIockCmd(RCC_APB2Periph_
ADC3,ENABLE);
    ADC_Channel_config（）;


    ADC_InjectedDiscModeCmd(ADCx,ENABLE);
    ADC_AutoInjectedConvCmd(ADCx,ENABLE);


    ADC_InitStructure.ADC_Mode = ADC_Mode_Independent;   //ADC1 和
ADC2 工作的独立模式
    ADC_InitStructure.ADC_ScanConvMode = ENABLE;  //= DISABLE; //
多通道模式
    ADC_InitStructure.ADC_ContinuousConvMode =ENABLE;   //
ENABLE; // 连续转换
    ADC_InitStructure.ADC_ExternalTrigConv = ADC_ExternalTrigConv_
None;
    // 转换不受外界决定，由软件控制开始转换（还有触方式等
    ADC_InitStructure.ADC_DateAlign+ADC_DataAlign=Right;///AD 输 出
```

数值为右端对齐方式

```
    ADC_InitStructure.ADC_NbrOfChannel=2;              // 扫描通道数
    ADC_Init(ADC1, δ ADC_InitStricture);                  // 用上面的参数初始化
ADC1
    ADC_Cmd (ADCx.ENABLE);                          // 使能或者失能指定的 ADC

    ADC_SoftwareStartConveCmd(ADCx,ENABLE);
    // 使能或者失去指定的 ADC 的软件转换启动功能
    // 下面是 ADC 自动标准，开机后需执行一次，保证精度
    //Enable ADC1 reset calibaration register
    ADC_ResetCalibration(ADCx);                      // 重置 ADCX 校准寄存器
    // Check the end of ADC1 reset calibration register
    while(ADC_GetResetCalibrationStatus(ADCx));       // 得到重置校准寄存器
状态
    //Start ADC1 calibaration
    ADC_StartCalibration(ADCx);                      // 开始校准 ADCX
    //Check the end of ADC1 calibration
    while (ADC_GetCalibrationStatue(ADCx));       // 得到校准寄存器状态
    //ADC 自动校准结束 -----------------
    ADC_SoftwareStartConveCmd(ADCx,DISABLE);        // 使能 ADCX 由软
件控制开始转换
    ADC_SoftwareStartInjectedConvCmd(ADCx,ENABLE);
    }
```

# 第10章　嵌入式实时操作系统 μC/OS-Ⅱ

本章将介绍嵌入式实时操作系统 μC/OS-Ⅱ 的系统结构和其在 STM32F103 战舰 v3 开发板上的移植工程，并将阐述 μC/OS-Ⅱ 系统配置与裁剪的方法。μC/OS-Ⅱ 是美国 Micrium 公司推出的开源的嵌入式实时操作系统，具有体积小、实时性强和移植能力强的特点。μC/OS-Ⅱ 可以移植到几乎所有的 ARM 微控制器上，那些具有一定 RAM 空间（最好是 8 kB 以上）且具有堆栈操作的微控制器均可成功移植。STM32F103ZET6 片上 RAM 空间为 64 kB，可以很好地支持 μC/OS-Ⅱ 系统。

## 10.1　μC/OS-Ⅱ 系统与移植

（1）在工程 22 工作窗口中，单击 Manage Run-Time Environment 快捷按钮（"管理运行环境"），或者打开菜单 Project → Manage → Run-Time Environment，将弹出如图 10-1 所示对话框。

在图 10-1 中，选择 μC/OS Kernel，选中 μC/OS-Ⅱ 内核。注意：对于 μC/OS-Ⅱ，不用选择 μC/OS Common。然后，单击 OK 按钮进入图 10-2 所示界面。

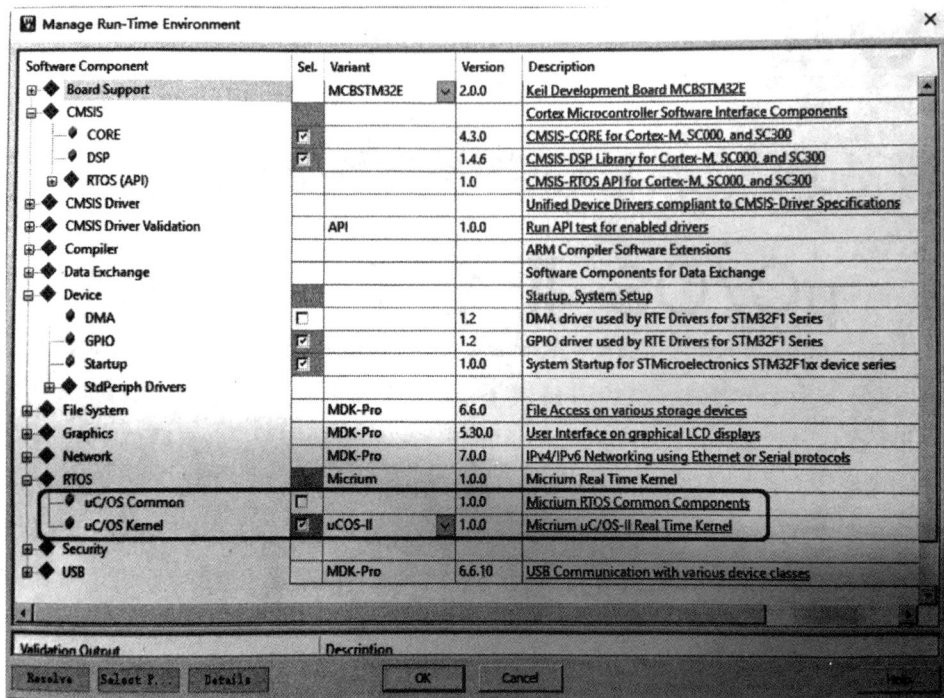

图 10-1　管理运行环境对话框

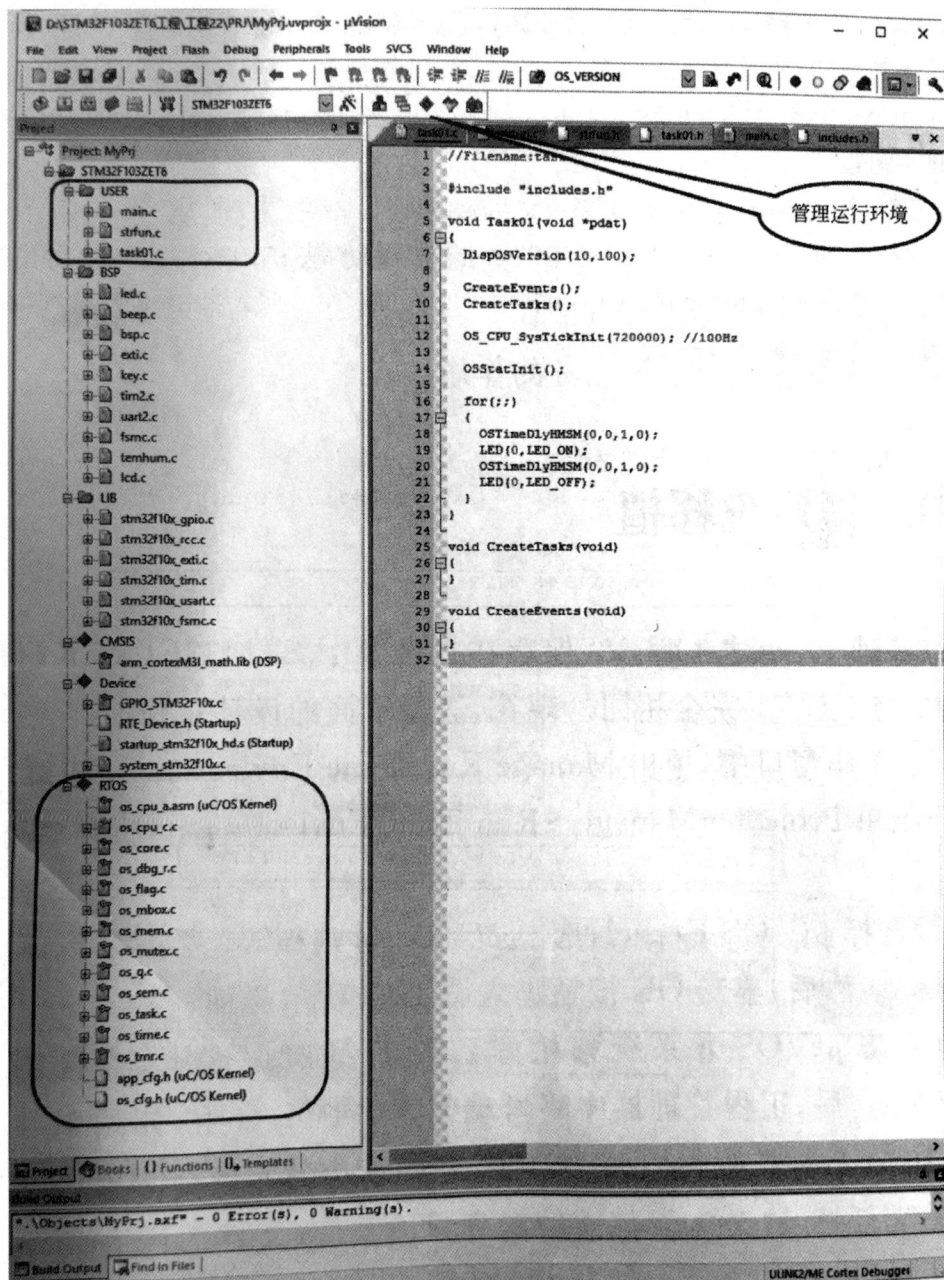

图 10-2　工程 22 工作窗口

图 10-2 是 μC/OS-Ⅱ 系统移植好后的工程 22。这里，当在图 10-1 中选择了

RTOS（实时操作系统）后，工程管理器中将自动创建 RTOS 分组，如图 10-2 所示。分组下共有 15 个文件，笔者将在 10.2 节介绍它们在其中承担的角色。需要说明的是，除了 app_cfg.h 和 os_cfg.h 文件外，其余文件都被锁定为只读文件（文件图标上有一把小钥匙）。

第一步工作是将 μC/OS-Ⅱ系统文件添加到工程 22 中。

（2）在图 10-2 中左侧的工程管理器中，右击 STM32F103ZET6，在其弹出的快捷菜单中选择 Options for Target'STM32F103ZET6'，进入图 10-3 所示对话框，在图 10-3 中选择 C/C++ 选项卡。

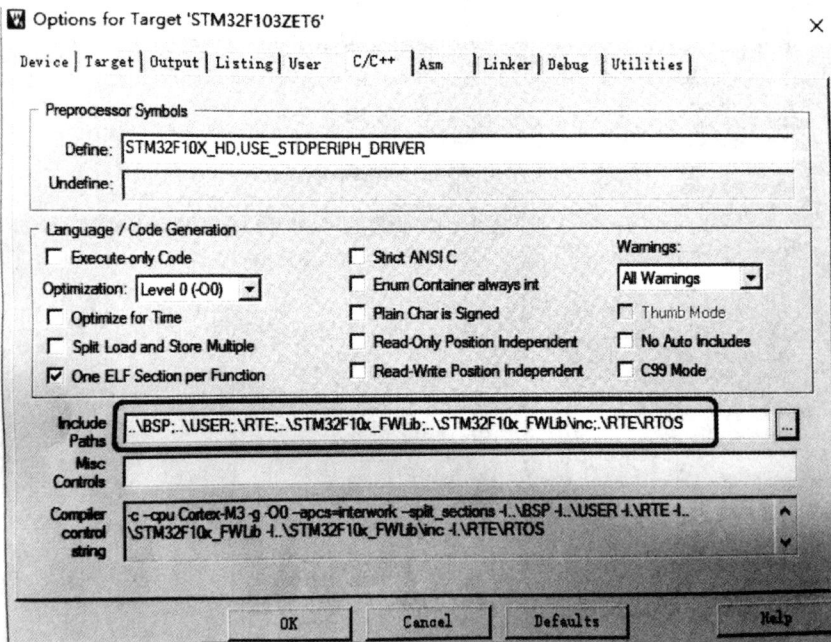

图 10-3　工程选项配置对话框

在图 10-3 中，添加包括路径 ".\RTE\RTOS"，即添加 μC/OS-Ⅱ系统文件所在的路径。

（3）修改系统启动文件 startup_stm32f10x_hd.s，程序段如下。

```
1        AREA   RESET , DATA , READONLY
2        EXPORT __Vectors
3        EXPORT __Vectors_End
```

```
4              EXPORT  __Vectors_Size
5              IMPORT  OS_CPU_SysTickHandler
6              IMPORT  OS_CPU_PendSVHandler
7
8  __Vector   DCD     __initial_sp          ;Top of Stack
9          DCD     Reset_Handler        ;Reset Handler
10         DCD     NMI_Handler          ;NMI Handler
11         DCD     HardFault_Handler    ;Hard Fault Handler
12         DCD     MemManage__Handler   ;MOU Fault Handler
13         DCD     HardFault_Handler    ;Bus Fault Handler
14         DCD     UsageFault_Handler   ;Usage Fault Handler
15         DCD     0                    ;Reserved
16         DCD     0                    ;Reserved
17         DCD     0                    ;Reserved
18         DCD     0                    ;Reserved
19         DCD     SVC_Handler          ;SVCall Handler
20         DCD     DebugMon_Handler     ;Debug Monitor
Handlcr

21         DCD     0                    ;Reserved
22         DCD     OS_CUP_PendSVHandler   ;PendSV Handler
23         DCD     OS_CUP_SysTickHandler  ;SysTick Handler
```

在文件 startup_stm32f10x_hd.s 中，先定位到程序段第 1 行处（文件中的第 57 行处），在程序段中添加第 5、6 行，表示引用外部定义的函数 OS_CPU_SysTickHandler 和 OS_CPU_PendSVHandler，这两个函数定义在 os_cpu_c.c 和 os_cpu_a.asm 文件中。然后修改第 22 行和第 23 行，第 22 行将原来的 PendSV_Handler 换为 OS_CPU_PendSVHandler，第 23 行将原来的 SysTick_Handler 替换为 OS_CPU_sySTickHandler。

这一步的意义在于，将 PendSV 异常和 SysTick 异常分配给 μC/OS-Ⅱ 系统使用，分别用于任务切换和系统节拍处理。

（4）修改文件 app_cfg.h，程序代码如下。

```
1    //Filename :app_cfg.h
2
3    #ifndef_APP_CFG_H
4    #define_APP_CFG_H
5
6    #define OS_TASK_TMR_PRIO (OS_LOWEST_PRRIO-2)
7
8    #ifdef OS_CPU_GLOBALS
9    #define EXTERN
10   #else
11   #define EXTERN ertern
12   #endif
13
14   #endif
15
16   EXTERN unsigned int * p stk;
```

在 µC/OS-Ⅱ系统中，文件 app_cfg.h 是用户配置文件，用于定义用户任务的优先级号、声明任务函数和定义任务的堆栈大小等信息。但是，大部分专家只在 app_cfg.h 中定义系统定时器任务的优先级号，本书也秉承了这一原则。第 6 行定义定时器任务的优先级号为 OS_LOWEST_PRIO-2。第 8 ～ 12 行和第 16 行用于定义一个指针变量 p_stk，该变量被用于文件 os_cpu_c.c 的函数 OSTaskStklnit 中（文件 os_cpu_c.c 中第 258 行），无特殊含义。

这一步工作主要是定义定时器任务的优先级号，定时器任务是系统任务，只需要用户指定优先级号。因为空闲任务的优先级号固定为 OS_LOWEST_PRIO，统计任务的优先级号固定为 OS_LOWEST_PRIO-1，所以一般情况下将定时器任务的优先级号设定为 OS_LOWEST_PRIO-20。

修改 includes.h 文件，程序代码如下。

```
1    //Filename : includes.h
2
```

```
3    #include "stm32f10x.h"
4    #define ARM_MATH_CM3
5    #include " arm_math.h"
6
7    #include "vartpes.h"
8      #include " bsp.h"
9      #include " exti.h"
10     #include " key.h"
11     #include " beep.h"
12     #include " led.h"
13     #include " tim2.h"
14     #include " uart2.h"
15     #include " fsmc.h"
16     #include " lcd.h"
17     #include " temhum.h"
18
19     #include " strfun.h"
20     #include " ucos_ii.h"
21     #include " task01.h"
```

此程序段添加了第 19 ~ 21 行，包括了头文件 strfun.h、ucos_ii.h 和 task01.h。这里的头文件 ucos_ii.h 为 pc/os-n 的系统头文件，其中声明了 μC/OS-Ⅱ 系统的全部函数和宏常量。

至此，已经实现了 μC/OS-Ⅱ 系统在 STM32F103ZET6 学习板上的移植，后续的工作就是创建用户任务实现所需要的功能了。Keil MDK5.20 或更高的版本使移植 μC/OS-Ⅱ 系统变得异常简单。在 KeilMDK5.20 中集成的 μC/OS-Ⅱ 系统的版本号为 2.92.11，由于 μC/OS-Ⅲ 已经面世，估计 v2.92.11 是 μC/OS-Ⅱ 的最终版本了，这个版本因通过了美国联邦航空管理局（FAA）RTCADO—178B 标准的质量认证，可用于与人生命安全相关的、安全性要求苛刻的嵌入式系统中，故仍然是主流的商业应用操作系统，2012 年美国 NASA 发送到火星上的"好奇号（Curiosity)"机器人就搭载了 μC/OS-Ⅱ 系统。

修改 main.c 文件，程序代码如下。

```
1    //Filename: main.c
2
3     #include "includes.h"
4
5    OS_STK Task01Stk[Task01StkSize];
6
7    int main (void);
8    {
9      BSPInit();
10
11     OSInit();
12     OSTaskCreataExt(Task01,
13            (viod * )0,
14            &.Task01Stk[Task01StkSize-1],
15            Task01Prio,

16            Task01ID,
17            &.Task01Stk[0],
18            Task01StkSize,
19            (viod * )0,
20            (OS_TASK_OPT_STK_CHK I OS_TASK_OPT_STK_CLR))
21     OSStart();
22   }
```

在文件 main.c 中，第 5 行定义用户任务 Task01（本书用用户任务函数名表示用户任务名）的堆栈 Task01Stk，堆栈使用 μC/OS-Ⅱ 系统自定义类型 OS_STK 定义的数组表示，对于 STM32F103ZET6 而言，OS_STK 就是无符号 32 位整型。

第 9 行调用 BSPInit 初始化 STM32F103ZET6 片内外设。第 11 ～ 21 行称为 μC/OS-Ⅱ 系统的启动三部曲：第 11 行调用系统函数 OSInit 初始化 μC/OS-Ⅱ 系统；第 12 ～ 20 行调用系统函数 OSTaskCreateExt 创建第一个用户任务，μC/OS-Ⅱ 系统要求至少要创建一个用户任务；第 21 行调用系统函数 OSStart 启动多任务，之后μC/OS-Ⅱ系统调度器将按优先级调度策略管理用户任务的执行。

　　这一步的工作在于创建第一个用户任务，此时系统中共有 4 个任务，即空闲任务、统计任务、定时器任务 3 个系统任务和用户任务 Task01，然后启动多任务，μC/OS-Ⅱ系统调度器将始终使处于就绪态的最高优先级的任务获得 CPU 使用权。事实上，μC/OS-Ⅱ系统的调度器是极其优秀的，无论系统中包括多少个任务（必须小于等于 255），每个任务的调试时间都是相同的。

　　需要注意的是，文件 main.c 在全部工程中都是相同的。如果追求完美的话，甚至可以把第 5 行和第 9 行的代码分别移到头文件 task01.h 和 OSInitHookBegin 函数中。

　　新建文件 strfun.c 和 strfun.h，保存在目录"D:\STM32F103ZET6 工程 \ 工程 22\USER"下，程序代码如下。

```
1    //Filename: strfun.c
2
3     #include "includes.h"
4
5     void  Int2String(Int32U v,Int08U * str)
6     {
7      Int32U I;
8      Int08Uj,h,d=0;
9      Int08U * strl,* str2;
10      str1=str;
11      str2=str;
12      while(v>0)
13      {
14        i=v%10;
15         *strl++=i+'0';
16        d++;
17        v=v/10;
18      }
19      *strl='' \0";
```

```
20     for(j=0;j<d/2;j++)
21     {
22       h=*(str2+j);
23       *(str2+j)=*(str2+d-1-j);
24       *(str2+d-1-j)=h;
25     }
26   }
27
```

第 5 ~ 26 行为将整数转化为字符串的函数 Int2String。对于输入的 32 位整数 v，如果 v > 0( 第 12 行为真)，则将其个位数字转化为字符保存在 str1 指向的地址中( 第 14、15 行)，然后 v 除以 10 的值赋给 v( 第 17 行)，循环执行第 12 ~ 18 行，直到 v=0。其中，变量 d 记录转化后的字符串的长度。在上述操作中，整数的个位放在字符串的首位址，十位放在字符串的第 2 个位址，依次类推，整数的最高位放在字符串的最后位址。因此，第 20 ~ 25 行将字符串中的字符进行了对称置换，使整数的最高位位于字符串的首位址，而次高位位于字符串的第 2 个位址，依次类推，整数的个位位于字符串的最后位址。

```
28   Int16U LengthOfString(Int08U * str)
29   }
30   Int16U i=0;
31   while( * str++ ! =' \0')
32   {
33   i++;
34   }
35   retureⅠ;
36   }
37
```

第 28 ~ 36 行为获取字符串长度的函数 LengthOfString。字符串的末尾为字符 '\0'，该函数从字符串首字符开始计数到遇到字符 '\0' 为止，即可得字符串中包含的字符个数。

```
38   void DispOSVersion(Int16U x, Int16 y)
```

```
39   {
40   Int08Ulen,ch[20];           //2-32 at most 10-digit
41   Int16U v;
42   SetPenColorEx(BLUE) ;
43   SetGroundColorEX(WHITE);
44   v=OSVersion();
45   Int2String(v,ch);
46   DrawString(x,y(Int08U * )" uC/OS-Ⅱ Version:" ,20);
47   DrawString(x+18 * 8, y,ch,1);
48   DrawChar(x+19 * 8,y,ch,1);
49   DrawString(x+20 * 8,y,&ch[1],20);
50   len=LengthOfString(ch):
51   DrawChar(x+20 * 8+(len-1) * 8,y,'.' );
52   }
```

第 38 ～ 52 行为显示使用的 μC/OS-Ⅱ 系统版本号的函数 DispOSVersion。该函数将在 (x,y) 坐标处显示 μC/OS-Ⅱ Version: 2.9211."；第 44 行调用系统函数 OSVersion 取得系统版本号 29211，除以 10 000 后的值为真实的版本号。

文件 strfun. h 的程序代码如下。

```
1  //Filename:strfun.h
2
3  #include "vartypes.h"
4
5  #ifndef_STRFUN_H
6  #define_STRFUN_H
7
8   void Int2tring(Int32U v,Int08U * str);
9   Int16U  LengthOfString(Int08U * str);
10   void DispOSVersion(Int16 x,Int16U y);
11
12 #endif
```

文件 strfun.h 中声明了文件 strfun.c 中定义的函数，第 8 ~ 10 行依次为整数转化为字符串函数、求字符串长度函数和在 LCD 屏上显示 μC/OS-Ⅱ系统版本号函数。

新建文件 task01.c 和 task01.h，保存在目录"D:\STM32F103ZET6 工程 \ 工程 22\USER"下，其程序代码如下。

```
1      //Filename:task01.c
2
3      #include" includes.h"
4
5      void Task01(void * pdat)
6      {
7   DispOSVersion(10,10):
8
9   CreateEvents();
10  CreateTasks();
11
12  OS_CPU_SysTickInit(720000);     // 系统节拍时钟 100Hz
13
14  OSStatInit();
15
16  for ( ; ; )
17  {
18      OSTimeDlyHMSM(0,0,1,0);
19      LED(0,LED_ON);
20      OSTimeDlyHMSM(0,0,1,0);
21      LED(0,LED_OFF);
22  }
23  }
24
```

第 5 ~ 23 行为用户任务函数 Task01。第 7 行在 LCD 屏处显示 μC/OS-Ⅱ系统版本号；第9行调用函数 CreateEvents 创建事件；第10行调用函数 CreateTasks 创建除第一个用户任务之外的其他用户任务；第12行调用系统函数 OS_CPU_SysTickInit（位于文件 os_cpu_c.c 中）设定时钟节拍工作频率为 100 Hz；第14行调用 OSStatInit 初始化统计任务。第16 ~ 22行为无限循环体，循环执行延时1 s（第18行）和点亮 LED0 灯（第19行）、延时 1 s（第20行）和关闭 LED0 灯（第21行）。

第一个用户任务中必须启动时钟节拍定时器，一般设为 100 Hz；初始化统计任务，可以统计各个任务的堆栈使用情况和 CPU 的利用率情况；创建其他的用户任务和事件。

```
25    void CreateTasks(void);
26    {
27    }
28
29    void CreateEvents(void);
30    {
31    }
```

第25 ~ 27行为创建其他用户任务的函数 CreateTasks，当前为空；第29 ~ 31行为创建事件的函数 CreatcEvents，当前为空。

文件 task01.h 的程序代码如下。

```
1 //Filename:task01.h
2
3  #ifndef_TASK01_H
4  #define_TASK01_H
5
6   #define Task01ID    1u
7   #define Task01Prio   (Task01ID+4u)
8   #define Task01StkSize  200u
9
10   void Task01(void * pdat);
11   void CreateTasks(void);
12   void CreateEvents(void);
```

251

13

14　#endif

文件 task01.h 中宏定义了第一个用户任务 Task01 的 ID 号为 1、优先级号为 4、堆栈大小为 200（由于堆栈以字为单位，这里的 200 相当于 800 B），这些宏常量被用于 main.c 文件中。第 10 ~ 12 行声明了文件 task01.c 中定义的函数，依次为任务函数 Task01、创建其他任务函数 CreateTasks 和创建事件函数 CreateEvents。

文件 exti.c 中需要修改的部分的程序代码如下。

```
1    void EXTI2_IRQHandler()
2    {
3      DrawString(400,10,(In08U * )" Key 2 ",10);   //LED(0,LED_ON);
4      EXTI_ClearFlag(EXTI_Line2);
5      NVIC_ClearPendingIRQ(EXTI2_IRQn);
6    }
7
8    void EXTI3_IRQHandler()
9    }
10     DrawString(400,10,(In08U * )" Key 1 ",10);   //ED(0,LED_OFF);
11      EXTI_ClearFlag(EXTI_Line3);
12     NVIC_ClearPendingIRQ(EXTI3_IRQn);
13   }
```

将文件 exti.c 中的上述两个中断服务函数中的第 3 行和第 10 行，由原来的语句"LED(0,IJED_ON);"和"//ED(0,LED_OFF);"修改为"DrawString(400,10,（Int08U*)" Key2",10);"和"DrawString(400,10,(Int08U*V' Key1",10);"，表示按下按键 1 时，在 LCD 屏的右上角显示 Key1，而按下按键 2 时，将显示 Key2。这是因为 LED0 灯被用在用户任务函数 Task01 中了。

修改 os_cfg.h 文件中宏常量 OS_TMR_EN 的值，由 0u 修改为 1u（位于文件的第 139 行），表示打开系统定时器模块。

将文件 strfun.c 和 task01.c 添加到工程管理器的 USER 分组下。建设好的工程 22 是一个完整的工程，在 STM32F103 战舰 v3 开发板上运行时，LED0 灯每隔 1 s

闪烁一次（LED1 灯也每隔 1 s 闪烁一次，由 TIM2 驱动），在 LCD 屏的左上角显示一行信息"μC/OS-Ⅱ Version:2.92.11."（如果按下按键 1 或 2 将在 LCD 屏的右上角显示按键信息，同时按下按键 3 蜂鸣器，将启动或关闭，这些是从工程 21 继承来的功能）。

## 10.2　μC/OS-Ⅱ 用户任务

相对于系统任务而言，μC/OS-Ⅱ 应用程序中用户创建的任务称为用户任务，每个用户任务都在周期性地执行着某项工作，或请求到事件后执行相应的功能。用户任务的特点如下。

（1）用户任务对应的函数是一个带有无限循环体的函数，因为具有无限循环体，故该类函数没有返回值。

（2）用户任务对应的函数具有一个"void*"类型的指针参数，该类型指针可以指向任何类型的数据，通过该指针在任务创建时向任务传递一些数据，这种传递只能发生一次，即创建任务的时候，一旦任务开始工作，就无法再通过函数参数向任务传递数据了。

（3）每个用户任务具有唯一的优先级号，取值范围为 0 ~ OS_LOWEST_PRIO-3（OS_LOWEST_PRIO 为 os_cfg.h 中宏定义的常量，最大值为 254）。一般来讲，系统的空闲任务优先级号为 OS_LOWEST_PRIO，统计任务的优先级号为 OS_LOWEST_PRIO-1，定时器任务的优先级号常设定为 OS_LOWEST_PRIO-2。此外，需要为优先级继承优先级留出优先级号，所以用户任务的优先级号一般为 5 ~ OS_LOWEST_PRIO-3。在第 2 篇基于 STM32F103ZET6 的工程中，OS_LOWEST-PRIO 被宏定义为 63，定时器任务的优先级号为 61，因此用户任务的优先级号的取值范围为 5 ~ 60。

（4）每个用户任务具有独立的堆栈，使用 OS_STK 类型定义堆栈，堆栈数组的大小一般要在 50（即 200 B）以上。

在 μC/OS-Ⅱ v2.92.11 中，与用户任务管理相关的函数有 11 个，如表 10-1 所示。该类函数位于 os_task.tr 文件中，用于实现任务创建、删除、挂起、恢复、改变任务优先级、查询任务信息、查询任务堆栈信息、设置任务名或查询任务名等操作。

续　表

表 10-1　任务管理函数

| 函数原型 | 功　能 |
| --- | --- |
| INT8U OSTaskCreateCvoid ( * taskXvoid * P_arg ), void * p_arg, OS_STK *ptos, INT8U prio ) | 创建一个任务。4 个参数的含义依次为用户任务对应的函数名、函数参数、任务堆栈、任务优先级。可以在启动多任务前创建任务，也可在一个已经运行的任务中创建新的任务，但不能在中断服务程序中创建任务。任务函数必须包含无限循环体，且必须调用 OSMboxPend、OSFlagPend、OSMutexPend、OSQPend、OSSemPend、OSTimeDly、OSTimeDly–HMSM、OSTaskSuspend 和 OSTaskDel 中的一个，用于实现任务调度。任务优先级不应取为 0 ~ 3，并且不能取为 OS_LOWEST_PRIO-1 ~ OS_LO WEST_PRIO |
| INT8U OSTaskCreateExtCvoid ( * task ) ( void * p_arg ), void * P_arg, OS_STK * ptos, INT8U prio, INT16U id, OS_STK *pbos, INT32U stk_size, void * pext, INT16U opt ) | 与 OSTaskCreate 作用相同，用于创建一个任务。该函数的前 4 个参数与 OSTaskCreate 相同，增加了表示任务 ID 号、任务堆栈栈底、任务堆栈大小、用户定义的任务外部空间指针和任务创建选项等参数。如果要对任务的堆栈进行检查，则必须使用该函数创建任务，且 opt 应设置为 OS_TASK_OPT_STK_CHK \|OS_ TASK_ OPT_ STK _ CLR，本书中实例全部使用该函数创建用户任务 |
| INT8U OSTaskDel ( INT8U prio ) | 通过指定任务优先级或 OS_PRIO_SELF 删除一个任务或调用该函数的任务本身。被删除的任务进入休眠状态，调用 OSTaskCreate 或 OSTaskCreateExt 可再次激活它 ( 中断服务程序不能调用该函数 ) |
| INT8U OSTaskDelReq ( INT8U prio ) | 请求任务删除自己。一般用于删除占有资源的任务，假设该任务的优先级为 10，发出删除任务 10 请求的任务优先级为 5，则在任务 5 中调用 OSTaskDelReq ( 10 )，任务 10 中会调用 OSTaskDelReq ( OS_PRIO_SELF )，如果返回值为 OS_TASK_DEL_REQ，则表明有来自其他任务的删除请求，任务 10 首先释放其占有的资源，然后调用 OSTaskDel ( OS _ PRIO _ SELF ) 删除自己 ( 中断服务程序不能调用该函数 ) |
| INT8U OSTaskChangePrio( INT8U 01dprio, INT8U newprio ) | 更改任务的优先级 |
| INT8U OSTaskSuspend ( INT8U prio ) | 无条件挂起一个任务，参数指定为 OS_PRIO_ SELF 时挂起任务。与 OSTaskResume 配对使用 |

| 函数原型 | 功　能 |
|---|---|
| INT8U OSTaskResume（INT8U prio） | 恢复（或就绪）一个被 OSTaskSuspend 挂起的任务。该函数是唯一可恢复被 OSTaskSuspend 挂起任务的函数 |
| INT8U OSTaskQuery（INT8U prio，OS_TCB * p_task_data） | 查询任务信息 |
| INT8U OSTaskStkChk（INT8U prio，OS_STK_DATA * p_stk_data） | 检查任务堆栈信息，如栈未用空间和已用空间。该函数要求使用 OSTaskCreateExt 创建任务，且 opt 参数指定为 OS_TASK_OPT_ STK_CHK |
| INT8U OSTaskNameGet（INT8U prio，INT8U * pname，INT8U * perr） | 得到已命名任务的名称，为 ASCII 字符串，长度最大为 OS_TASK_NAME_SIZE（包括结尾 NULL 空字符），用于调试（中断服务程序不能调用该函数）。3 个参数的含义为任务优先级号、任务名、出错信息码 |
| void OSTaskNameSet（INT8U prio，INT8U * pname，INT8U * perr） | 为任务命名，名称为 ASCII 字符串，长度最大为 OS_TASK_NAME_SIZE（包括结尾 NULL 空字符），用于调试（中断服务程序不能调用该函数）。3 个参数的含义为任务优先级号、任务名、出错信息码 |

μC/OS-II 系统中有两个创建任务的函数，即 OSTaskCreate 和 OSTaskCreateExt。任务本质上是具有无限循环体的函数。一般来讲，要创建一个任务有以下步骤。

（1）编写一个带有无限循环体的函数，因为具有无限循环体，故函数没有返回值。该函数具有一个 void* 类型的指针，该指针可以指向任何类型的数据，通过该指针在任务创建时向任务传递一些数据，这种传递只能发生一次，一旦任务开始工作，就无法通过函数参数向任务传递数据了。该函数的典型样式如下。

```
1    void Task01(void * pdat)
2    {
3    INT8U err;
4    // 此处的语句仅当任务第一次执行时被执行一次
5    OSTaskNameSet(OS_PRIO_SELF，"AppTask_1"，&.err);
6    for(; ;)
7    {
8    // 添加要执行的任务功能
9    OSTimeDlyHMSM(0,0,1,0);
```

```
10     // // 添加要执行的功能代码

11     }
12 }
```

第 1 行为函数头，表明该函数的返回值为空，参数类型为 void*，函数名为 Task01。函数名应为字母或下画线开头的字符串，函数名中不能有空格。第 3 ~ 5 行为一些处理语句，这些语句只能被执行一次，即第一次执行该函数体对应的任务时被执行一次，然后进入第 6 ~ 11 行的无限循环体执行。第 6 ~ 11 行为无限循环体，循环体中应该出现 OSTimeDlyHMSM 之类的延时函数或事件请求函数。

（2）为要创建的任务指定优先级号，每个任务都有唯一的优先级号，取值范围从 0 ~ OS_LOWEST_PRIO-2（OS_LOWEST_PRIO 为文件 os_cfg.h 中的宏定义常量，最大值为 254），一般来讲，用户任务优先级为 5 ~ OS_LOWEST_PRIO-3。优先级号常用宏常量来定义，如 #define Task01Prio 5。

（3）为要创建的任务定义堆栈，必须使用 OS_STK 类型定义堆栈。例如：

OS-STKTask01Stk[200]；

（4）调用 OSTaskCreate 或 OSTaskCreateExt 函数创建任务。例如：

OSTaskCreate（Task01,

（void*）0,

& Task01Stk[199],

Task01Prio）；

或

OSTaskCreateExt（Task01,

（void*）0,

&Task01Stk[199],

Task01Prio,

1,

&Task01Stk[0],

200,

（void*）0,

OS_TASK_OPT_STK_CHK|OS_TASK_OPT_STK_CLR）；

OSTaskCreateExt 函数 9 个参数的含义依次为任务对应的函数名为 Task01、任务对应的函数参数为空、任务堆栈栈顶为 Task01Stk[199]、任务优先级号为 Task01Prio、任务身份号为 1（无实质意义）、任务堆栈栈底为 Task01Stk[0]、任务堆栈长度为 200、扩展的任务外部空间访问指针为空、要进行堆栈检查且全部堆栈元素清零。在 Cortex-M3 中，堆栈的生长方向为由高地址向低地址方向，所以栈顶地址为数组的最后一个元素，而栈底地址为数组的第一个元素。

经过上述四步，一个基于函数 Task01 的任务就创建好了，在不造成混淆的情况下，一般该任务也称为 Task01。

在 μC/OS-Ⅱ 中，用户任务共有五种状态，如图 10-4 所示。

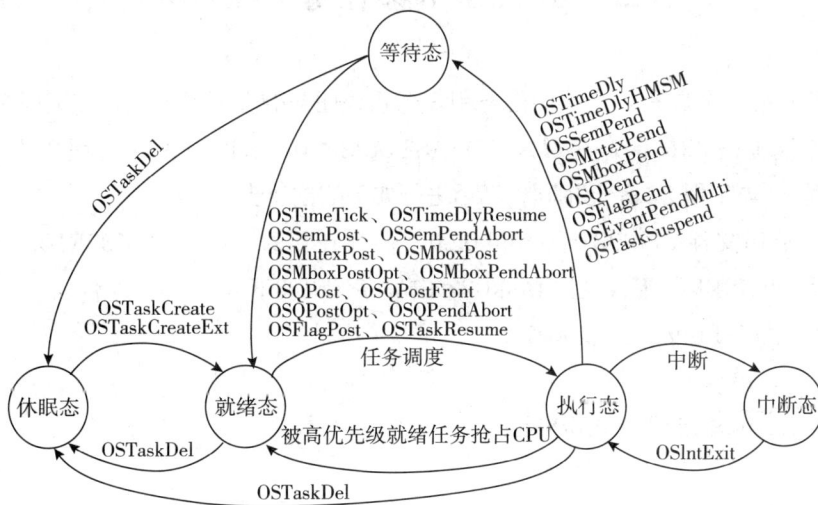

图 10-4　用户任务状态

图 10-4 中出现的函数的作用。一个用户任务调用 OSTaskCreate 或 OSTaskCreateExt 函数创建好后，直接处于就绪态。当调用 OSTaskDel 函数后，将使用户任务进入休眠态，只能通过再次调用 OSTaskCreate 或 OSTaskCreateExt 函数创建任务，任务才能使用。多个任务同时就绪时，任务调度器将使优先级最高的任务优先得到 CPU 使用权，被剥夺了 CPU 使用权但没有执行完的任务将进入就绪态。处于执行态的任务被中断服务函数中断后，将进入中断态，当中断服务程序完成后，将从中断态返回执行态，此时将从中断返回的任务以及所有就绪的任务中选择优先级最高的任务，使其占用 CPU 而得到执行。处于执行态的任务当执行到延时函数（OSTimeDly 或 OSTimeDlyHMSM）、请求事件函数（OSSemPend、

OSMutexPend、OSMboxPend、OSFlagPend 或 OSEventPendMulti ） 或任务挂起函数（OSTaskSuspend）时，该任务进入等待延时、事件或任务恢复的等待态。当处于等待态的任务等待超时（OSTimeTick）、等待延时取消（OSTimeDlyResume）、事件被释放（OSSemPost、OSMutexPost、OSMboxPost、OSMboxPostOpt、OSMboxPostFront、OSFlagPost）、请求事件取消（OSSemPendAbort、OSMboxPendAbort、OSQPendAbort）或任务恢复（OSTaskResume）时，任务由等待态进入就绪态中。

## 10.3　μC/OS-II 多任务工程实例

本节介绍一个具有 6 个用户任务和 3 个系统任务的多任务实例。在工程 22 的基础上，新建工程 23，保存在目录"D：\STM32F103ZET6 工程 \ 工程 23"下，此时的工程 23 与工程 22 完全相同，然后进行如下的创建步骤。

（1）新建文件 task02.c 和 task02.h，保存在目录"D：\STM32F103ZET6 工程 \ 工程 23\USER"下，文件 task02.c 的程序代码如下。

```
1       //Filename：task02.c
2
3       #include" includes.h"
4
5       void Task02(void * pdat)
6       {
7       Int16Ui th;
8       Int08U t10,t01,h10,h01;
9
10       SetPenColorEx(BLUE);
11       SetGroundColorEx(WHITE);
12
13       for(；；)
14       {
15       OSTimeDlyHMSM(0,0,2,0);
```

```
16
17        th=DHT11ReadData();
18        t10=(th>>8)/10;
19        t01=(th>>8)%10;
20        h10=(th&.0xFF)/10;
21        h101=(th&.0xFF)%10;
22        DrawHZ16X(10,50,(Int08U * )"温度",2);
23        DrawChar(10+2 * 16,50, (Int08U)' :' );
24        DrawChar(10+2 * 16+8,50, (Int08U)(t10+' 0' ));
25        DrawChar(10+40+8,50,(Int08U)(t01+' 0' ));
26        DrawHZ16X (10+48+8+50, (Int08U * )"摄",2);
27        DrawHZ16X(16(10,70,(Int08U * )"湿度",2);
28        DrawChar(10+2 * 16,70, (Int08U)' :' );
29        DrawChar(10+2 * 16+8,70, (Int08U)(h10+' 0' ));
30        DrawChar(10+40+8,70, (Int08U)(h01+' 0' ));
31        DrawChar(10+48+8,70, (Int08U)' %' );
32   }
33  }
```

在 task02.c 文件中，第 10 行设置前景画笔色为蓝色，第 11 行设置背景画笔色为白色；在无限循环体内部（第 15 ~ 31 行），循环执行：延时 2 s（第 15 行），读温 / 湿度值（第 17 行），输出温 / 湿度值（第 18 ~ 31 行）。

文件 task02.h 的程序代码如下。

```
1  //Filename:task02.h
2
3  #ifndef_TASK02_H
4  #define_TASK02_H
5
6  #define Task02ID    2u
7  #define Task02Prio  (Task02ID+4u)
8  #define Task02StkSize  200u
```

```
9
10  void Task02(void * pdat);
11
12 #endif
```

在 task02.h 文件中，宏定义了任务 Task02 的 ID 号为 2（第 6 行）、优先级号为 6（第 7 行）、任务堆栈大小为 200（第 8 行）；第 10 行声明了任务函数 Task02。

（2）新建文件 task03.c 和 task03.h，保存在目录"D：\STM32F103ZET6 工程 \ 工程 23\USER"下。

文件 task03.c 的程序代码如下。

```
1  //Filename：task03.c
2
3  #include" includes.h"
4
5  void Task03(void * pdat)
6  {
7  Int32Ui=0；
8  Int08U ch[20]；
9
10  DrawString(10,110,(Int08U * )" Task03 Counter：0' ,20)：
11  for(；；)
12  {
13  OSTimeDlyHMSM(0,0,1,0)；
14  i++；
15  Int2String(i,ch)；
16  DrawString(10+15*8,110,ch,20)；
17  }
18 }
```

文件 task03.c 中，第 10 行在 LCD 屏坐标（10,110）处输出"Task03Counter：0"，然后进入无限循环体（第 11 ~ 17 行），循环执行：延时 1 s（第 13 行），变量 *i* 自增 1（第 14 行），将变量 *i* 转化为字符串 ch（第 15 行），在坐标（130,

110）处输出字符串 ch。

文件 task03.h 的程序代码如下。

```
1  //Filename:task03.h
2
3  #ifndef_TASK03_H
4  #define_TASK03_H
5
6  #define Task03ID    3u
7  #define Task03Prio  (Task03ID+4u)
8  #define Task03StkSize 200u
9
10  void Task03(void * pdat);
11
12 #endif
```

在 task03.h 文件中，宏定义了任务 Task03 的 ID 号为 3（第 6 行）、优先级号为 7（第 7 行）、任务堆栈大小为 200（第 8 行）；第 10 行声明了任务函数 Task03。

（3）新建文件 task04.c 和 task04.h，保存在目录"D：\STM32F103ZET6 工程 \ 工程 23\USER"下。

文件 task04.c 的程序代码如下。

```
1  //Filename:task04.c
2
3  #include" includes.h"
4
5  void Task04(void * pdat)
6  {
7  Int32Ui=0;
8  Int08U ch[20];
9
10  DrawString(10,130,(Int08U * )" Task04 Counter:0',20):
11  for(;;)
12  {
```

```
13  OSTimeDlyHMSM(0,0,2,0);
14  i++;
15  Int2String(i,ch);
16  DrawString(10+15*8,130,ch,20);
17 }
18 }
```

文件 task04.c 中，第 10 行在 LCD 屏坐标（10,130）处输出 "Task04Counter：0"，然后进入无限循环体（第 11～17 行），循环执行：延时 2 s（第 13 行），变量 $i$ 自增 1（第 14 行），将变量 $i$ 转化为字符串 ch（第 15 行），在坐标（130,130）处输出字符串 ch。

文件 task04.h 的程序代码如下。

```
1  //Filename:task04.h
2
3  #ifndef_TASK04_H
4  #define_TASK04_H
5
6  #define Task04ID    6u
7  #define Task04Prio  (Task04ID+4u)
8  #define Task04StkSize  200u
9
10  void Task04(void * pdat);
11
12 #endif
```

在 task04.h 文件中，宏定义了任务 Task04 的 ID 号为 4（第 6 行）、优先级号为 8（第 7 行）、任务堆栈大小为 200（第 8 行）；第 10 行声明了任务函数 Task04。

（4）新建文件 task05.c 和 task05.h，保存在目录 "D：\STM32F103ZET6 工程 \ 工程 23\USER" 下。

文件 task05.c 的程序代码如下。

```
1  //Filename:task05.c
2
3  #include" includes.h"
```

```
4
5   void Task05(void * pdat)
6   {
7   Int32Ui=0;
8   Int08U ch[20];
9
10  DrawString(10,150,(Int08U * )" Task05 Counter:0' ,20):
11  for(;;)
12  {
13  OSTimeDlyHMSM(0,0,4,0);
14  i++;
15  Int2String(i,ch);
16  DrawString(10+15*8,150,ch,20);
17  }
18  }
```

文件 task05.c 中,第 10 行在 LCD 屏坐标(10,150)处输出 "Task05 Counter:0",然后进入无限循环体(第 11 ~ 17 行),循环执行:延时 4 s(第 13 行),变量 $i$ 自增 1(第 14 行),将变量 $i$ 转化为字符串 ch(第 15 行),在坐标(130,150)处输出字符串 ch。

文件 task05.h 的程序代码如下。

```
1  //Filename:task05.h
2
3  #ifndef_TASK05_H
4  #define_TASK05_H
5
6  #define Task05ID    6u
7  #define Task05Prio  (Task05ID+4u)
8  #define Task05StkSize 200u
9
10  void Task05(void * pdat);
11
```

12 #endif

在 task05.h 文件中，宏定义了任务 Task05 的 ID 号为 5（第 6 行）、优先级号为 9（第 7 行）、任务堆栈大小为 200（第 8 行）；第 10 行声明了任务函数 Task05。

（5）新建文件 task06.c 和 task06.h，保存在目录"D：\STM32F103ZET6 工程 \ 工程 23\USER"下。

文件 task06.c 的程序代码如下。

```
1   //Filename：task06.c
2
3   #include" includes.h"
4
5   void Task06(void * pdat)
6   {
7   Int32Ui=0；
8   Int08U ch[20]；
9
10  DrawString(10,170,(Int08U * )" Task06 Counter：0'，20)：
11  for(；；)
12  {
13  OSTimeDlyHMSM(0,0,8,0)；
14  i++；
15  Int2String(i,ch)；
16  DrawString(10+15*8,170,ch,20)；
17  }
18 }
```

文件 task06.c 中，第 10 行在 LCD 屏坐标（10,170）处输出"Task06Counter：0"，然后进入无限循环体（第 11 ~ 17 行），循环执行：延时 8 s（第 13 行），变量 $i$ 自增 1（第 14 行），将变量 $i$ 转化为字符串 ch（第 15 行），在坐标（130,170）处输出字符串 ch。

文件 task06.h 的程序代码如下。

```
1 //Filename：task06.h
2
```

```
3 #ifndef_TASK06_H
4 #define_TASK06_H
5
6 #define Task06ID    6u
7 #define Task06Prio  (Task06ID+4u)
8 #define Task06StkSize 200u
9
10  void Task06(void * pdat);
11
12 #endif
```

在 task06.h 文件中，宏定义了任务 Task06 的 ID 号为 6（第 6 行）、优先级号为 10（第 7 行）、任务堆栈大小为 200（第 8 行）；第 10 行声明了任务函数 Task06。

（6）修改 task01.c 文件的程序代码如下。

```
1 //Filename:task01.c
2
3 #include" includes.h"
4
5 void Task01(void * pdat)
6 {
7  DispOSVersion(10,10):
8
9  CreateEvents();
10 CreateTasks();
11
12 OS_CPU_SysTickInit(720000);     // 系统节拍时钟 100Hz
13
14 OSStatInit();
15
16 for ( ; ; )
17 {
```

```
18      OSTimeDlyHMSM(0,0,1,0);
19      LED(0,LED_ON);
20      OSTimeDlyHMSM(0,0,1,0);
21      LED(0,LED_OFF);
22      }
23    }
24
```

第 5 ~ 23 行为用户任务 Task01 的任务函数。第 7 行在 LCD 屏的坐标（10，10）处输出 pC/OS-n 版本号；第 9 行调用 CreateEvents 函数创建事件（目前为空）；第 10 行调用函数 CreateTasks 创建其他的用户任务（第 31 ~ 78 行）；第 12 行启动系统节拍定时器，工作频率为 100 Hz；第 14 行初始化统计任务；第 16 ~ 22 行为无限循环体，循环执行：延时 1 s（第 18 行），LED0 灯亮（第 19 行），延时 1 s（第 20 行），LED0 灯灭（第 21 行）。

```
25  OS_STK Task02Stk[Task02StkSize];
26  OS_STK Task03Stk[Task03StkSize];
27  OS_STK Task04Stk[Task04StkSize];
28  OS_STK Task05Stk[Task05StkSize];
29  OS_STK Task06Stk[Task06StkSize];
30
```

第 25 ~ 29 行定义用户任务 Task02 ~ Task06 堆栈数组。

```
31      void CreateTasks(void)
32      (
33      OSTaskCreateExt(Task02,
34              (void * )0,
35              &Task02Stk[Task02StkSize-1]
36              Task02Prio,
37              Task02ID,
38              &.Task02Stk[0],
39              Task02StkSize,
40              (void * )0,
41              (OS_TASK_OPT_STK_CHK I OS_TASK_OPT_STK_CLR));
```

第 33 ~ 41 行为一条语句，调用系统函数 OSTaskCreateExt 创建用户任务 Task02，9 个参数的含义依次为用户任务函数名为 Task02、任务函数参数为空、任务堆栈栈顶地址指向 &Task02Stk[Task02StkSize−1]、任务优先级号为 Task02Prio、任务 ID 号为 Task02ID、任务堆栈栈底地址指向 &Task02Stk[0]、堆栈大小为 Task02StkSize、任务扩展空间的指针为空、任务创建时进行堆栈检查且堆栈元素全部清零。后续用户任务 Task03 ~ Task06 的创建方法相类似。

```
42 OSTaskCreateExt(Task03,
43       (void * )0,
44       &.Task03Stk[Task03StkSize−1]
45       Task03Prio
46       Task03ID,
47       &.Task03Stk[0].
48       Task03StkSize
49       (void * )0,
50       (OS_TASK_OPT_STK_CHK ǀ OS_TASK_OPT_STK_CLR));
51 OSTaskCreateExt(Task04,
52       (void * )0,
53       &Task04Stk[Task04StkSize−1],
54       Task04Prio,
55       Task04ID,
56       &Task04Stk[0],
57       Task04StkSize,
58       (void * )0,
59       (OS_TASK_OPT_STK_ CHK ǀ OS_TASK_OPT_STK_CLR));
60 OSTaskCreateExt(Task05,
61       (void * )0,
62       &.Task05Stk[Task05StkSize−1]
63       Task05Prio,
64       Task05ID,
65       &.Task05Stk[0],
66       Task05StkSize,
```

```
67        (void * )0,
68        (OS_TASK_OPT_STK_ CHK I OS_TASK_OPT_STK_CLR));
69 OSTaskCreateExt(Task06,
70        (void * )0,
71        &.Task06Stk[Task06StkSize-1],
72        Task06Prio,
73        Task06ID,
74        &.Task06Stk[0],
75        Task06StkSize,
76        (void * )0,
77        (OS_TASK_OPT_STK_ CHK I OS_TASK_OPT_STK_CLR));
78 }
79
```

第 31 ~ 78 行的函数 CreateTasks 中，依次创建了用户任务 Task02 ~ Task06。

```
80 voidCreateEvents（void）
81 {
82 }
```

（7）修改 includes.h 文件，程序代码如下。

```
1 //Filename:includes.h
2
3 #include" stm32f10x.h"
4 #define ARM_MATH_CM3
5 #include" arm_math.h
6
7 #include" vartypes.h
8 #include" bsp.h"
9 #include" exit.h
10 #include" key.h"
11 #include" beep.h"
12 #include" led.h"
13 #include" tim2.h"
```

14 #include" uart2.h"

15 #include" fsmc.h"

16 #include" lcd.h"

17 #include" temhum.h"

18

19 #include" strfun.h"

20 #include" ucos_ii.h"

21 #include" task01.h"

22 #include" task02.h"

23 #include" task03.h"

24 #include" task04.h"

25 #include" task05.h"

26 #include" task06.h"

对比可知，这里添加了第 22 ~ 26 行，即包括了用户任务 Task02 ~ Task06 的头文件 task02.h ~ task06.h。

（8）将文件 task02.c、task03.c、task04.c、task05.c 和 task06.c 添加到工程管理器的 USER 分组下，建设好的工程 23 如图 10-5 所示。

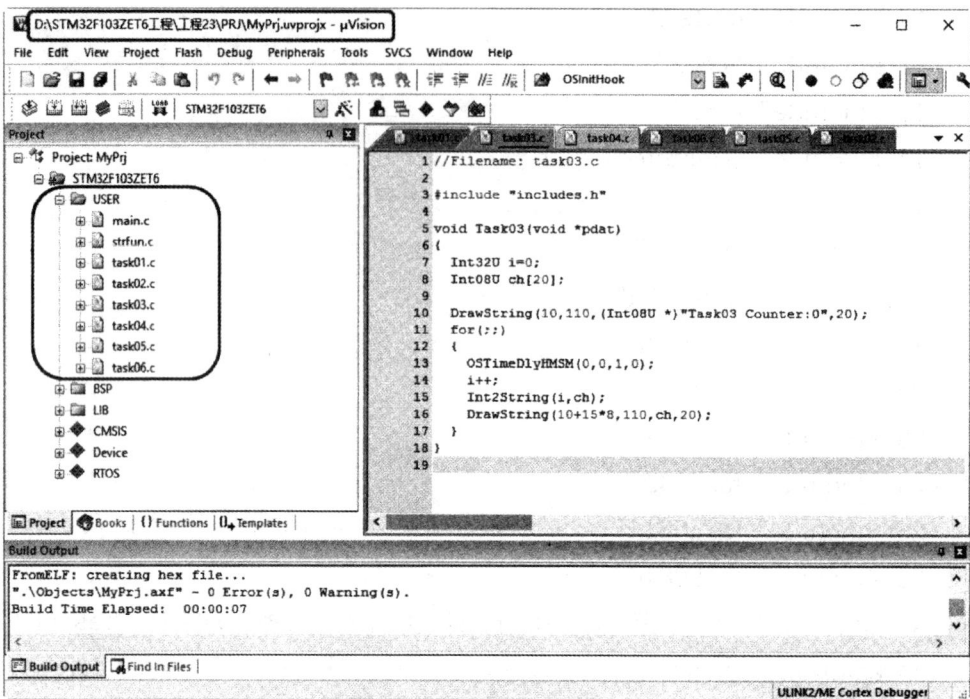

图 10-5　工程 23 工作窗口

在图 10-5 中，编译链接并运行工程 23，将在 LCD 屏上显示如图 10-6 所示结果，同时 LED0 灯每隔 1 s 闪烁一次。

在图 10-6 中，用户任务 Task02 用于动态显示温度和湿度值；用户任务 Task03 ~ Task06 动态显示计数值。

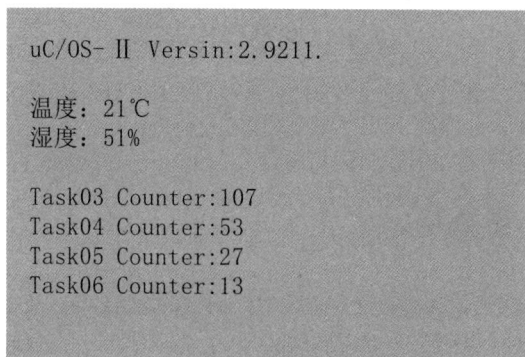

图 10-6　LCD 屏显示结果（LCD 屏左上角的截图）

工程 23 的文件目录结构如表 10-2 所示。

表 10-2　工程 23 的文件目录结构

| 序　号 | 子目录 | 文　件 | 性　质 | 来　源 |
|---|---|---|---|---|
| 1 | USER | main. c, includes. h, vartypes. h, strfun. c, strfun. h, task01. c, task01. h, task02. c, task02. h, task03. c, task03. h, task04. c, task04.h, task05. c, task05. h, task06. c, task06. h | 用户应用程序文件 | 用户编写 |
| 2 | BSP | beep. c, beep. h, bsp. c, bsp. h, exti. c, exti. h, fsmc. c, fsmc. h, key. c, key. h, led. c, led. h, textlib. h, led. c, led. h, temhum. c, temhum. h, tim2. c, tim2. h, uart2. c, uart2. h | 板级支持包文件 | 用户编写 |
| 3 | STM32F10x_FWLib | stm32fl0x_conf. h | 库函数配置文件 | www. st. com |
| 4 | STM32F10x_FWLib\inc | misc. h, stm32f10x _ adc. h, stm32f10x _ bkp. h, stm32f10x_ can. h, stm32f10x_ cec. h, stm32f10x_crc. h, stm32f10x_ dac. h, stm32f10x_ dbgmcu. h, stm32f10x_dma. h, stm32f10x_exti. h, stm32f10x_flash. h, stm32f10x_fsmc. h, stm32f10x_gpio. h, stm32f10x_i2c. h, stm32f10x_iwdg. h, stm32f10x_pwr. h, stm32f10x _ rcc. h, stm32f10x_ rtc. h, stm32f10x_sdio. h, stm32f10x_spi. h, stm32f10x_ tim. h, stm32f10x_usart. h, stm32f10x_wwdg. h | 库函数文件 | www. st. com |
| 5 | STM32F10x_FWLib\src | misc. c, stm32f10x_ adc. c, stm32f10x_ bkp. c, stm32f10x_can. c, stm32f10x_cec. c, stm32f10x_crc. c, stm32f10x_dac. c, stm32f10x_dbgmcu. c, stm32f10x_dma. c, stm32f10x_exti. c, stm32f10x_flash. c, stm32f10x_fsmc. c, stm32f10x_gpio. c, stm32f10x_i2c. c, stm32f10x_iwdg. c, stm32f10x_pwr. c, stm32f10x _ rcc. c, stm32f10x _ rtc. c, stm32f10x_sdio. c, stm32f10x_spi. c, stm32f10x_ tim. c, stm32f10x_usart. c, stm32f10x_wwdg. c | 库函数头文件 | www. st. com |
| 6 | PRJ | MyPrj. uvprojx, MyPrj. uvoptx, MyPrj. uvguix. Administrator | 工程文件 | Keil MDK 创建 |

| 序 号 | 子目录 | 文 件 | 性 质 | 来 源 |
|---|---|---|---|---|
| 7 | PRJ\RTE | RTE_Components. h | 运行环境组件头文件 | Keil MDK 创建 |
| 8 | PRJ\RTE\ Device \STM32F103ZE | startup_stm32f10x_hd. s, system_stm32f10x. c, RTE_ Device. h | CPU 相关文件 | Keil MDK 创建 |
| 9 | PRJ\RTE\ RTOS | app_cfg. h, os_cfg. h | μC/ OS-Ⅱ 配置文件 | Keil MD 创建 |
| 10 | PRJ\Listings | MyPrj. map 等 | 列表文件 | Keil MDK 创建 |
| 11 | PRJ\Objects | MyPrj. axf, MyPrj. hex 等 | 目标文件 | Keil MDK 创建 |

表 10-2 中的 STM32F10x_FWLib\inc 表示子目录 STM32F10x_FWLib 下的子目录 inc。

图 10-7 展示了工程 23 的文件结构，也是典型的基于 μC/OS-Ⅱ 系统的工程文件结构图，其中将 μC/OS-Ⅱ 系统文件分为内核文件、移植文件和配置文件，一般来讲，内核文件用户不能修改，移植文件不需要用户修改，配置文件往往需要用户根据硬件平台进行适当的调整。图 10-7 中的"CPU 相关文件"是指直接访问 Cortex-M3 内核的文件，多指与异常和中断相关的文件；"CMSIS 库"最初的形态是 ARM 公司针对 ARM 内核封装的一些库函数，后来芯片厂商也向 CMSIS 库中投放自己的外设封装函数，现在 CMSIS 库延伸为内核与外设的一些驱动函数库；"库函数"是意法半导体针对 STM32F10x 微控制器设计的外设驱动库函数。由图 10-7 可知，用户需要编写的文件只有"BSP（板级支持包）"和"应用程序"文件，其中 BSP 文件是结合了硬件平台上 STM32F103ZET6 芯片的外围电路驱动特性而开发的外围电路设备驱动函数，一般可通过调用 CMSIS 库函数简化设计过程。

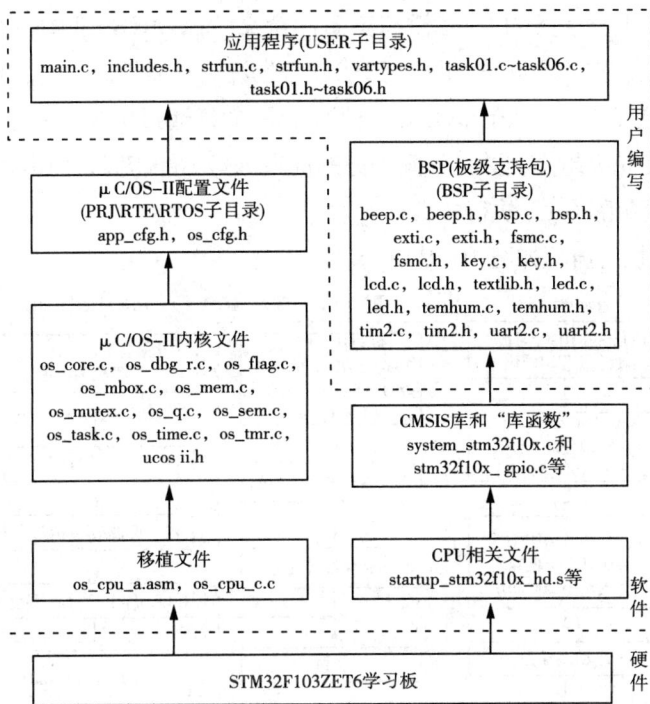

**图 10-7　工程 23 文件结构**

工程 23 中的任务信息如表 10-3 所示。

**表 10-3　工程 23 中的任务信息**

| 任务 ID 号 | 优先级号 | 任务名 | 堆栈大小（字） | 执行频率（Hz） |
|---|---|---|---|---|
| 1 | 5 | Task01 | 200 | 1 |
| 2 | 6 | Task02 | 200 | 1/2 |
| 3 | 7 | Task03 | 200 | 1 |
| 4 | 8 | Task04 | 200 | 1/2 |
| 5 | 9 | Task05 | 200 | 1/4 |
| 6 | 10 | Task06 | 200 | 1/8 |
| 0xFFFD | 61 | 定时器任务 | 200 | 10 |
| 0xFFFE | 62 | 统计任务 | 200 | 10 |
| 0xFFFF | 63 | 空闲任务 | 200 | 始终就绪 |

在表 10-3 中，任务的 ID 号没有实质性含义，μC/OS-Ⅱ 中没有赋予任务 ID 号作用（事实上，在 μC/OS-Ⅱ 中任务 ID 号也没有实质性意义），但 μC/OS-Ⅱ 为系统任务指定了 ID 号。在 μC/OS-Ⅱ 中，任务是通过优先级号进行识别的，优先级号越小，优先级越高，并且不同任务的优先级号不能相同。由表 10-3 可知，三个系统任务都是每隔 0.1 s 执行一次。

工程 23 的执行流程如图 10-8 所示。

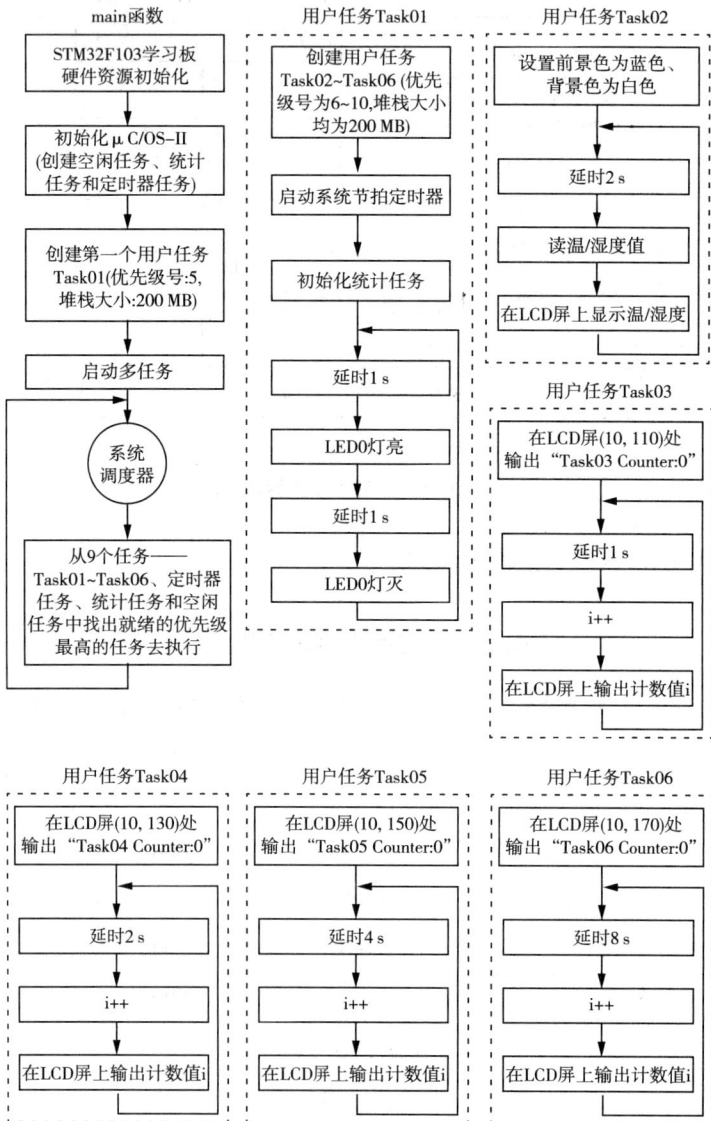

**图 10-8 工程 23 执行流程**

　　由图 10-8 可知，在主函数中初始化 μC/OS-Ⅱ 系统；然后，创建第一个用户任务 Task01，接着启动多任务工作环境；之后，μC/OS-Ⅱ 系统调度器将接管 STM32F103ZET6，始终把 CPU 分配给就绪的最高优先级任务。因此，μC/OS-Ⅱ 是一个可抢先型的内核，高优先级的任务总能抢占低优先级任务的 CPU 而被优先执行。用户任务 Task01 使 LED0 灯每 1 s 闪烁一次；用户任务 Task02 每延时 2 s 执行一次，在 LCD 屏上输出读到的温/湿度值；用户任务 Task03 每延时 1 s 执行一次，在 LCD 屏上输出计数值，该计数值也是任务 Task03 的执行次数；用户任务 Task04 每延时 2 s 执行一次，在 LCD 屏上输出计数值；用户任务 Task05 每延时 4 s 执行一次，在 LCD 屏上输出计数值；用户任务 Task06 每延时 8 s 执行一次，在 LCD 屏上输出计数值。

# 参考文献

[1] 姚文详. ARM Cortex-M3 权威指南 [M]. 宋岩，译. 北京：北京航空航天大学出版社，2009.

[2] 李宁. 基于 MDK 的 STM32 处理器开发应用 [M]. 北京：北京航空航天大学出版社，2008.

[3] 林笑君. 基于 Cortex-M3 的嵌入式 WEB 服务器监控系统的设计与实现 [D]. 太原：太原理工大学，2013.

[4] 文先仕. 基于 ARM Cortex-M3 的智能监控器的设计 [D]. 成都：西华大学，2010.

[5] 王永宏，徐炜，郝立平. STM32 系列 ARMCortex-M3 微控制器原理与实践 [M] 北京：北京航空航天大学出版社，2008.

[6] 任哲. 嵌入式实时操作系统 μC/OS-Ⅱ 原理及应用 [M].2 版. 北京：北京航空航天大学出版社，2009.

[7] 孙鹤旭，林涛. 嵌入式控制系统 [M]. 北京：清华大学出版社，2007.

[8] 刘振兴，李宗福，刘林辉. ARM 嵌入式技术实践教程 [M]. 北京：北京航空航天大学出版社，2005.

[9] 宋磊. 基于 ARM Cortex-M3 嵌入式视频监控系统设计 [D]. 天津：天津大学,2014.

[10] 季少石. 基于 CORTEX-M3 的多功能通讯接口设计 [D]. 苏州：苏州大学，2011.

[11] 杨恒. ARM 嵌入式系统设计及实践 [M]. 西安：西安电子科技大学出版社，2005.

[12] 廖义奎. ARM 与 DSP 综合设计及应用 [M]. 北京：中国电力出版社，2009.

[13] 张春田，苏育挺，张静. 数字图像压缩编码 [M]. 北京：清华大学出版社，2006.

[14] 刘军，张洋，严汉宇. 例说 STM32[M]. 北京：北京航空航天大学出版社，2014.

[15] 张松. 兼容 Cortex-M3 指令集嵌入式微处理器设计 [D]. 南京：南京理工大学，2013.

[16] 郝玉胜. μC/OS-Ⅱ 嵌入式操作系统内核移植研究及其实现 [D]. 兰州：兰州交通大学，2014.

[17] 刘军，张洋，严汉宇. 原子教你玩 STM32（寄存器版）[M]. 北京：北京航空航天

大学出版社，2013.

[18] 张洋，刘军，严汉宇. 原子教你玩 STM32（库函数版）[M]. 北京：北京航空航天大学出版社，2013.

[19] 张勇. ARM 原理与 C 程序设计 [M]. 西安：西安电子科技大学出版社，2009.

[20] 陈炫均. 基于 Arm Cortex-m3+ 的快速傅里叶变换实现 [J]. 日用电器，2017(7):98-102.

[21] 关海，冯大政. μC/OS-Ⅱ 在基于 Cortex-M3 核的 ARM 处理器上的移植 [J]. 电子科技，2009,22( 1 ): 69-74.

[22] 张勇. 嵌入式操作系统原理与面向任务程序设计 [M]. 西安：西安电子科技大学出版社，2010.

[23] 张勇. 嵌入式实时操作系统 μC/OS-Ⅱ 应用技术 [M]. 北京：北京航空航天大学出版社，2013.

[24] 郑朋. 在 Cortex-M3 上实现基于 μC/OS-Ⅱ 和 CAN 总线的实时数据采集系统 [D]. 青岛：青岛大学，2011.

[25] 陈科善，闫鹏. 基于 ARM Cortex-M3 的多路数据采集系统的设计 [J]. 电子技术，2010, 37( 10 ): 53-55.

[26] 张勇，吴文华，贾晓天. ARM Cortex-M0 LPC1115 开发实战 [M]. 北京：北京航空航天大学出版社，2014.

[27] 张勇. ARM Cortex-M3 嵌入式开发与实践 [M]. 北京：清华大学出版社，2015.